◎中国符号◎

中国家训

朱辉 主编 宋宁宁 著

河海大学出版社
HOHAI UNIVERSITY PRESS
·南京·

图书在版编目（CIP）数据

中国家训 / 宋宁宁著. -- 南京 : 河海大学出版社, 2023.6（2024.2重印）
（中国符号 / 朱辉主编）
ISBN 978-7-5630-8135-6

Ⅰ. ①中… Ⅱ. ①宋… Ⅲ. ①家庭道德—中国—通俗读物 Ⅳ. ①B823.1-49

中国国家版本馆CIP数据核字(2023)第005537号

丛 书 名 / 中国符号
书　　名 / 中国家训
ZHONGGUO JIAXUN
书　　号 / ISBN 978-7-5630-8135-6
责任编辑 / 毛积孝
丛书策划 / 张文君　李　路
特约编辑 / 吴　浩
特约校对 / 董　瑞
装帧设计 / 谢蔓玉　刘昌凤
出版发行 / 河海大学出版社
地　　址 / 南京市西康路1号（邮编：210098）
电　　话 /（025）83737852（总编室）
/（025）83722833（营销部）
经　　销 / 全国新华书店
印　　刷 / 涿州市荣升新创印刷有限公司
开　　本 / 880毫米×1230毫米　1/32
印　　张 / 10.25
字　　数 / 220千字
版　　次 / 2023年6月第1版
印　　次 / 2024年2月第2次印刷
定　　价 / 59.80元

◎中国符号◎

中国家训

朱辉 主编　宋宁宁 著

河海大学出版社
HOHAI UNIVERSITY PRESS
·南京·

图书在版编目（CIP）数据

中国家训 / 宋宁宁著. -- 南京 : 河海大学出版社，2023.6（2024.2重印）
（中国符号 / 朱辉主编）
ISBN 978-7-5630-8135-6

Ⅰ. ①中… Ⅱ. ①宋… Ⅲ. ①家庭道德一中国一通俗读物 Ⅳ. ①B823.1-49

中国国家版本馆CIP数据核字(2023)第005537号

丛 书 名 / 中国符号
书　　名 / 中国家训
ZHONGGUO JIAXUN
书　　号 / ISBN 978-7-5630-8135-6
责任编辑 / 毛积孝
丛书策划 / 张文君　李　路
特约编辑 / 吴　浩
特约校对 / 董　瑞
装帧设计 / 谢蔓玉　刘昌凤
出版发行 / 河海大学出版社
地　　址 / 南京市西康路1号（邮编：210098）
电　　话 /（025）83737852（总编室）
/（025）83722833（营销部）
经　　销 / 全国新华书店
印　　刷 / 涿州市荣升新创印刷有限公司
开　　本 / 880毫米×1230毫米　1/32
印　　张 / 10.25
字　　数 / 220千字
版　　次 / 2023年6月第1版
印　　次 / 2024年2月第2次印刷
定　　价 / 59.80元

序

符号是一种标识或印记。它是人类生命活动的积淀，具备明确而且醒目的客观形式；也是精神表达的方式，承载着丰富的意义。文化符号，可以说是一个民族的容颜。

一国与他国的区别，很重要的是精神和文化。中国历史数千年，曾遭遇无数次兵燹和灾害，却总能绝处逢生，生生不息，至今仍生机勃勃，是因为我们拥有着深入血脉、代代相传的强大文化基因。

千百年来，中国文化绵延不绝，就如汉字，源远流长。从结绳记事到仓颉造字，汉字的起源蒙着神奇的面纱；但从一百多年前河南省安阳殷墟发现了甲骨文后，汉字的源流就基本清晰了。甲骨文已具有对称、稳定的格局，具备了文字的表意功能，由甲骨文而下，甲骨文—金文—小篆—隶书—楷书—行书，直到现在，汉字已被植入电脑，有了所谓的“打印体”。如今似乎除了学生和书法家，我们都不太需要拿笔了，会敲键盘就行，尽管如此，我们还是用汉语说话，用汉语思考，我们大脑中的数据链仍然是汉字串。

汉字就是一种文化符号。汉字的“福”“寿”等等，可以写出很多种形态，笔致方正或飞扬，我们不见得全部认识，但一看就知道这是我们的汉字，外国人也能一眼看出。汉字是根，伴随着日月穿梭和时代变迁，我们的文化在蔓生、延展，文化氤氲在我们生活的方方面面，无论是涓滴如水的日常生活，还是精骛八极、心游万仞的精神活动，中华文化都是我们的血液。

文字是文化的根基之一。汉字的形态之美，对称之美，音韵之美，已经成为我们审美观的基础。对仗和对称，渗入了我们的审美，没有对仗，我们的古诗词就不会是这个样子，也谈不上对联和楹联；象形文字也潜移默化地引导了我们对风景的命名，各地大量的“象鼻山”“骆驼峰”就是明证；我们的汉字与中国古代宫殿形制之间，显然存在着可意会却难以尽言的关系。

我们创造了文化，文化又反哺我们。古诗词对中国人的心灵塑造，从《诗经》中的男女情感、稼穑农桑就开始了。“关关雎鸠，在河之洲。窈窕淑女，君子好逑……”“硕鼠硕鼠，无食我黍……”更不用说，文天祥的“人生自古谁无死，留取丹心照汗青”那种令人震撼的豪迈和悲壮。民俗节令和家训谚语对中国人的影响和规训自不待言。

文化是渊深的，丰富而庞杂。它顽强，坚韧，却

也活泼茁壮，苟日新，日日新，又日新。随着文化的发展和浓缩，到了一定火候，它自然会拥有符号功能，产生了符号意义。中国文化以其浓重深厚的内涵为基础，一直是中华民族屹立于世界民族之林的外在形象，拥有强大的辐射力；伴随着国力的增强和国家影响力的扩大，中国符号不胫而走，越来越多地出现在世界的各个地方：瓷器、茶叶、丝绸、书法、古琴、二胡、春联、剪纸、饺子、中国结、中国功夫、中国民歌、飞檐斗拱、财神罗汉、舞狮舞龙、威风锣鼓……林林总总，蔚为大观。我们无论是置身其间，亲临其境，还是通过媒体耳闻目睹，都会顿感亲切，自豪之情油然而生。

世界是交融的，中国文化和中国符号，早已进入其他的文化圈，不但出现在世界文化交流的舞台上，也渗入了其他文化生态的细微处。我们被称为“China”是因为瓷器，虽然这可能还不是定论，但“Kungfu”（功夫）这个英文单词确实出现在了英文辞典中。中国艺术家徐冰，在他的成名作《天书》系列中，设计、刻印了数千个“新汉字”，以极具冲击力的图像性和符号性，呈现和探讨了中国文化的本质和思维方式，在世界艺术殿堂中点亮了中国符号的高光时刻……这些都印证了中国文化、中国符号的影响力，也体现了文化符号的交流功能。符号是文化的载体，也是交流的工具和友好的使者。我们浸润在中国文化之中，周遭遍布中国符号，我们可能会习焉不察，熟视无睹，但祖先的遗产是千百代人胼手胝足的智慧结晶，生为中国人，我们是继承者，是学生，更应该是创造者和弘扬者。

从某种角度看，有些文化或符号已失去了实际使用价值，一个文物级别的碗或瓶，当然已不能用于盛水插花，但它们散发着味道和力量。它们陈列在橱窗里，在射光灯投上光线的那一刹那，它们就复活了，焕发出文化和精神的灵光与生机。它们深入人心，无远弗届。它们属于中国，属于我们。

中国符号是中国精神的外化呈现，它以醒目亮眼的客观形式，成为中华文化永远的载体。中国符号，也是中华民族砥砺前行的内在驱动力。

中国文化博大精深，其中很多可以冠之以“中国符号”。《中国符号丛书》讲述了节气、家训、民俗、诗词、楹联、瓷器、建筑、骈文、汉字、绘画中蕴含的中国文化，从历史、发展、分类、特色等多个维度展现了中国文化的独特魅力，多位专家学者付出了努力。这套丛书对弘扬中华优秀传统文化，帮助读者，尤其是青年学生了解中华优秀传统文化，将有所助益。

是为序。

朱輝

目录

第一章 家训概说

壹

目录

第二章 先秦家训

贰

第三章 汉代家训

叁

第四章 三国两晋南北朝家训

肆

第五章 唐代家训

伍

第六章　宋辽金元家训

陆

第七章 明代家训

柒

目 录

第八章 清代家训

捌

第九章 家训的精神内核与文化传承

玖

第一章

家训概说

中国传统社会是一个以家庭为基本单元的社会，由家庭构成一个个牢固的社会基层单位。同时中国也是一个以德立国、以教兴邦的国家，大多数中国家庭都极为重视对家人、子女的教育问题，因此形成了源远流长、博大精深的家训文化。家训是中国教育系统中极为重要的一环，对家庭成员的德行养成乃至整个社会都产生了深远的影响。

第一节　家训的界定

什么是家训？家训与家教、家规、族训、乡约等概念有着怎样的联系与区别？学界研究者众说纷纭、莫衷一是。

谢宝耿认为：“家训，顾名思义就是‘言居家之道，以垂训子孙者’，主要指父祖对子孙、家长对家人、族长对族人的训示、教诲，也包括兄姐对弟妹的告诫，夫妻之间的嘱托，以及后辈贤达对长辈、弟妹对兄姐的希望、要求。其文字记录包括家书、家教、家规、家法、家诫、家范、家风、家订、家礼、家道和遗训

等多种形式，其文学体裁有书信、散文、词、格言、座右铭等。”[1]其将家训的对象扩大化，由一般所认为的家长对子女、长辈对晚辈，扩大到夫妻之间、后辈对长辈、弟妹对兄姐等。家训由单向的长辈对晚辈的训诫，变为长辈与晚辈的双向互动，乃至同辈之间的互相嘱告。其中“族长对族人”，表明其将族约纳入家训范围，视为家训的一种。其认为家训不只有文字记录的形式，也有口头的教诲、告诫。将家训与家法、家规等意义等同。

霍松林在《中国家训经典》序言中认为：“中国古代进行‘家教’的各种文字记录，包括散文、诗歌、格言等等，通常称为‘家训’，它是古人向后代传播修身治家、为人处世道理的最基本的方法，也是我国古代长期延续下来的家长教育儿女的最基本的形式。”[2]其将家训的范围固定为“文字记录”，即形成文字的家教内容。家训形式包括散文、诗歌、格言等，内容多为修身治家、为人处世等道理。

李叶在《中国家训起源新探》一文中结合《说文解字》[3]和先秦时期关于“家”的两种含义，认为早期的“家训”有两种含义，一种是卿大夫对其封地内人民的训言，另一种是家庭或家族中长辈对晚辈的教导、训诫。其认为随着词义的演化，后来的“家训”只保留了家庭、家族内长辈对晚辈的训导的含义。关于“家训”的意义，李叶总结为“家训为某一家庭或家族中父祖辈对子孙辈、兄辈对弟辈、夫辈对妻辈所作出的某种训示、教诫，包括散文、诗歌、格言等文体，内容具有劝谕性和约束性，是中国传统宗法社会

[1] 谢宝耿编著：《中国家训精华》，上海社会科学院出版社 1997 年版，第 1 页。

[2] 翟博主编：《中国家训经典》，海南出版社 2002 年版，第 1 页。

[3] 《说文解字》，东汉许慎著。他系统地分析汉字字形和考究字源，使其成为我国第一部研究汉字的著作。《说文解字》收字九千三百五十三个，异体字一千一百六十三个，这些汉字分布在五百四十个部首下面，这种以偏旁分类的编制方法，成为一直以来字典编写的主要体例。

的一种重要文化现象。”[1]其将家训的传导方向固定为长辈对晚辈、兄对弟、夫对妻，略显狭隘；将家训内容的性质界定为“具有劝谕性和约束性”，具有一定的借鉴意义。

马建欣在《中华家训文化的育人方式与创新路径》中认为，家训一方面指向家庭教育的育人实践，另一方面表现为一个家庭或家族用以教戒劝谕家人子弟的家训文本、口传祖训、家规族谱等文字或实物存在。[2]其认为家训一方面是一种家庭教育实践活动，另一方面可表现为家训文本、口传祖训等文字或实物存在。马建欣认为家规、族谱也属于家训的表现形式。

我们认为，家训有狭义和广义两种范围的含义。狭义指形成文本的家庭教育训则，如《颜氏家训》《朱子家训》等；广义指家庭内部实施的教训，不仅包括文本训则，还包括口头训则。家训还有家约、家诫、家范、家箴、庭诰、庭训等异名。家训是一个家庭治家理家的法则，是家庭成员为人处世的行为规范。

“家训”一词，最早出自《后汉书·文苑列传》“髫龀夙孤，不尽家训”[3]，这里的家训泛指家庭实施的教育。关于家训与家庭教育（家教）的关系，欧阳祯人在探讨家训的起源时认为原始歌舞是中国古代家训最古老的形式，“在人类还没有形成自己的文字之前，家训早就以原始歌舞的形式出现了”[4]。这里将家训等同于家庭教育（家教）了。事实上，家庭教育或者说家教，与家训概念的含义还是有区别的。家庭教育的含义较广，包括家庭内部家长对晚辈实施的全部教育，在形式上，不仅有语言上的教诫，还有行

[1] 李叶：《中国家训起源新探》，《莆田学院学报》2015年第4期，第16-17页。

[2] 马建欣：《中华家训文化的育人方式与创新路径》，《甘肃社会科学》2021年第6期，第199页。

[3] [南朝宋]范晔撰，[唐]李贤等注：《后汉书》卷80下《文苑列传第七十下》，中华书局2012年版，第2126页。

[4] 欧阳祯人：《中国古代家训的起源、思想及现代价值》，《理论月刊》2012年第4期，第36页。

为动作上的示范、传授；在内容上，不仅有为人处世的道德教条，还有实践操作的各种技能。而家训则主要指以语言（包括口头的和书面的）为形式的训则，在内容上也偏重于修身、治家、为学、处世等道德说教。可以说家训是家庭教育（家教）的一部分，如某研究者所言，家训是“家庭教育中的一种重要形式与载体”[1]，但家训不能等同于家教。

家训与家规、家法的含义也稍有区别。家规、家法一般是对家庭成员行为的约束，经常伴随着违背准则时的惩罚手段。而家训则偏重于预先、未然时的正向引导，其在已然行为的惩罚方面的规定没有家规和家法明确。家训不同于家规、家法。但家规、家法有时也等同于一个家庭的家训而被使用。

值得一提的是，有时家训的影响力并不局限于小家庭内部，还可能辐射影响至整个大家族，成为家族兴盛发达的法宝。这就涉及家训与族训的联系和区别。一般来说，家训的范围比族训小，仅指小家庭内部的训则，而族训则是对整个某姓族人的规训。但某些优秀的家训也可能被族人认可，从而被当作一族的族训加以传播和学习，以规范和教导族人行为。

总之，家训是家庭、家族成员共同使用的训诫之言，既包括书面文本的形式，也包括口头的形式。然而，诸多口头教诫在漫长历史长河中已湮没无闻，或者已转化为书面文字而流传后世，因此，我们所研究探讨的对象主要指向被保存至今的书面文本形式的家训，是狭义范围内的家训。

[1] 李叶：《中国家训起源新探》，《莆田学院学报》2015 年第 4 期，第 17 页。

第二节 家训的起源

有关家训的起源，学界存在不同的看法，但在研究的过程中，基本形成了家训起源于先秦的共识。虽然有学者认为北齐颜之推的《颜氏家训》乃是家训的始祖，如南宋陈振孙在《直斋书录解题》中评《颜氏家训》为“古今家训，以此为祖”[1]，以及清代学者王三聘在《古今事物考》中的说法。但绝大多数学者认为家训的产生远远早于《颜氏家训》。徐少锦、陈延斌的《中国家训史》认为，“从现在掌握的资料看，中国古代的家训，萌芽于五帝时代，产生于西周，成型于两汉”[2]，“家训是以家庭的存在为其前提与基础的，我国父权制家庭产生于黄帝时期。从五帝到西周，是我国传统家训萌生时期”[3]。林庆的《家训的起源和功能——兼论家训对中国传统政治文化的影响》指出“中国传统家训的起源时间当在上古尧舜之时，且归根到底是源于上古之时人们父子相传、口耳相授的生产生活实践”，甚至认为“尧舜为中国家训的创始人，他们既开创了帝王家训的先河，又标志着中国古代家训的产生”[4]。朱明勋《中国家训史论稿》认为“我国传统家训发轫于先秦，发展于汉魏六朝，成熟于隋唐，极盛于宋元明清，转型于近现代”[5]。曾凡贞的《中国传统家训起源探析》认为中国传统家训可能起源于上古尧舜时期，是伴随着宗族组织和以血缘为纽带的家庭关系的出现而出现的。其否定《颜氏家训》为家训的开端，认为早在《尚书》中的某些训诰之辞就是正式形成文献的家训。[6]朱明勋《中国

[1] [南宋]陈振孙撰:《直斋书录解题》，上海古籍出版社1987年版，第305页。

[2] 徐少锦，陈延斌著:《中国家训史》，陕西人民出版社2003年版，第2页。

[3] 徐少锦，陈延斌著:《中国家训史》，陕西人民出版社2003年版，第44页。

[4] 林庆:《家训的起源和功能——兼论家训对中国传统政治文化的影响》，《云南民族大学学报（哲学社会科学版）》2004年第3期，第72-73页。

[5] 朱明勋著:《中国家训史论稿》，巴蜀书社2008年版，第14页。

[6] 曾凡贞:《中国传统家训起源探析》，《广西右江民族师专学报》1998年第4期，第22页。

传统家训研究》将家训的研究对象限定于形成文献的家训，其认为殷商时期即有家训文献的存在。[1]傅元琼、史为栋的《〈商书·盘庚上〉与家训的起源》认为《商书·盘庚上》是我国形成文字的最早一篇家训。[2]

我们认为，自家庭产生以后，就逐渐衍生出了家庭教育，而家庭教育中必然包含着家训，哪怕只是口头的训诫。因此家训是伴随着家庭的产生而出现的。据恩格斯的研究，人类家庭的产生和发展经历了血缘家庭、普那路亚家庭、对偶家庭和专偶家庭几个阶段。所谓血缘家庭就是杂交婚，在家庭范围以内的所有同辈的男女都互为夫妻；普那路亚家庭是排除同胞兄弟姐妹之间婚姻关系的群婚家庭形式；对偶家庭是指不同氏族的成年男女双方在或长或短的时间内保持相对稳定的偶居生活的婚姻形式；专偶婚是一夫一妻（可能有多妾）的婚姻家庭形式；按照母系氏族社会和父系氏族社会来划分，母系氏族社会知母而不知父，人们按照母系来计算血缘关系和继承财产，其婚姻家庭形式与血缘家庭、普那路亚家庭及对偶家庭相匹配。父系氏族社会中，男性有了固定的伴侣专为自己延续后代，人们知母又知父，与专偶家庭即一夫一妻的婚姻家庭模式相对应。一夫一妻家庭建立了稳定的世系血缘和家庭财产继承方式。因此有些学者认为真正意义上的家庭产生于父系氏族社会，而家训产生于父系氏族社会的家庭。我们认为母系氏族社会就已产生以母亲为中心的家庭，其时也可能已产生家庭教育，乃至家训。只是那时的家训是在生产生活的实践活动中以口头训诫的方式加以传授，年代久远，不被留

[1] 朱明勋：《中国传统家训研究》，四川大学博士学位论文，2004年，第7,14页。

[2] 傅元琼，史为栋：《〈商书·盘庚上〉与家训的起源》，《安徽文学（下半月）》2008年第1期，第80页。

存。家庭、教育和语言的诞生是家训起源的三个条件，有了这三者，就有了家训的存在。

第三节 家训的类别

积累数千年的中国传统家训，形式复杂多样，内容博大精深，如果要深入探究家训的类别，可以有不同的分类标准，如作者身份、所用文体、家训内容、发生地域等。

按照作者的身份来分，家训大致可以分为帝王家训、名臣家训、文士家训、慈母家训、世家大族家训、寒门家训、农家家训、商贾家训等。我们这里所说的帝王家训，不仅包括皇帝对皇子皇孙的训诫，还包括皇后、亲王等皇室成员所发出的训诫，广而言之，就是整个皇家皇族内部所实施的训诫。很多时候，皇家的家训不仅仅是治理皇族家庭内部事宜的内容，更有诸多治国理政方面的训诫。我们所探讨的名臣家训，指的是将相高官等历史上著名臣子的家训，这些名臣可能在文章才学方面也很有名，但我们是以其主要历史名声和功绩而将他们归类的，因此将他们划归为“名臣”而非“文士”。文士家训也是如此，这里的“文士”包括文人和名士两类人：“文人”主要指以写文章闻名的人，某种程度上，“文人”也是“名士”；“名士”指历史上有名的人物，他的名声可能因为高尚的德行、特立独行等因素而得，当然，也有可能因为写文章而得。可见，“文人”与“名士”这两个概念有交叉的地方，我们这里不将它们区分得那么精确，就笼统地以“文士”概括这两类人了。封建社会的文士绝大部分都曾担任过朝廷官员，可以称他们为“臣子”，但我们以其主要成就和历史名声，将他们归为“文士”，而非“名臣”。古代女性社会地位低下，历史所记载的女性训诫较少，所以有学者曾将女子对家人的训诫提取出来，单独归为一类，如慈母家训等。以家族财富地位来划分的话，可以分为世家大族家训和寒门家训。以家庭职业来划分，可以分为农家家训和商贾家训等。本书主要论及三类家训，即“帝王家训”、“名臣家训”和“文士家训”。

按照文体划分，家训可以分为散文、诗歌、格言等形式。散文形式的家训最为广泛，俯拾皆是，如《颜氏家训》就是以一篇篇散文组成了整部家训著作。诗歌形式的家训也屡见不鲜，如韩愈的《符读书城南》，以五言古诗的形式劝诫儿子；郑观应的《训子》诗，以七言古诗的形式作训。所谓格言，就是富有教育意义的精练的定型语句，如“满招损，谦受益”等，后人有将古人散文中精练的家训话语挑选出来作为格言的，如诸葛亮的“静以修身，俭以养德”“非淡泊无以明志，非宁静无以致远”，本是其《诫子书》一文中的语句，但被后人提炼出来，成为脍炙人口的格言。明代吕坤的《续小儿语》《演小儿语》、陈继儒的《安得长者言》就是以当时流行的俗语格言的形式传递训诫。

按内容划分，家训可以分为修身、治学、治家、处世等方面的内容。家训虽然是家庭内部成员之间互相实施的训诫，但其内容绝不仅仅局限于家庭内部事务，而是包罗万象的，包括为人处世的诸多方面。修身指的是自我德行的砥砺、道德的完善，是慎独的功夫，是心性修养的提升。治学指的是读书、写文章诗词、考科举、做研究等方面的内容。治家指的是治理家庭内部事务，包括处理与家庭其他成员的关系等。处世指的是处理社会事务，与社会中的其他人交往，以及履行自己的岗位职责等。

按照地域划分，根据不同的标准，家训有不同的分类。可以是泛泛的某一地域，如江南、岭南[1]等；也可以是某一具体省份，如浙江、福建等。比如，曾礼军的《江南望族家训研究》[2]、叶舟的《诗礼传家：江南家风家训的变迁》[3]就以“江南”这一广泛地域的家训为研究对象，顾作义主编的《岭南家训》[4]以“岭南”一带的家训为收录对象，陈寿灿、杨云等著的《以德齐家——浙江家风家训研究》[5]以浙江省的家训为探究对象，中共福建省委文明办、福建省地方志编纂委员会和福建省妇女联合会编译的《福建家训》[6]以福建省的家训为编载范围。

❶岭南是我国南方五岭以南地区的概称。五岭由越城岭、都庞岭（一说揭阳岭）、萌渚岭、骑田岭、大庾岭五座山组成，是中国江南最大的横向构造带山脉，是长江和珠江两大流域的分水岭，大体分布在广西东部至广东东部和湖南、江西四省区交界处。

❷曾礼军著：《江南望族家训研究》，中国社会科学出版社，2017年。

❸叶舟著：《诗礼传家：江南家风家训的变迁》，上海书店出版社，2021年。

❹顾作义主编：《岭南家训》，南方日报出版社，2016年。

❺陈寿灿，杨云，等著：《以德齐家——浙江家风家训研究》，浙江工商大学出版社，2015年。

❻中共福建省委文明办，福建省地方志编纂委员会，福建省妇女联合会编译：《福建家训》，海峡文艺出版社，2014年。

贰

第二章

先秦家训

先秦是一个很长的历史时期，包括夏朝、殷商、西周、东周（春秋战国时期），甚至包括了传说中的三皇五帝时代。殷商及以前的时代，不是没有家训。自有家庭诞生，有语言诞生，广义的家训就已经产生了，以口耳相传的方式，或者以其他方式流传。但因年代过于久远，这些家训没有被保存下来，我们无从考察，有文字可考的家训只能从西周算起。如果把《尚书·盘庚》[1]算成是殷商时期原汁原味的文献存留的话，那么最早的文字可考的家训可以追溯到殷商时期。《尚书·盘庚》讲的是商王盘庚打算从奄（今山东曲阜）迁都到殷（今河南安阳）时，对宗室贵戚乃至广大臣民发布的训诰之辞。从商王发布训诰的对象来看，其中虽然有王室成员，但也有广大臣民，严格来说《尚书·盘庚》不算是一篇“家训”，而是面向广大民众的“国训”，但因为其中有王室亲属成员的存在，这篇训诰之辞也有些“家训”的意味。除此之外，殷商时代的家训文字记载少之又少，几乎无存。有关西周时代家训的文字记载也属寥寥，目前仅可从《尚书》中找到一些片段的材料。春秋战国时期家训的文字记

[1]《尚书》是一部先秦文献汇编，内容以上古及夏、商、西周君臣讲话记录为主，是儒家经典书籍“四书五经”中“五经”之一，又称《书经》。按朝代编排，《尚书》分为《虞书》《夏书》《商书》《周书》。

载多了起来，但也不甚丰富，主要保存在《左传》《国语》《论语》《仪礼》等经史典籍中。其中的家训大都是只言片语的家人之间的训诫劝告之辞。与后世的长篇大论的家训文章乃至专门的家训著作相比，显得有些单薄，但不妨碍其中蕴含着某些精深的道理。通过阅读家训，我们可以了解到那个时代的精神风貌、思想状况、人生观、价值观等。

第一节 西周家训

目前有文献可考的成体系的家训出自《尚书》。由于《尚书》大多记载的是帝王诸侯之事，因此其中的家训可以算作帝王家训，家训的内容也呈现出家事与国事同构的特点。其意义和影响不仅局限于家庭或家族内部，而且辐射至整个家国天下。《尚书》所记载的家训对后世的帝王家训有着深远的影响，其中的修身治国原则多被后世帝王加以继承和引用发挥，可以说《尚书》中的家训开启了帝王家训的先河。

《尚书》中的《康诰》《酒诰》《梓材》《无逸》《立政》等均可属帝王家训之辞。《康诰》《酒诰》《梓材》均为周公分封同母弟康叔为卫君时，对康叔的告诫之辞。《康诰》中周公首先向康叔追述了周文王、周武王具有“明德慎罚”“不敢侮鳏寡”[1]等各种德行，因而他们能够接受天命，推翻殷朝、建立周朝，成就了伟大功德，以此勉励康叔继承和发扬先辈的优良品德和作风，治理好殷商故地卫国。除了向周先祖学习外，周公还告诫康叔应当学习殷代先哲圣王

[1] 李民，王健撰：《尚书译注》，上海古籍出版社 2012 年版，第 203 页。

的治国方法，敬慎己身，勉力治民，谨慎刑罚，务在得民心而保守天命。与我们惯常所想象的不同，周王朝继承天命后，并没有对原先的殷商王朝采取一味打压、批评的态度，而是肯定商朝从成汤（商朝开国国君）直至帝乙（纣王的父亲）历代圣王贤君具有“明德慎罚”[1]等德行，并告诫后辈向殷商先君学习。《酒诰》也是周公对康叔的劝诫之辞，周公历数商朝初年戒酒兴国和商朝末年纣王酗酒亡国的历史经验教训，说明节制饮酒乃至戒酒的重要性。周公告诫康叔要率领众官员臣民恭敬职事，不可自暇自逸、淫逸放纵。《尚书·酒诰》是我国最早的一篇阐述酗酒危害、劝人节制饮酒的文章，后来这类劝诫文章层出不穷。我国是一个有着源远流长的酒文化的国家，酒不仅是开胃助兴的一种饮料，在某些场合更承载着丰富的文化内涵，但从身体健康和酒后容易乱性的角度考虑，我们还是应当节制饮酒，适可而止。《梓材》中，周公也是陈述先王治国理政的德行以教导康叔，使康叔爱养民众，慎用刑罚。《无逸》为周公训诫刚刚即位的成王的记录，周公历数殷代中宗、高宗、祖甲等贤王的德行政绩，言其国祚长久，而后继的数位殷王逸乐无德，导致国祚短促。周之先祖太王、王季乃至文王，均恪守恭德，因此得受天命，作为后辈的成王应当学习先王的美好德行，无敢逸豫亡身。《立政》为周公向成王讲述治国所需的各种官职，告诫成王以慎择贤臣、任用贤人的方法。从《尚书》的相关记载中我们可以看出，西周时人们已十分重视垂训后代，而作为后辈也注重取法先祖的智慧和德行。西周时的家训内

[1] 李民，王健撰：《尚书译注》，上海古籍出版社 2012 年版，第 268 页。

容有三个特点，一是注重取法先王，二是注重天命，三是勉励后代施行德政以得民心。

《史记·鲁周公世家》曾记载周公训诫其子伯禽的话："我是文王的儿子，武王的弟弟，成王的叔父，我在天下的地位也不算卑贱了，然而我经常是洗一次头发要三次捉发[1]停止洗沐，吃一餐饭要三次吐出入口的饭停止进食，这都是为了赶紧迎接士人，恭敬礼待贤才啊。即使做到这样，我还担心失去天下的贤人呢！你到达鲁国之后，要谨慎小心，不要因为拥有国家而盛气凌人。"[2]如若记载属实，这应是伯禽赶赴封地鲁国之前，周公对他的训诫。周公以自己礼贤下士的亲身做法，激励伯禽到了鲁国之后，要谨慎地对待士人，千万不要自恃权势，骄傲自满，盛气凌人。而伯禽也很听周公的话，到达鲁国之后，坚持以礼治国的基本方针，曾身先士卒，率兵平定徐戎的叛乱，使鲁国成为位居东方的一个重要侯国，一个礼仪之邦，拥有约八百年的国祚。

第二节 春秋战国家训

春秋战国时期的家训多零星地记载于典籍中，有妻子对丈夫的忠告、父亲对儿子的嘱咐、母亲对子女的教导等。其中，某些女子对家人的劝告，展现出巾帼不让须眉的见识和胸襟气度，值得敬佩。

《左传·僖公二十三年》记载，晋文公重耳流亡之时，曾经到达齐国。齐桓公将宗女齐姜嫁给他为妻，又赠给他二十乘（八十匹）马，重耳感到很安逸，就

[1] 捉发：用手攥住头发。出自大禹"一沐而三捉发"的典故。在大禹治水期间，到大禹住所献计献策的人很多，他洗一次头发要停下来三次。大禹礼待贤才的精神在周公身上得到了充分的体现。

[2]［汉］司马迁撰；［南朝宋］裴骃集解；［唐］司马贞索隐；［唐］张守节正义：《史记》卷 33《鲁周公世家》，上海古籍出版社 2011 年版，第 1224 页。

暂时安定下来，不想再继续流亡了。跟随重耳的人都对此感到忧虑，于是秘密谋划着要带重耳离开齐国，并聚集在桑树下商量计策。这时恰巧有一个养蚕的女仆在桑树上，听到了他们的计谋，回去之后告诉了重耳的妻子姜氏。姜氏听说后，不但没有阻止一行人的计划，反而积极促成重耳的离开，她对重耳说：“你有远行四方的高远志向，偷听到你们秘密的人我已经杀死了。”重耳说：“没有这回事，我并不打算离开。”姜氏于是劝告重耳：“你还是走吧！怀恋和安逸，只会败坏你将要成就的功名。”重耳还是没有听从。但姜氏和重耳的舅舅子犯秘密谋划，将重耳灌醉，载上车送走了。重耳醒来后，生气得拿着戈要追杀子犯。[1]如果没有姜氏的当机立断，可能中国历史上也就没有叱咤风云、称霸诸侯的晋文公了。

[1] 郭丹，程小青，李彬源译注：《左传》，中华书局2012年版，第456页。

重耳经过曹国的时候，曹国国君曹共公听说重耳是“骈胁”，也就是肋骨密排相连，仿佛连成了一片，于是趁着重耳洗澡的时候，故意接近重耳，想要看他的肋骨。这是对重耳极度不恭敬的行为。当时曹国大夫僖负羁的妻子对丈夫加以规劝：“我观察跟随晋公子重耳的人，发现他们都是足以做国家股肱之臣的人。晋公子如果任用这些人作为辅佐，那么有朝一日他一定会返回晋国。返回晋国之后，一定会得到诸侯的拥护。而重耳称霸诸侯之后，报复和诛杀曾经对他无礼之人，曹国一定会首当其冲。你何不早日为自己打算，表现出与曹共公的不同心呢？”僖负羁听从了妻子的劝告，于是给重耳送晚饭，并在里面藏了一块玉璧，向重耳表明自己的心意。重耳接受了晚饭，但将玉璧

退还给了他。[1]鲁僖公二十八年（前632），晋文公进攻曹国，报复当初曹共公的无礼行为，攻入曹国都城后，晋文公命令士兵不要进入僖负羁的家里骚扰，并且赦免僖负羁全族之人，以此报答当初僖负羁的恩惠。[2]

《左传·宣公四年》载，楚国的司马子良生下儿子斗椒后，子良的哥哥子文劝诫他说："一定要杀死他。这个孩子有着熊虎的体型和豺狼的声音，不杀了他的话，他一定会使我们若敖氏全族灭亡。谚语'狼子野心'说的就是这种情况。这个人是狼，怎么可以养育他呢？！"司马子良不同意杀死儿子斗椒。于是令尹子文感到十分忧虑。直到子文临死之前，还聚集起全族的人，给他们留下遗训："如果哪一天斗椒执政，你们一定要赶快逃跑，不要被牵连而陷于灾难啊。"并且哭泣着说："鬼神也是需要享食的啊，我们若敖氏的鬼神难道不会很饥饿吗？"言外之意是，斗椒会害得若敖氏灭宗绝祀，祖先再也得不到后人的祭祀供奉。在令尹子文去世后，斗般（子文之子）做了令尹，斗椒继承了父亲之职成为司马。蒍贾当时是工正，他诬陷斗般而使斗般被杀。于是斗椒晋升成了令尹，而蒍贾自己做了司马。斗椒厌恶蒍贾，率领若敖氏的族人杀死了蒍贾。之后，又继续进攻楚庄王。但最终战斗失败，被楚庄王灭了若敖氏全族。令尹子文的预言成为现实，由于他的临终遗训没有被遵循，因而导致了若敖氏灭族之祸。幸运的是，当时子文的孙子克黄在外出使，并没有参与这场祸乱。克黄回国后，楚庄王念在子文作为令尹辛勤治理楚国的功劳上，使

[1] 郭丹，程小青，李彬源译注：《左传》，中华书局2012年版，第457页。

[2] 郭丹，程小青，李彬源译注：《左传》，中华书局2012年版，第511页。

克黄官复原职，继承若敖氏，克黄改名为“生”。[1]

鲁宣公十七年（前 592），晋国的范武子士会将要告老退休，召来儿子士燮嘱咐他说：“燮啊，我听说，在高兴或者愤怒的时候能够遵守礼法的人很少，违背礼法的人却很多。《诗》中有云：‘君子如怒，乱庶遄沮。君子如祉，乱庶遄已。’君子的喜怒是用来遏止动乱的。如果不能用来遏止动乱的话，恐怕会增加祸乱。郤克或者是想要在齐国停止祸乱吧，不然的话，我恐怕他是要增加祸乱的。我将要老了，就让郤克实现他的愿望吧，这样或许能够解决祸难。你今后跟随着诸位卿大夫们办事，一定要恭敬啊。”做完这番叮嘱之后，范武子士会就请求退休，而郤献子郤克接任职位，成为晋国新的执政。[2] 范武子士会所担心的郤克发怒的事情，指的是这年春天，郤克到齐国请求齐顷公参加断道盟会。齐顷公竟然让他的母亲（萧同叔子）躲在帷幕后面观看郤克的身体缺陷（郤克脚跛），妇人在房间内笑出声来。这让郤克感觉受到了极大的侮辱，发誓一定要报复齐国。[3] 鲁宣公十八年（前 591），晋国果然攻打齐国，到达阳谷。鲁成公二年（前 589），晋国又联合鲁国、卫国攻打齐国，发生了著名的齐晋鞌之战，大败齐国。当初在齐国朝堂上嘲笑郤克的萧同叔子差点作为人质被晋国拘禁，因为她是齐顷公的母亲才免于祸难。[4] 之后，士会的儿子士燮遵守父亲的训教，为人敦厚正直，公忠报国，成为一位优秀的执政官。但他后来看到晋厉公的骄淫奢侈，为了使氏族免祸，命巫祝诅咒自己而死。

鲁成公十四年（前 577）春，卫定公到晋国，晋

[1] 郭丹，程小青，李彬源译注：《左传》，中华书局 2012 年版，第 755-759 页。

[2] 郭丹，程小青，李彬源译注：《左传》，中华书局 2012 年版，第 858 页。

[3] 郭丹，程小青，李彬源译注：《左传》，中华书局 2012 年版，第 854 页。

[4] 郭丹，程小青，李彬源译注：《左传》，中华书局 2012 年版，第 883-884 页。

厉公强制要求卫定公面见孙林父。当初，卫定公厌恶孙林父，导致孙林父出奔到晋国。卫定公不同意面见孙林父。夏季，卫定公回国之后，晋厉公又派郤犨护送孙林父回卫国面见卫定公。卫定公打算拒绝，其妻定姜劝告卫定公说："不可以拒绝。孙林父是先君宗卿的后代，又有晋国这样的大国为他请求，您如果不答应的话，恐怕会面临灭亡的祸难。虽然您厌恶他，但忍耐一下见见他吧，面见他既安定民心又宽宥宗卿，不是两全其美吗？"卫定公听了定姜的劝告，这才面见孙林父并恢复了他的爵位和官职。卫定公夫人定姜对卫定公的劝导消弭了一场可能会发生的战争，为卫国赢得了安定。[1]

鲁成公十五年（前 576），晋国的"三郤"郤锜、郤犨、郤至打算谋害伯宗，于是到晋厉公那里诬陷伯宗，并杀死了伯宗。伯宗的儿子伯州犁逃亡到楚国。当初，伯宗每次上朝的时候，他的妻子都要劝诫他说："'盗憎主人，民恶其上。'子好直言，必及于难。"[2]意思是，主人没有得罪盗贼，盗贼却会无缘无故地怨恨主人；在上位者即使不去得罪民众，民众也很容易怨恨在上位者。简单来说，很多仇怨在没有直接矛盾冲突时就会构成。更何况你喜好直言进谏，不懂得委婉弯曲，更加容易招致别人的怨恨，因而一定会遭遇灾难的。伯宗的妻子每日劝诫伯宗不要太直言不讳，以免招惹他人的嫉恨。但是伯宗没有听从妻子的劝告，最终遭遇祸害被杀死。

[1] 郭丹，程小青，李彬源译注：《左传》，中华书局2012年版，第985页。

[2] 郭丹，程小青，李彬源译注：《左传》，中华书局2012年版，第998页。

《左传·襄公二十二年》载：

> 九月，郑公孙黑肱有疾，归邑于公。召室老、宗人立段，而使黜官、薄祭。祭以特羊，殷以少牢。足以共祀，尽归其余邑。曰："吾闻之，生于乱世，贵而能贫，民无求焉，可以后亡。敬共事君与二三子。生在敬戒，不在富也。"己巳，伯张卒。君子曰："善戒。《诗》曰：'慎尔侯度，用戒不虞。'郑子张其有焉。"[1]

郑国公孙黑肱患病，在临死之前做了几项重要举措：将封邑归还给郑简公；召集家臣、宗人立其子段为继承人；并要求段遣散多余的家臣，在祭祀时节俭行事，普通的祭祀只用一只羊，殷祭也只用少牢（羊和猪），留下足以供给祭祀用品的土地，其余的全都归还给国君。"祭以特羊，殷以少牢"[2]，按照周礼，诸侯的大夫举行一年四季的时祭用少牢（羊和猪），现在公孙黑肱却减少为仅用一只羊；诸侯的大夫殷祭可能用的是太牢（牛、羊、猪），现在公孙黑肱却使减少为仅用少牢（羊和猪），大大减少了祭祀的规模用度。公孙黑肱这样做的理由是，他认为生于乱世，如果能够秉持节俭的原则居处行事，就能减少对民众的索求，这样就能减少怨恨而保持家族的长存。公孙黑肱告诫儿子一定要恭敬地侍奉国君和各位卿大夫，

[1] 郭丹，程小青，李彬源译注：《左传》，中华书局2012年版，第1293页。

[2] "祭"指一年中春夏秋冬四时举行的祭祀祖宗的仪式，"殷"指三年一次举行的盛大祭祀仪式。

因为生存之道在于恭敬警戒，而不在于富有。公孙黑肱临终前对儿子一再强调恭敬、节俭的德行，希望儿子以此获得个人乃至家族的兴旺长存。

《论语·季氏》载，陈亢问孔子的儿子孔鲤（字伯鱼）可曾从孔子那里听到什么不一样的教训，伯鱼回答说，没有听到什么和别人不一样的教训。只是有一次，孔子曾经独自站在庭院里，孔鲤快步走过庭院，孔子就叫住他问：“你学诗了没有？”孔鲤回答：“还没有。”孔子教训他说：“不学诗，无以言。”孔鲤于是退下后用心学诗。过了一段时间，孔子又独立在庭院里，孔鲤快步走过，孔子又叫住他说：“学礼了吗？”孔鲤回答：“还没有。”孔子教训他说：“不学礼，无以立。”孔鲤于是退下后用心学礼。[1]有关孔子教训自己儿子的记载寥寥无几，但从仅存的数条记载中，我们可以了解到孔子对自己儿子的教训与对其他弟子没有什么特别的不同。孔子平日里就以诗、礼教育弟子，孔子曾说“兴于《诗》，立于礼，成于乐”[2]，又说“小子何莫学夫诗？诗，可以兴，可以观，可以群，可以怨。迩之事父，远之事君；多识于鸟兽草木之名”[3]，孔子对儿子的教训与对其他弟子一样，只是希望儿子能够学好诗、礼，以此立身处世。

❶ 杨伯峻译注：《论语》，中华书局 2015 年版，第 206 页。

❷ 杨伯峻译注：《论语》，中华书局 2015 年版，第 94 页。

❸ 杨伯峻译注：《论语》，中华书局 2015 年版，第 213 页。

●北京孔庙大成门前孔子雕塑

●大成殿外悬挂的康熙御书“万世师表”牌匾

《仪礼·士昏礼》中记载，男女举行昏礼之时，父母会对他们进行轮番教诫，旨在教导他们按照自己的家庭角色承担起相应的责任。新婿在亲迎之前，他的父亲会告诫他说：“往迎尔相，承我宗事。勖帅以敬先妣之嗣，若则有常。”[1]儿子回答说：“诺。唯恐弗堪，不敢忘命。”[2]“相”是相助的意思，“往迎尔相”意思是去迎接你的贤内助——新妇，来承接我们家的宗庙祭祀的事情。“勖帅以敬先妣之嗣，若则有常”意思是告诫儿子要勉力率导新妇承接宗庙祭祀之事乃至家庭内部的各种事务，而儿子自身要言行有常法，以身作则，夫义方能使妇顺。

新妇出嫁之前，父母和庶母会轮番对她进行教诫。父亲说：“戒之敬之，夙夜毋违命。”[3]要求新妇要戒慎尊敬，孝顺公婆和侍奉夫婿，早晚不能违背婆家的命令。母亲说：“勉之敬之，夙夜无违宫事。”[4]告诫新妇嫁到婆家之后要勤勉尊敬，早晚不要耽误家务事。庶母说：“敬恭听，宗尔父母之言。夙夜无愆，视诸衿鞶。”[5]告诉新妇要恭敬地倾听父母的告诫，听从父母的话。要早晚没有过错，自身的修养德行要向身上佩戴的衿和鞶（表示侍奉公婆之义）看齐。封建时代特别强调女子的顺从之德，因此父母在女子出嫁之前训诫女子要顺从婆家的命令。[6]虽然封建时代对女子的很多教诫不值得现代人学习，但其中告诫女子要承担家庭责任、做好自己应做的事情的教导还是值得听从而永不过时的。

《史记》记载，公仪休是鲁国的博士，以才学优异做了鲁国丞相。他做官奉法循理，不纷更旧法，而

[1] [汉]郑玄注；[唐]贾公彦疏：《仪礼注疏》卷6《士昏礼》，北京大学出版社1999年版，第104页。

[2] [汉]郑玄注；[唐]贾公彦疏：《仪礼注疏》卷6《士昏礼》，北京大学出版社1999年版，第105页。

[3] [汉]郑玄注；[唐]贾公彦疏：《仪礼注疏》卷6《士昏礼》，北京大学出版社1999年版，第105页。

[4] [汉]郑玄注；[唐]贾公彦疏：《仪礼注疏》卷6《士昏礼》，北京大学出版社1999年版，第105页。

[5] [汉]郑玄注；[唐]贾公彦疏：《仪礼注疏》卷6《士昏礼》，北京大学出版社1999年版，第105页。

[6] 这种顺从的品德在现代社会已经不适用，如今倡导男女平等，男女人格平等，男女应享有公平的权利和承担各自应尽的义务，没有哪一方享有凌驾于对方之上的特权。婚姻中，男女都应当承担起各自的责任，互相帮助，互相扶持，这样才能保持和谐持久的婚姻关系。

百官自然保持正直。公仪休坚持一条原则：食用国君俸禄的人不得再与下民争利，获得大的利益之后就不再去争取小的利益。有一次，公仪休吃了家里种的蔬菜感觉很美味，于是把园里的葵菜拔了，全部丢弃掉；见到自己家里织的布很好，于是赶走自己的妻子，烧毁织布的机器，教训妻子说：“你这样做，让农士工女去哪里售卖他们的货物啊？”[1]公仪休坚持不与民争利的原则是正确的，但他将妻子赶出家门的做法，未免有些严苛了。

楚国令尹孙叔敖患病，临死之前嘱咐自己的儿子说：“我死之后，你必然会贫困。到那时，你可以去见优孟[2]，跟他说你是孙叔敖的儿子。”几年之后，孙叔敖的儿子果然变得穷困了，靠卖柴为生。有一次他遇到了优孟，于是对优孟说：“我是孙叔敖的儿子。我的父亲临死之时，嘱咐我在贫困的时候去见优孟。”优孟说：“这段时间你不要走远了。”优孟回去之后，缝制了孙叔敖生前的衣帽，并且悉心揣摩摹仿孙叔敖生前的言谈举止，一年之后，变得跟孙叔敖很相像。楚庄王摆酒宴，优孟上前贺寿。楚庄王大惊，以为孙叔敖复活了，于是想要聘用优孟为令尹。优孟说要先与妻子商量，三日后再就任。三日后，优孟回复楚庄王说：“我的妻子说千万不要答应王上，楚国令尹是不值得做的。孙叔敖做令尹的时候，尽忠廉洁治理楚国，楚国得以称霸。现在孙叔敖死了之后，他的儿子竟然贫困到无立锥之地，要靠打柴为生。要真像孙叔敖那样的话，还不如自杀呢。”楚庄王听了之后，向优孟道歉，并立即召见孙叔敖的儿子，封赐给他寝丘

[1] [汉] 司马迁撰；[南朝宋] 裴骃集解；[唐] 司马贞索隐；[唐] 张守节正义：《史记》卷 119《循吏列传》，上海古籍出版社 2011 年版，第 2341 页。

[2] 优孟是春秋时楚国著名杂戏演员，他演技高超，擅长滑稽讽谏。文中所述的故事就是成语“优孟衣冠”的来源。原指优孟穿戴楚国故相孙叔敖的衣冠，并模仿其神态，作歌以讽谏楚王。后指演戏，也用以比喻假扮古人或仿效他人。又作“衣冠优孟”。

这个四百户之邑，用来继承孙叔敖家族的祭祀。孙叔敖家族因此而享受封邑，十世不绝。[1]孙叔敖临终前对儿子的训诫，显示出孙叔敖的神机妙算和识人之能。

刘向《列女传》记载，孟子的母亲很注重对孟子的教育，十分善于教化。起初，孟子的家靠近坟墓，孟子年纪小，玩游戏的时候就模仿坟墓间的事情，积极踊跃地筑坟、埋葬。孟母看见了，就说："这里不是可以让儿子居住的地方。"于是离开了坟墓附近，搬到了集市旁边。孟子游戏时又模仿商贾贩卖叫唱的事情。孟母看见后又说："这里不是可以让儿子居住的地方。"于是又搬家到学校的旁边。孟子做游戏时就模仿陈设俎豆、揖让进退等行礼的事情。孟母说："这里真是可以让儿子居住的地方啊！"于是就在学校附近定居下来。这就是"孟母三迁"的故事。

孟子少年时，曾经外出求学没多久就回家来了。当时孟子的母亲正在纺线织布，看见孟子回来了就问他："你学习到什么程度了？"孟子回答说："还是老样子罢了。"孟子的母亲于是用刀将自己所织的布割断。孟子吃惊地问母亲为什么要这样做。孟母说："你废弃上学，就像我割断织布一样。君子学习是为了建立名声，向别人请教是为了增长自己的知识，这样不出门就可以安居，出门做事就可以远离祸害。你现在废弃了学习，将来必然不能免于做小厮仆役之类的卑贱职业，也就无法远离祸患了。这和我的织布而谋食有什么差异呢，做到一半而突然放弃，又怎么能够供给家人衣服并使家里长久不缺少粮食呢？女子废弃掉自己谋生的工具，男子在修德上堕落，这样不

[1] [汉]司马迁撰；[南朝宋]裴骃集解；[唐]司马贞索隐；[唐]张守节正义：《史记》卷126《滑稽列传》，上海古籍出版社2011年版，第2413-2414页。

是成为盗窃之徒，就是会给别人做俘虏、仆役。”孟子听到母亲的教诲，从此以后下定决心刻苦学习，早晚勤学不已，最终成为名动天下的大儒。[1]这就是“孟母断织”的故事。后来“孟母三迁”和“孟母断织”成为脍炙人口的典故，经常被人们引用来教育子女。

[1] 张涛译注：《列女传译注》卷 1《母仪传》，人民出版社 2017 年版，第 40 页。

第三章

汉代家训

两汉家训目前所存材料也较少，多为散落于经史子集中的只言片语。有的是某种情境下教告家人子孙的言语，有的是一贯坚持的治家之法。若按照时期分，汉代家训可以分为西汉家训和东汉家训；若按照作训人的身份来划分，可以分为帝王家训、名臣家训和文士家训。两汉家训体现出当时的人修身处世的智慧。

第一节　西汉家训

西汉家训可分为帝王家训、名臣家训和文士家训三部分。帝王家训中，通过汉高祖、汉文帝以及汉宣帝对太子的教训和嘱托，我们可以了解到帝王对家人的关心，帝王的生活作风乃至治国的基本方略等。名臣家训中，通过陆贾、石奋、郑当时、王章妻子等人对家人的训诫和规劝，我们可以领略到古人的治家方法、人格风范与胸襟见识。文士家训中，通过司马谈、杨王孙、刘向等人对家人的嘱托，我们可以了解一些历史事实、古人的生死观念以及忧患意识。

一、帝王家训

西汉帝王家训中，刘邦诫饬太子刘盈的言语，展现了刘邦对太子的希冀，对刘如意母子的担忧；汉文帝对身后事的交代，展示了一代仁君的俭朴和仁心；汉宣帝对儿子刘奭的训诫，显示出一代霸主的雄心，也透露出西汉前期外儒内法、王霸杂用的基本治国方略。

刘邦（前256或前247—前195，前206—前195年在位），字季，沛县丰邑中阳里（今江苏徐州丰县）人，汉朝开国皇帝。相传为唐人藏本的《古文苑》[1]中收录有刘邦所作的《手敕太子》。有学者质疑此《手敕太子》并非刘邦所作，而是后世的伪作；也有学者认为此《手敕太子》就是刘邦所作，或者是其大臣辑录刘邦平日所言而成。我们认为，暂时可以将《手敕太子》视作刘邦平日训诫太子的记录。《手敕太子》主要记载了刘邦训斥和嘱托太子刘盈的几件事。第一是定刘盈为太子。刘邦说，因为刘盈是嫡子，自己早就有立他为太子的意思，再加上群臣都说刘盈能招致商山四皓，由此可见刘盈富有德行，可任大事，因此刘邦最终决定立他为太子。其实，早在楚汉相争的第二年（前205），刘邦作为汉王时，就已经确立刘盈为太子。在楚汉相争结束，汉王胜利之后（前202），汉王刘邦正式即位为皇帝，又正式确立刘盈为皇太子。在此期间，刘邦多次想要废掉刘盈，改立宠妃戚夫人的儿子刘如意为太子，但因种种原因，最终没有实行。二是叮嘱刘盈练字。刘邦谈及自己先前不学写字，每次读书都是询问别人才知道意思，后来经过学习，自己在写字读书方面已经大有进步。但

[1]《古文苑》是一部古诗文总集，所录诗文均是史传与《文选》中没有记载的。编者不详。相传为唐人旧藏本，由北宋的孙洙（1032—1080）在佛寺经龛中发现。

看到刘盈写的字反而不如自己，因此叮嘱刘盈勤加练习。命令刘盈上疏的奏折要亲自写，不可以假手他人。三是嘱咐刘盈礼敬功臣。刘邦命令刘盈在见到萧何、曹参、张良、陈平等与刘邦同辈的功臣时，要下拜。四是将戚夫人和刘如意托付给刘盈，命刘盈即位后加以照顾。虽然刘邦在文中陈述的理由是其他的儿子都能独立自主，只有刘如意年幼，因此特意嘱托给刘盈，但实际的情况是刘邦担心吕后加害戚夫人母子。刘邦去世后，刘盈听从刘邦的教诲，对刘如意百般维护，但最终还是事与愿违，吕后趁着刘盈不在宫中的时候，将刘如意下毒害死，并将戚夫人做成了人彘。古代帝王家因争宠夺权而产生的互相倾轧迫害之事层出不穷，即使深谋远虑如刘邦，也难以保全自己的家人。

汉文帝刘恒（前 202—前 157，前 180—前 157 年在位）临死之前，嘱咐太子刘启一句话：“卫绾[1]是长者，你以后要善待他。”汉文帝驾崩后，汉景帝刘启即位，果然遵从汉文帝的教诲，对卫绾加以礼敬，长达一年多的时间都不曾对卫绾嗔怒指责，卫绾也日益谨慎尽力。在刘启还是太子的时候，曾经召集汉文帝的左右侍臣饮酒，而卫绾称病没有去赴宴。刘启即位后，有一次去上林苑打猎，命中郎将卫绾作为参乘，并质问他那次喝酒为什么没有来，卫绾连忙道歉说：“这是死罪，但我当时确实是生病了。”汉景帝要赐给卫绾宝剑，卫绾推辞说：“先帝已经赐给我六把剑了，这次我不敢奉诏接受。”汉景帝说：“剑，人人都喜欢，常被拿来换物，你难道还保存至今吗？”卫绾回答：“那些剑都在。”汉景帝命令他将剑取来，

[1] 卫绾（wǎn）：代国（今山西文水县）大陵人。他因为擅长戏车超乘（在车上表演杂技），被任命为宿卫侍从的郎官，服侍汉文帝，积功依次升迁为中郎将，性情醇厚谨慎。

六把剑果然都很崭新，全都没有佩带过。这件事之后，汉景帝越发知道了卫绾笃实谨慎的长者之风，于是将他升为河间王太傅、中尉、太子太傅、御史大夫，直至丞相。[1] 正是因为汉景帝对汉文帝遗训的遵从，才没有错过一个谨厚的长者。

[1] [汉]司马迁撰；[南朝宋]裴骃集解；[唐]司马贞索隐；[唐]张守节正义：《史记》卷103《万石张叔列传》，上海古籍出版社2011年版，第2103-2105页。

●宋　佚名画却坐图

此画描绘的是汉文帝携皇后和慎夫人驾临上林苑，平时在宫里，皇帝和慎夫人都坐在平等的座席，这一天，大臣爰盎却引慎夫人坐于次席。慎夫人很生气不肯就座，爰盎解释道："臣听说尊卑有序，上下才能和睦。现在陛下立了皇后，慎夫人就是妾位。妾和主人怎可同坐？现在陛下卫护着慎夫人，却正是害了她。陛下难道不知戚夫人的事吗？"于是皇帝听从了爰盎的安排。此图意在表现汉文帝虚心纳谏。

后元七年（前 157）汉文帝刘恒驾崩，留下一道遗诏，向儿子刘启及其他宗室、大臣交代自己的身后事。其遗诏说，天下万物但凡萌生，就一定会有死亡。死亡是天地的道理、万物的自然归宿，没有什么值得特别悲伤的。况且自己在位二十多年间，天下安宁，没有兵革之祸，幸运地以天年离世，又有什么值得悲哀。当时天下的风气是厚葬、重服、久丧，汉文帝认为这样做会令人民长久的悲哀，伤害人民的情志，减少他们的饮食，中断对鬼神的祭祀。如果令天下万民为自己重服、久丧的话，汉文帝认为会大大地加重自己的无德。因此，汉文帝嘱托太子及臣下，命令天下吏民在自己下葬三日之后就可以脱去丧服了，不用再继续天长日久地守丧。不要禁止民众娶妻、嫁女、祭祀、饮酒、食肉等事情。本应服丧的人都无须徒跣（光着脚）。麻制的孝带不要超过三寸[1]，不要陈列车驾和兵器，不要安排民众男女来宫殿哭泣。宫殿中应当哭泣的人也只需要在早晚各哭十五声即可。不是早晚应当哭的时候，不要擅自哭泣。下葬之后，应服大功之丧的人只需服十五日丧，应服小功丧的人只需服十四日丧，应服缌麻丧的人只服七日，就可以脱去丧服。其他不在命令中的人，就仿照这个命令行事。墓地所在的霸陵的山川都要保持原貌，不要改变。将夫人以下至少使的若干等级的侍妾通通放回家中。汉文帝在位期间奉行节俭，在死后也交代得极为详细具体，命令皇子臣下在操办自己的丧事时要尽量俭朴，并使吏民不要长久服丧，以免增加吏民的负担。汉文帝命令放归夫人以下所有侍妾的举动，给了诸多侍妾

[1] 寸，古代用来计量长度的单位，1 寸≈3.33 厘米。

自由，这是封建统治者中极少能够做到的。[1]

汉宣帝刘询（前91—前48，前74—前48年在位）的太子刘奭（前75—前33）性格柔弱仁慈，喜好儒术。刘奭看到汉宣帝所任用的多是精通文法的酷吏，平日以刑名之法严格管束臣下，大臣杨恽、盖宽饶等都是因为讥刺的言辞而获罪，刘奭觉得这样的治国方针过于严苛无情了，于是在侍奉汉宣帝宴会的时候，委婉地劝汉宣帝说：“陛下您用刑法太严苛了，应该多用儒生啊。”没想到汉宣帝听了之后，勃然色变：“汉家治理天下有一以贯之的制度，本来就是霸道和王道交合而使用，你为什么要纯用德教，恢复古老的周政呢！况且一般的儒生不通时宜，喜欢赞扬古代而非议现今，令人们迷惑炫目于名实之辨，不知道究竟应该坚守什么，哪里值得委任呢？”汉宣帝叹气道：“将来祸乱我汉家的，一定是太子啊！”从此以后，汉宣帝越发地疏远太子刘奭而喜爱淮阳王刘钦，并且说淮阳王明察好法，是自己的好儿子。汉宣帝本想废掉刘奭而立淮阳王为太子，只是因为刘奭是汉宣帝贫贱时的妻子许皇后所生，与汉宣帝一起从贫贱中走来，汉宣帝念及旧情，才最终没有废掉太子刘奭。[2]

二、名臣家训

名臣家训中，有陆贾对儿子们赡养自己的安排，表现出一代名臣治家理财的智慧；有石奋对子孙严格的教导和羁束，使得石氏一家以家风严谨著称于世；有郑当时对看门人的告诫，展现了他的好客和豪爽；有王章之妻对王章贫贱时与富贵时的不同训诫，体现

[1] ［汉］司马迁撰；［南朝宋］裴骃集解；［唐］司马贞索隐；［唐］张守节正义：《史记》卷10《孝文本纪》，上海古籍出版社2011年版，第301-302页。

[2] ［汉］班固撰：《汉书》卷9《元帝纪》，中华书局1962年版，第277页。

出一个女子的大智慧。

陆贾（约前 240—前 170）是汉高祖时期的名臣，曾经劝说汉高祖刘邦：“居马上得之（天下），宁可以马上治之乎？”[1]这番话使刘邦幡然醒悟，意识到儒生儒术对于治国的重要性。后来陆贾奉汉高祖的命令，写作文章谈论秦之所以失去天下、汉之所以得到天下的道理，以及古代国家兴衰成败的事迹，总共十二篇，集结成《新语》一书，成为历史上有名的政论著作。在汉朝刚刚建立的时候，尉他平定了南越一带，于是自称为王。汉高祖派陆贾前往南越，赐给尉他印绶并真正封尉他为南越王。在陆贾的一番劝诫之下，南越王尉他改变了原先倨傲的态度，接受封王，并礼遇陆贾。在陆贾离开时，尉他赐给陆贾价值千金的一囊橐宝物，并另外送给他千金。到了汉孝惠帝即位后，吕后掌握了权柄，想要册封诸位吕姓子弟为王，并且排斥打压所有反对这件事的大臣。陆贾于是谢病家居，将出使南越时得到的囊橐里的宝物卖得千金，分为五份，分给了自己的五个儿子，每人得二百金，用于日常生活和生产作业。陆贾自己则常常乘坐着舒适豪华的车子，身后跟随着十多个唱歌、跳舞、弹琴鼓瑟的侍从，并带着价值百金的宝剑，到处游历。陆贾对他的儿子们说：“我和你们约定，以后我经过你们哪一家的时候，哪一家就负责供给我的人马以酒食，尽力满足我们的欲望，住十天就更换到另一家。假如我死在哪一家，那一家就可以得到我的宝剑、车马和侍从。一年中我还要往来拜访其他人，经过你们每一家也只不过两三次而已，见得多了你们就不会感觉新

[1] [汉]司马迁撰；[南朝宋]裴骃集解；[唐]司马贞索隐；[唐]张守节正义：《史记》卷97《郦生陆贾列传》，上海古籍出版社 2011 年版，第 2056 页。

鲜了，到时候可不要因为时间长了就厌恶我啊！”后来陆贾为丞相陈平献计，使他与太尉周勃交好，两人联手挫败了吕氏的阴谋。陈平于是将奴婢百人、车马五十乘、钱五百万送给陆贾作为饮食的费用。陆贾于是在公卿间游历，名声很大。最终陆贾安然以寿命终老。[1]陆贾将五个儿子分家，并安排他们轮流伺候的做法十分明智，这样既可以使自己得到奉养，也尽量公平地分散儿子们的负担，避免儿子们的怨言。正因为陆贾的机智，才能在打败吕氏的行动中建立功劳，获得更多的赏赐和财富，并能以寿命终老。[2]

万石君石奋（？—前 124）在刘邦向东攻打项羽的时候，就跟着刘邦做书谒（负责书写名帖等的官员），到了孝文帝的时候，积累功劳做了太中大夫，到了孝景帝的时候位列九卿，后来被迁为诸侯的丞相。石奋虽然读书不多，没有什么文学才华，但他为人极为恭敬谨慎。在三代皇帝那里都很有名。石奋家教严明，在他的教导下，子孙也养成了恭敬谨慎的态度和习惯，四个儿子都官至二千石。石奋对儿子们具体的教导是：子孙即使身为小吏之类的小官，每次回家的时候，石奋也必定穿上朝服面见他，并且从不直呼其名，以表示对朝廷官员的尊敬。子孙犯有过失的，石奋从不直接指责子孙，而是自己独自坐在别处，对着几案也不饮食，以绝食的方式表示自己对子孙行为的不满。这样各位子孙自己就会互相指责，央求家中长老作为介绍人，袒露自己的上身，诚恳地向石奋谢罪，石奋才会原谅他。有一次，作为内史的小儿子石庆喝醉了酒回家，进入外门的时候没有下车。石奋听

[1] [汉]司马迁撰；[南朝宋]裴骃集解；[唐]司马贞索隐；[唐]张守节正义：《史记》卷 97《郦生陆贾列传》，上海古籍出版社 2011 年版，第 2054-2057 页。

[2] 这就是成语“陆贾分金”的来源，后用来比喻辞官归乡，而替后代子孙安排产业。

说之后，就不再吃饭，绝食表示不满。石庆听说后很惶恐，于是袒露身体去向石奋谢罪，石奋也不原谅他。后来，全宗族的人以及长子石建也都袒露上身谢罪，石奋这才指责石庆说：“内史你是贵人，进入闾里的时候，里中长老都要走开回避你，而内史你却坐在车里很自如，这是应当的吗？！”于是让石庆离开。自此以后，石庆和家里其他子弟每次回家都是早早在里门就下车，然后小步快走回家。石奋的治家严明，使得石家子孙大都养成了谦逊谨慎的行为习惯，后来石庆官至丞相，石家子孙陆续官至二千石的有十三人之多。然而石庆死后，石家子孙渐渐因罪免官，石家的孝谨之风也逐渐衰落了。[1]

郑当时在孝景帝时为太子舍人。他喜欢任侠，喜好结交宾客。每到五日休沐（放假休息）的时候，常常在长安郊区存问故人，宴请宾客，经常是通宵达旦、夜以继日地饮酒玩乐。即使这样，郑当时还唯恐遗漏了某位客人。郑当时做太史的时候，曾经训诫家里的看门人：“有客人到来的时候，无论贵贱，都不要把人滞留在门外，让人家等候。”郑当时接待客人极尽宾主之礼，常常屈尊降贵，礼敬他人。[2]郑当时十分廉洁，又不擅长治理产业，因此家资并不十分富厚，但即使如此，也要仰仗仅有的俸禄和赏赐去周济士人。他还常常称赞天下的贤士长者，并向朝廷推荐。因此山东的官员和士人都极为称赞郑当时。[3]古代贵族官吏之家中，下人众多，并且他们有时掌握很大的权柄，看门人就是掌管主人内外交通的重要位置，如果不以严明的规矩管束看门人的话，很容易失去来访士人的

❶［汉］司马迁撰；［南朝宋］裴骃集解；［唐］司马贞索隐；［唐］张守节正义：《史记》卷 103《万石张叔列传》，上海古籍出版社 2011 年版，第 2099-2103 页。

❷ 这就是成语“郑庄好客”的来源，后用来形容人慷慨大方、热情友善，乐于待客。

❸［汉］司马迁撰；［南朝宋］裴骃集解；［唐］司马贞索隐；［唐］张守节正义：《史记》卷 120《汲郑列传》，上海古籍出版社 2011 年版，第 2348-2349 页。

心，甚至是得罪客人。因此，治家也应当包括对下人的约束。郑当时对家中下人的严明管教，也是使得他成为人们交口称赞的义士的重要因素之一。

王章，字仲卿，泰山郡巨平县（今山东泰安）人，是汉元帝、成帝时期的大臣，以敢于直言进谏闻名。在王章还只是游学长安的诸生的时候，与妻子居住在一起，过着贫苦的日子。有一次王章生病了，因家贫没有棉被，王章只能躺在牛衣（供牛御寒的披盖物）中，与妻子诀别，伤心得哭泣不已。[1]他的妻子愤怒地呵斥他说：“仲卿，京师尊贵的人在朝廷中的有谁能超过你呢？现在你疾病困厄，不想着自我激励，昂扬斗志，反而在这里哭泣，为什么这么鄙陋呢？”后来王章被汉成帝提拔为谏大夫、司隶校尉，直至京兆尹之职。王章能够成为京兆尹，虽然有汉成帝舅舅王凤提携的功劳，但王章很看不惯王凤的专权，并不去亲附王凤，反而上奏皇帝，说王凤不值得任用，应当另选忠贤。王章的妻子知道王章打算上疏弹劾王凤，又阻止王章说：“做人应当知足，你难道不记得你在牛衣中哭泣的时候了吗？何况王凤势头正盛，现在弹劾他无异于螳臂当车。”王章回答说：“这不是你们女人能够知道的事情！”王章没有听从妻子的劝告，依旧上疏弹劾王凤。奏疏呈给汉成帝后，汉成帝本来打算采纳王章的建言，但后来又不忍心屏退王凤。王章因此而被疑忌，最终被王凤构陷以大逆之罪，被投入监狱，他的妻儿也被收系。后来，王章在狱中死去，妻儿被迁徙到合浦。王凤去世后，王商接替王凤成为大将军，上奏皇帝请求将王章的妻儿迁回到故里。王章的妻儿回到泰山故郡后，赎回了原来

[1] 成语“牛衣对泣”就出自此处，用来形容夫妻共度穷困的生活。

的田地宅院。[1]王章的妻子是一名很有见识的女子，在王章贫贱时相信王章的能力，鼓励王章奋发自强，使王章渡过了难关，走出了低谷，成了高官；后来在王章打算做自不量力的事情的时候，又劝诫王章要知足而谦逊，要感念过去的艰难，做事要审时度势，量力而行，但王章耿直无私，拒不听从，虽罹祸而不悔。

三、文士家训

文士家训中，司马谈临终前留下嘱托，激励儿子司马迁完成《史记》；杨王孙裸葬的遗训，展现了他对死亡本质的洞察；刘向对儿子刘歆殷殷劝诫，但最终也没能挽救儿子的命运。通过阅读这些家训，我们在感慨唏嘘古人命运的同时，也能学习到一些为人处世的道理。

司马谈（约前 169—前 110），冯翊夏阳（今陕西韩城）人，汉武帝时任太史令、太史公，是司马迁的父亲。司马谈在临终之前，嘱咐司马迁一定要完成《史记》。司马谈从司马家历代相传的职位讲起，言其先祖在虞舜乃至夏代就是掌管天文历法的官员，在周代为太史。到了汉朝，司马谈又任太史。司马谈认为自己死后，司马迁也一定会继承自己的官职，继续做太史。司马谈言：“孝始于事亲，中于事君，终于立身。”孝开始于侍奉双亲，延伸至侍奉君主，最终在于为人处世。扬名于后世，以显荣父母，这才是真正的大孝。天下称颂周公，是说他能歌颂文王、武王的功德，达到太王、王季的思虑，直到公刘，直至后稷。周幽王、厉王之后，王道废缺，礼乐衰微，孔子

[1] [汉] 班固撰：《汉书》卷 76《赵尹韩张两王传》，中华书局 1962 年版，第 3238-3239 页。

修旧起废，论述《诗》《书》，作《春秋》，学者们至今都在学习这些经典。但孔子死后的四五百年间，诸侯征伐，史记阙废。现在汉朝兴起，天下一统，涌现无数明主贤君忠臣义士的事迹，身为太史不可以不加以记载啊。但司马谈知道自己命不久矣，撰述史记的事业只能托付给儿子司马迁了。司马谈激励司马迁无论遭遇多少艰难险阻，一定要完成这项修废继绝、通述历史的伟大事业。司马谈的嘱托和教训在司马迁日后撰述《史记》的过程中起到了极大的鼓舞激励作用，帮助司马迁克服重重磨难，终于完成了震古烁今的史学巨著——《史记》。

杨王孙是汉武帝时候的人，他学习黄老之术，家业累积至千金，生活中十分注重养生之道，只要是能养生的方法，就通通加以尝试。在他生病临死的时候，杨王孙命令他的儿子说："我想要裸葬，这样才能使我返璞归真，你一定不要更改我的意愿。我死后，你要用布囊盛装我的尸体，挖七尺深的墓穴，然后把我放下，从足部将装盛的布囊脱去，使我的身体与泥土相接触。"他的儿子本想当时保持沉默，过后就不再听从，却又不想真的违背父命；但听从父亲命令裸葬的话，又于心不忍。于是去求见父亲的朋友祁侯，想请祁侯帮忙劝劝父亲。祁侯于是写了一封信给杨王孙说："王孙你被疾病所苦，但我因为跟随皇上祭祀，没有能够到你跟前探望，心里感觉十分抱歉。希望你能保存精神，减少思虑，进补好药，好好保重自己的身体。我听说王孙你先前命令儿子要裸葬，如果人死后真的没有知觉也就罢了，假若人死后真的有知觉的话，你要求裸葬，这难道不是在地下戮辱尸体，使自己裸身面见先人吗？我认为你不能这样做。况且《孝经》[1]中说，‘要为死者置办棺椁衣衾’，这本来就是圣人规定的体制，你又何必固守自己所听闻的东西呢？希望你好好考虑考虑。”杨王孙回信说：“我听说古代圣王，本来就是因不忍心使双亲身体暴露，才制定了丧礼。但是丧礼却越来越无节制，我现在逾越了礼制打算裸葬，是为了纠正世俗。厚葬实在是对死者无益，但俗人却以厚葬来相互攀比夸耀，耗费大量的钱财，而使之腐烂在地下。或者今天埋入地下，到了第二天就被盗墓贼挖掘开，这才是真的与曝尸荒野没有什么区别。况且死亡本来就是生命结束的变化形态，是万物的归宿。回归的能回归到原处，变化的能够成功变化，这才是万物返回了自己的本真。返回本真冥冥的境界，无形无声，才合乎道情。装饰于外以炫耀于众人，厚葬以隔绝本真，使得尸体不能变化，回归自然，这就是使万物各失其所了。况且我听说，精神是从天上来的，形骸是从地上得到的。人死后，精神离开形体，各自回归本真，就叫作‘鬼’，‘鬼’就是‘归’的意思。人的尸体块然独处，又哪里有什么知觉呢？将尸体裹上布帛，又用棺椁加以隔绝，束缚肢体，口含玉石，尸体想要变化却不能，只能慢慢变成干枯的肉。千年之后，棺椁都腐朽了，尸体才能回归土地，回到自己真正的居所。照这样说的话，一样都是腐烂，又为什么要用棺椁隔绝而使尸体长久地客居在外呢？古时候尧帝下葬的时候，也只是挖空木头作为装殓的盒子，用藤蔓作为捆扎盒子的绳索，挖

[1]《孝经》是中国古代儒家的伦理著作，集中地阐述了儒家的孝道伦理思想，被列为儒家“十三经”之一。虽然字数不足两千，却言简意赅，易于传播。相传是孔子所作，清代纪昀认为，该书是孔子“七十子之徒之遗言”。

掘土地使得下不至于触及黄泉，上不至于泄露臭味。古代的圣王都是生时被人尊敬，死时容易埋葬的，他们从不在无用、无意义的事情上花费财物功夫。现今花费钱财厚葬，反而使尸体滞留得不到回归，死者无知无觉，生者也得不到什么，这有什么意义呢？我是不会这样做的。”祁侯回信说：“好。”于是杨王孙的儿子听从父亲的遗训将之裸葬。[1]中国古代礼制规定了人死后的一系列丧葬事宜，人们一般秉持着“事死如事生”的原则，以厚葬久丧为尊敬死者的方式，但杨王孙偏偏不听从古代礼制的教诲，违背当时流行的世俗，选择裸葬，并以自己的一套生死理念解释这样做的缘由，这在当时是十分惊世骇俗的行为。但在我们今人看来，却能体会到其中的旷达的意味。

[1] [汉] 班固撰：《汉书》卷 67《杨胡朱梅云传》，中华书局 1962 年版，第 2907-2909 页。

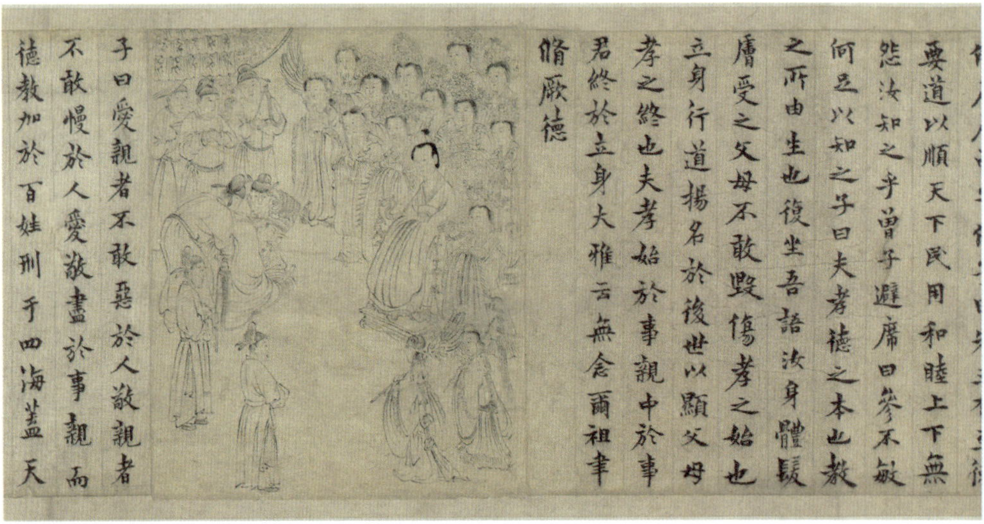

宋 李公麟画孝经图（局部）

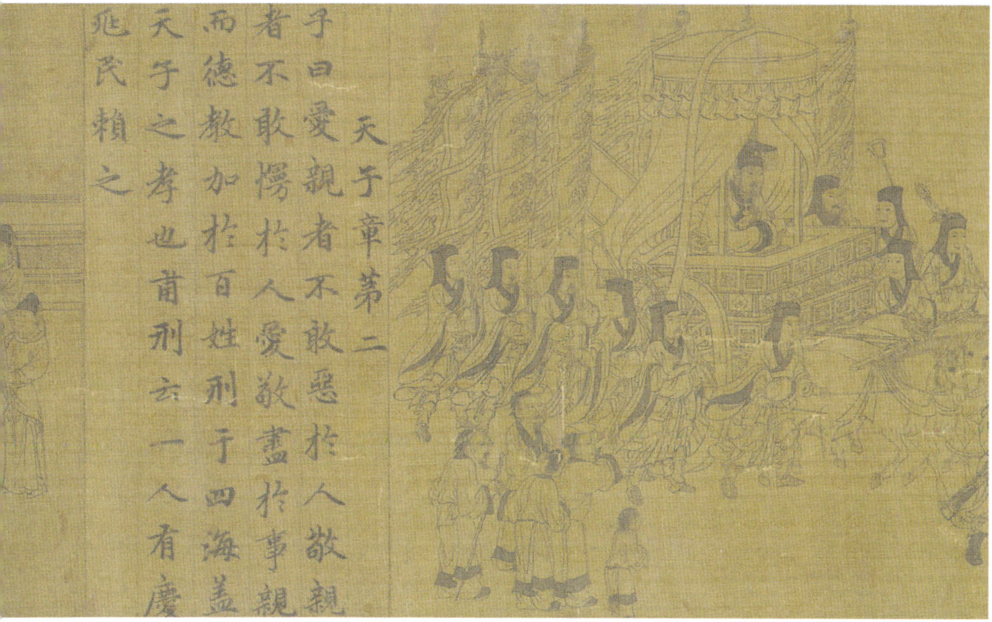

●元　赵孟頫书画孝经图（局部）

刘向（前 77—前 6），原名刘更生，字子政，沛郡丰邑（今江苏徐州）人。汉朝宗室大臣、文学家，撰有《新序》《说苑》《列女传》等著作，曾编订《楚辞》。在刘向的带领下，他的儿子刘歆也卓有成就。刘向曾奉命校秘书，撰有目录学著作《别录》；其子刘歆继承并完善，形成了《七略》。班固的《汉书·艺文志》就在《七略》的基础上完成。刘向和刘歆父子还共同编订了《山海经》。在刘歆成为黄门侍郎的时候，刘向曾写给他劝诫的书信，用董仲舒的两句话作为引子，说明祸福相依故应当戒慎警惕的道理。第一句是“吊者在门，贺者在闾”。这句话的字面意思是说，吊丧的人在门口，贺喜的人已经在闾巷了；深层含义是说，人在遭遇忧患的时候，如果能够恐惧戒惕，以敬慎的态度对待事情，那么就能够转危为安，化祸为福，很快就会有贺喜的人到来。另一句是“贺者在门，吊者在闾”。字面意思是，贺喜的人在门口，吊丧的人已经在闾巷了；引申意义，是人在享受福运的时候，如果骄奢淫逸，放纵享乐，那么祸患很快就会到来，吊丧的人也就随之而至了。刘向还举出齐顷公的例子，说齐顷公先前因骄矜而取败亡，就是“贺者在门，吊者在闾”，后来恐惧自新再度兴盛，即是“吊者在门，贺者在闾”。刘向以此警诫儿子刘歆身居高位，需要战战栗栗，谨慎自处，才可免祸。[1] 可惜刘歆没有听从父亲的教诲，积极参与王莽的反叛，最终下场凄惨。

[1] 陈明编：《家训》，新星出版社 2016 年版，第 5 页。

第二节 东汉家训

东汉家训也可分为帝王家训、名臣家训、文士家训三部分内容，这里的帝王家训不仅仅指皇帝本人对家人的训诫，而且包括广义的皇室成员之间的家训，包括皇后、王侯、公主等与家人相互训诫的话语。东汉帝王家训中，通过光武帝、汉明帝、马皇后、邓皇后母亲等对家人的训诫，我们了解到明君勤政爱民、公正严明的风范，皇后对外戚的严格约束，乃至皇后的成长经历。名臣家训中，通过马援、邓禹、梁商等对家人的教训和嘱托，我们见识到忠臣节士的严谨作风，外戚家族维护权势的小心翼翼，以及他们朝不保夕、风云莫测的命运。文士家训中，通过郑玄、刘桢等人对家人的勉励，我们了解到一代大儒郑玄的人生经历，以及刘桢对家人的关心和其高洁的志向。

一、帝王家训

东汉帝王家训中，光武帝刘秀对太子刘庄言简意赅的训诫，在潜移默化中对太子进行言传身教；汉明帝刘庄对馆陶公主的拒绝，成就了吏称其职的一代风气；汉明帝马皇后对册封马氏外戚为侯的议论，保持了马氏一族谦退的家风；汉和帝邓皇后对母亲教训的遵循，展现了她自小有之的孝顺之德。

东汉光武帝刘秀（前 5—57）早年南征北战，戎马倥偬，在军中度过了漫长岁月，因此厌恶兵事，况且他知道天下人因战争而疲惫消耗，早就想要安定下来。自从平定陇西隗嚣、西蜀公孙述之后，如果不是特别紧急的情况，刘秀就没有再谈及军事。皇太子曾经向刘秀询问攻战的事情，刘秀教训他说：“昔日卫灵公问军阵之事，孔子不回答他，这种事情不是你所能知道的。”刘秀勤于政事，每日清早即视朝听政，一直忙到日暮才退朝。退朝后还经常召集公卿、郎、将军等一起讲论经书中的道理，直到半夜才休息。皇太子看到刘秀过于勤劳而不知疲倦，就乘机进谏他说：“陛下您具有夏禹和商汤的圣明，却失掉了黄帝、老子[1]修身养性的福气，希望您能爱养精神，优游安宁啊。”刘秀说：“这是我乐意的事情，根本就不觉得疲倦。”[2]刘秀的勤政爱民在潜移默化中教导着皇太子。

[1] 老子被尊为道教教祖，相传《道德经》为其所作，《道德经》文字简约、内涵丰富，思想深邃，被后人奉为治国、修身、养生的宝典。

[2] [南朝宋]范晔撰；[唐]李贤等注：《后汉书》卷1《光武帝纪》，中华书局2012年版，第68页。

●明　张路画老子骑牛　轴

汉明帝刘庄（28—75）即位之后，遵奉光武帝时期的制度，从来不敢有所违背。光武帝时规定后宫家属不得封侯和参与政事。馆陶公主（汉光武帝的女儿）为自己的儿子请求郎官的职位，汉明帝不答应给予官职，而是赐给馆陶公主钱千万。汉明帝给出的解释是："郎官之职对应天上的列星，出去为官要能宰制百里，如果所授非其人的话，民众就要遭殃了，因此我没有答应。"汉明帝对馆陶公主的拒绝给其他外戚作出了榜样，使得他们消除了请求官职的心思。正因为汉明帝的不偏徇阿私，严明制度，才使得官吏称职，百姓安居乐业，远近服从，户口滋多。[1]

汉明帝的马皇后，是伏波将军马援的小女儿。在马皇后年少时，她的父母就去世了。马皇后年仅十岁，就参与管理家事，包括管束奴婢、僮仆，家庭内外事务的咨询禀报等，将一切事务都处理得井井有条，比起成年人也是有过之而无不及。被封为皇后之后，她崇尚节俭，经常穿着厚缯制成的衣服，裙子上从来不添加边缘装饰。每个月的初一、十五，众位妃子来朝见马皇后，远远望见皇后的粗布衣袍，反而以为是绮縠等珍贵衣料，等到离近了仔细观看，大家才笑自己看错了。马皇后说："这种丝织品方便染色，所以我经常穿它。"六宫妃嫔听到马皇后的话，都无不感叹马皇后的俭朴。后来汉明帝驾崩，汉章帝即位，尊马皇后为皇太后。建初元年（76），汉章帝想要给诸位舅舅（马太后的兄弟）封赐爵位，马太后不同意。第二年（77）夏天，天下大旱，言事的臣子认为这是不封外戚的缘故，因此上奏请求给诸舅封爵。马太后于

[1]［南朝宋］范晔撰；［唐］李贤等注：《后汉书》卷2《显宗孝明帝纪》，中华书局2012年版，第101页。

是降下诏书训诫说："诸位言事者都想要谄媚我以邀福。过去王氏五位舅舅在同一天被封侯（汉成帝时封王太后的五位弟弟），当时黄雾充塞了四周，不曾听说有降雨的祥瑞。况且田蚡（汉景帝王皇后同母弟）、窦婴（汉文帝窦皇后的侄子），因宠贵而横行恣肆，他们倾覆的祸事被后人流传。因此先帝（汉明帝）防慎舅氏，不让他们处于枢机的位置，对于儿子们的封国，也只是楚、淮阳诸国（光武帝儿子的封地）面积的一半，先帝（汉明帝）常说'我的儿子不应当与先帝（光武帝）的儿子同等级'。那么，现在的官员为什么要让我们马氏与阴氏(光武帝皇后阴丽华的亲属)同等级呢？我作为天下的主母，却身服厚缯帛布，食物不求甘美，左右服侍的人也全都仅仅穿着帛布，没有香薰之类的装饰品，就是想要以身作则，为群下作表率啊。我以为外亲见到之后，会伤心而自我修饬，但他们仅仅是笑话我素好节俭罢了。之前我经过濯龙门上，见到我的外家前来询问起居的人，他们的阵仗很大，车如流水，马如游龙，仓头（奴仆）穿着绿色的褠衣，衣领和袖子都是正白色，回头看我的侍从，还远远比不上他们呢。我当时没有发怒并施加谴责，只是削减了他们的俸禄，是希望他们能够在心中默默惭愧悔改，但他们仍然懈怠安逸，没有忧国忘家的思虑。了解臣属的莫过主君，更何况是自己的亲属呢？我怎么能够上负先帝的意旨，而下亏先人的德行，重蹈西京诸位外戚败亡的祸端呢！"马太后坚决不同意给诸位外戚封爵。汉章帝看到诏书后悲叹，又重新请求说："汉朝兴国以来，舅氏封侯，就像皇子封王一样，是历来的惯例。太后您确实是保存了谦虚之心，但为什么不让我加恩于三位舅舅呢？况且卫尉（马廖）年纪大了，两位校尉（马防、马光）又有大病，如果发生什么不能言说的事情，岂不是让我长抱刻骨的悔恨吗？应当趁着吉时加封，不可以再拖延了啊。”马太后回复说：“我反复思考，想要让事情两全其美。岂是想要获得谦让的名声，而令皇帝你蒙受不施恩外戚的嫌疑呢？昔日窦太后想要册封王皇后的哥哥（王信），丞相条侯（周亚夫）劝诫说汉初高祖约定，没有军功的话，非刘氏的人不封侯。现今马氏对国家没有功劳，怎么能够和阴氏、郭氏等辅佐中兴的外戚同等对待呢？我常常看到富贵之家，禄位重叠，就好像结有过多果实的树木，它的根基必定被损伤。况且人之所以愿意封侯，就是想要上奉祖宗祭祀、下求温饱罢了。现在马氏的祭祀则享受来自四方的珍贵之物，衣食则有御府供给，这难道还不足够吗，为什么一定要封侯呢？我考虑得已经很清楚了，不要再有疑虑了。至孝的行为，以安定亲长为上。现今国家屡次遭遇变故，谷价上涨数倍，我昼夜担忧惶恐，坐卧不安，而你竟然想要先经营外戚的封爵，违背慈母拳拳的教诲吗？我素来刚急，胸中有气，不可不加以顺畅。假若国家阴阳调和，边境清静，然后才可以顺从你的心愿。到时我就应当含饴弄孙，不会再干涉政事了。”马太后对于外亲的管束尤其严格。外亲中有素来谦虚行义的，马太后就对他和颜悦色，赏赐给他财位；假如有犯了一点小错的，马太后就疾言厉色地对待他，然后加以谴责。外戚中有盛美车服、不遵守法度的，太后

就会将其逐出马氏的籍贯，遣其回归田里。于是宫中内外听从太后的教化，诸家惶恐，比汉明帝永平年间更甚。到了建初四年（79），天下丰收，边陲无事，汉章帝这才册封三位舅舅马廖、马防、马光为列侯。三位舅舅都辞让列侯的爵位，表示愿意作为关内侯，只领受爵号而不受封地。马太后听说后说："圣人设立教化，各有不同的方法，因为知道人的性情不能齐一。我年轻时，只羡慕古人能青史留名，不顾生命长短。现在虽然已经年老，还是提醒自己'警戒贪得'，因此日夜警惕，想着要自我降损所得，居不求安，食不念饱。想要秉承此俭朴之道，不辜负先帝。因此努力化导兄弟，共同秉承这个志向，是想在我瞑目之日，没有什么遗憾。怎能想到老了我的志向竟然不被听从。这让我死后也当长怀遗恨啊！"马廖等迫不得已，只得接受封爵后又辞退爵位回家了。在这一年，马太后得了重病，但她不信巫祝之事，数次下令杜绝祈祷祭祀等事情。到了六月就逝世了。[1]汉代外戚虽然大多权势显赫，享尽富贵，但最后得到善终的却没有几个，因此马皇后鉴于前世的教训，始终俭朴谦逊，两度拒绝封爵诸舅，言辞恳切，又严格管束诸位外戚，使得他们不敢骄奢放肆，这在当时是难能可贵的行为。

汉和帝皇后邓绥，是光武帝时功臣邓禹的孙女。邓绥自小性格孝爱亲长，聪颖好学，六岁就能读史书，十二岁通晓《诗》《论语》。诸位兄长每次读经传书籍的时候，邓绥都会提出一些问题来考问他们。邓绥的志向在经书典籍的学习上，从来不过问居家的事宜。邓绥的母亲教训她说："你不学习女工以制作衣服，

[1] [南朝宋] 范晔撰；[唐] 李贤等注：《后汉书》卷 10《皇后纪上》，中华书局 2012 年版，第 316-321 页。

反而去用心学问，难道你想要当博士吗？”邓绥虽然很喜欢读书，但又不敢违背母亲的教训，于是就在白天学习女儿家应当做的事情，到了晚上才诵读经书典籍，家里人都称她为“诸生”。母亲的教训虽然见识短浅，但邓绥依然遵从母命，做到了女工和经书兼修并蓄。她在成为皇后乃至皇太后后，厉行节俭，关心民生，平理冤狱，宽待奴仆，勒治外戚，是历史上有名的贤后。[1]

二、名臣家训

名臣家训中，马援对两个侄子的教训，留下了“刻鹄不成尚类鹜”“画虎不成反类狗”的名言；邓禹对家门的管束和教诲，使得子孙们均以谦逊节俭自守；梁商临终时要求薄葬，可惜事与愿违，葬礼盛大无比，而梁氏家族最终也因其子梁冀的嚣张跋扈而被灭族。

马援（前 14—49），字文渊，扶风茂陵（今陕西扶风）人。东汉开国功臣，曾任陇西太守，被封伏波将军、新息侯，汉明帝明德马皇后之父。马援曾在隗嚣手下办事，后来出使公孙述，最后才投归光武帝刘秀。马援帮助光武帝平定隗嚣势力，又曾率军平定西羌边寇，击破维汜弟子李广徒党，平定交阯女子徵侧、徵贰的谋反，后来在攻打武陵五溪蛮夷时，因决策失误，中疫疠而死。马援最终死于军中，实现了其“男儿要当死于边野，以马革裹尸还葬耳，何能卧床上在儿女子手中邪”[2]的誓愿。马援二哥马余的两个儿子马严、马敦喜欢讥讽议论当时人的是非对错，又喜欢结交轻狂侠客。马援当时在交阯作战，特意寄家

❶［南朝宋］范晔撰；［唐］李贤等注：《后汉书》卷 10《皇后纪上》，中华书局 2012 年版，第 323-333 页。

❷［南朝宋］范晔撰；［唐］李贤等注：《后汉书》卷 24《马援列传》，中华书局 2012 年版，第 661 页。

书回家告诫两个侄子要谨言慎行，勿妄议他人之是非，不要学习他人结交侠客的行为。马援说，他希望两个侄子听到他人之过失，要像听到父母的名字一般，耳可闻，口却不可宣泄。因为喜好议论人之长短，妄自判断是非对错，这是马援尤其厌恶的行为。马援举出两个品德俱高的人物作为对比，一个是龙伯高，一个是杜季良。马援命侄子们学习龙伯高，而不可以学习杜季良。这是因为，龙伯高的品行是敦厚谨慎的路子，口不出恶言，平日谦虚俭约，节制自己，处事廉洁公平又有威严。这种谨慎之风是应当学习的对象。即使学习时得不到精髓，也不失为谨慎之士，不会犯大的错误，所谓“刻鹄不成尚类鹜者也”[1]，雕刻天鹅不成功还能像鸭子，天鹅与鸭子尚相差不远。而杜季良的德行是豪侠仗义的路子，忧人之忧，乐人之乐，无论别人的品德清浊，他都喜好与之交朋友，因此在杜季良举行父丧的时候，旁边数郡的人都前来吊唁。但是杜季良的处世方式却学习不得，因为如果学习不到其中精髓的话，反而容易沦落为轻薄浪荡子弟，所谓“画虎不成反类狗者也”[2]，画老虎不成功的话反而成为狗，失之毫厘，谬以千里。到现在杜季良还不知道郡里的将军一到任就对他切齿痛恨，州郡百姓也都在传他的坏话。马援常常为此寒心，因此不愿意子孙效仿杜季良。后来果然如马援所预料，杜季良被仇人上书谮毁，说他行为浮薄，惑乱群众，伏波将军马援曾万里还书以教诫兄长的儿子不要学习他，而梁松、窦固与他结交，对他的轻薄伪诈行为煽风点火，败坏扰乱国家。光武帝看到上书，召见梁松、窦固并谴责

❶［南朝宋］范晔撰；［唐］李贤等注：《后汉书》卷24《马援列传》，中华书局2012年版，第663页。

❷［南朝宋］范晔撰；［唐］李贤等注：《后汉书》卷24《马援列传》，中华书局2012年版，第663页。

他们，将所上之书与马援教诫侄儿的书信给梁松和窦固观看，梁松、窦固叩头至流血，才得以免罪。光武帝命令免除杜季良的官职。龙伯高也因这件事而擢升为零陵太守。[1] 马援对侄子的训诫书影响很大，不仅在当时间接决定了杜季良和龙伯高两人的命运，而且其中“刻鹄不成尚类鹜”“画虎不成反类狗”的句子也成为流传甚广的名言，多次被后人引用来教训子孙。

邓禹（2—58）是东汉光武帝刘秀的知交，在辅佐刘秀开创帝业的过程中立下了汗马功劳，曾打败更始帝的将领王匡、成丹所率领的军队，被封为大司徒。只是后来在与赤眉军交战中有所失利，被罢免大司徒的职位。天下平定后，邓禹被封为高密侯。邓禹本性文明，行为诚笃，淳朴完备，侍奉母亲至孝。天下平定之后，邓禹常常想要远离名声势位。邓禹有十三个儿子，他教导每个儿子各守一项技艺，用作将来谋生的工具。邓禹治家严明，他修理整饬闺门、教导养育子孙的做法，几乎都可以作为后世学习的准则。只可惜邓禹对子孙具体的教导言论没有流传下来。邓禹的第六个儿子是邓训，邓训就是汉和帝皇后邓绥的父亲。而邓训的长子为邓骘，次子为邓京，三子为邓悝，四子为邓弘，五子为邓阊。在邓太后的儿子汉殇帝驾崩后，邓太后便与邓骘一起迎立汉安帝即位。永初元年（107），汉安帝封邓骘为上蔡侯，邓悝为叶侯，邓弘为西平侯，邓阊为西华侯，食邑各一万户。邓骘因为迎立有功，增加食邑三千户。邓骘等人推辞爵位，但不被允许，于是逃避开使者，从隐秘的小路到达宫阙，上疏向邓太后陈辞说：“臣兄弟污秽，没有什么

[1] [南朝宋] 范晔撰；[唐] 李贤等注：《后汉书》卷 24《马援列传》，中华书局 2012 年版，第 663 页。

才能可供采择，过分地以外戚的身份，遭遇明时，承受日月的末光，覆被云雨的渥泽，使我们并列于高位，光明昭显当世。我们不能宣赞美德，补助教化，内心实在是惭愧和恐惧，不知道该如何安放自己的心。陛下承继皇位，继承宗庙，不是臣的功劳，而您却要将嘉美的功劳赐予我，并使我享受莫大的封赏，我听到诏书的内容，真是惊惶惭怖啊。追观前世外戚倾覆的教训，退身思索，往往不寒而栗。臣等虽然没有远见的思虑，但尚有几分戒惧的情感。母子兄弟之间经常互相诫饬砥砺，希望能够端悫畏慎，一心一意奉戴长上，以上全天恩，下完性命。我们已经定下了自己的名分，即使是死也不敢有二心，始终不敢接受爵位和土地，以增加自己的罪累。惶惧窘迫之下，昧死陈书乞求。”上疏之后，邓太后不听从。邓骘等人屡次上疏五六次，邓太后才答应。

邓弘年少时修治《欧阳尚书》，曾经在禁中教授皇帝，诸位儒生多有归附他的。邓弘患病之时，曾留下遗训，命令家人在自己死后只以常服收敛，不得用锦衣玉匣。元初二年（115）邓弘去世后，有司奏请追赠邓弘为骠骑将军，位特进，封为西平侯。邓太后追思邓弘的遗训，没有听从有司的建议追赠爵位或赐给衣服，只是赐给邓弘的家人钱财千万、布万匹，邓骘等人推辞而没有接受。将要下葬的时候，有司又奏请发动五营轻车骑士，下葬礼仪如霍光故事。邓太后通通没有听从，只用白盖车、两匹马，由邓弘的门生拉着车送葬。元初五年（118）邓悝、邓阊相继去世，皆留有遗训，命令将自己薄葬，不接受爵位赠予，邓太后皆听从之。然而在邓弘、邓悝、邓阊去世后，邓太后又封他们的儿子为列侯。

邓禹教训子孙们要遵循法度，以窦氏（汉章帝窦皇后外戚）的遭遇为戒，检束整饬整个宗族，使邓氏全宗族的人都安居而不敢惹事。邓骘的儿子为邓凤，中郎将任尚曾经赠予邓凤马匹，后来任尚因为盗用军粮获罪，邓凤担心自己被牵连，先到父亲邓骘那里自首。于是邓骘对自己的妻子和儿子邓凤实施髡刑（剃光头发的刑罚）以谢罪，天下都称赞邓骘的严明。

尽管邓氏一族都努力遵循邓禹的教训，以前世外戚的惨祸为戒，全族低调行事，不敢惹是生非，但仍然没有逃过与前世外戚相似的厄运。建光元年（121），邓太后驾崩，先前曾经受过惩罚的宫人心怀怨恨，因此诬告邓悝、邓弘、邓阊先前曾跟从尚书邓访打算效仿汉废帝刘贺时的事情，废掉汉安帝而立平原王刘得。汉安帝听说后，非常恼怒，命令有司上奏邓悝等人大逆不道，于是废掉邓京、邓弘、邓悝、邓阊等人儿子的侯位，而贬他们为庶人。邓氏宗族的人全部被免官回归故郡，朝廷抄家没收邓骘等人的财产、田宅，流放邓访及其家属到边远郡县。在郡县官员的逼迫下，邓悝的儿子邓广忠、邓阊的儿子邓忠皆自杀。邓骘和他的儿子邓凤均绝食而死。邓骘的从弟邓豹、邓遵、邓畅皆自杀。只有邓弘的儿子邓广德兄弟因为母亲是汉安帝阎皇后的亲戚而得以留在京师。[1] 身处权力风暴中心的人，有时即使小心翼翼，极尽谦虚谨慎，也难免在无意中得罪他人，一只小小的白蚁就可能导致整座大厦的倾倒。因此说，居贫贱难，居富贵也不易。

[1] [南朝宋]范晔撰；[唐]李贤等注：《后汉书》卷16《邓寇列传》，中华书局2012年版，第469-484页。

梁商（？—141），字伯夏，安定乌氏（今宁夏固原与甘肃平凉交界处）人。他是东汉顺帝梁皇后的父亲，官至大将军。梁商为人谦逊柔和，举贤任能，关心民间疾苦，每次发生饥馑的时候，就用车载着谷子到城门口，赈济贫民，并且不过分宣扬自己的恩惠。平日对家族成员也是严加管束，不让他们倚仗权势为非作歹。[1] 梁商临终时曾敕戒儿子梁冀等人，为自己举办丧事时要俭朴。他的遗训说："我以微薄的德行，享受了太多的福气。活着的时候对朝廷并没有多大的辅益，死后还要耗费朝廷诸多的钱财。这是我所不愿意的。"他的理由有三：第一是衣衾、饭含[2]、玉匣、金珠之类的东西对死者是无益的。第二是丧葬礼过于繁复奢华将使百官劳累，送葬的队伍阻塞道路，只是增加尘土污垢罢了，对死者没有什么益处。虽然说这是礼制所规定，但也有变通的余地。第三是国家现今正处于边境不宁、盗贼未息的忧患处境，不可以因自己的葬礼再耗损国财。因此梁商嘱咐儿子一定要从俭治丧。他要求儿子在自己气绝之后，用一辆车载至坟墓旁的丧舍，立即入殓。入殓时就用平日所穿的旧衣服，不要再另外裁剪制作新衣。殡殓完成后即打开墓冢，立即下葬。祭祀的食品也用平日所食之物，不可祭以猪、牛、羊三牲。梁商叮嘱儿子说："如果你是孝子的话，一定要听从我的教诲，继承我的意志，不可以违背啊。"[3] 在梁商去世后，他的儿子们本来想要遵从父亲的遗嘱，丧事从俭，但皇帝亲临吊唁，不听从梁商的遗训，反而赐予东园朱寿之器、银镂、黄肠、玉匣、什物等二十八种，钱二百万，布三千匹。

[1] [南朝宋]范晔撰；[唐]李贤等注：《后汉书》卷34《梁统列传》，中华书局2012年版，第930页。

[2] 以珠玉、钱、谷物放入死者口中，称饭含，是古代的一种殡葬礼节，目的是让死者在死后仍像生时一样有可吃的食物。死者身份不同，所含之物不同，《说苑·修文》载："天子含实以珠，诸侯以玉，大夫以玑，士以贝，庶人以谷实。"

[3] [南朝宋]范晔撰；[唐]李贤等注：《后汉书》卷34《梁统列传》，中华书局2012年版，第931页。

梁皇后也赐予钱五百万，布万匹。等到下葬的时候，宫内官员都亲自参与送葬，皇帝驾临宣阳亭，瞻望送葬的车骑。[1] 儿子梁冀在梁商死后复为大将军，袭爵乘氏侯。汉顺帝死后，梁皇后成为皇太后，与其兄梁冀共同把持朝政，先后立汉冲帝、汉质帝、汉桓帝三位皇帝。梁冀的生活奢侈暴横，在皇帝面前也趾高气扬，因此被汉质帝称为“跋扈将军”。梁冀怀恨在心，竟然下毒将汉质帝鸩杀，改立汉桓帝。后来，汉桓帝诛灭梁冀，梁冀家族被满门抄斩。[2] 煊赫两汉的梁氏家族从此没落。梁商本人以谦逊节俭为事，临终时还以薄葬谆谆叮嘱儿子。假如梁冀能够体会父亲的良苦用心，秉持父亲谦逊节俭的作风，也许梁氏一族就不会落得满门抄斩的悲惨结局。

[1] ［南朝宋］范晔撰；［唐］李贤等注：《后汉书》卷 34《梁统列传》，中华书局 2012 年版，第 931 页。

[2] ［南朝宋］范晔撰；［唐］李贤等注：《后汉书》卷 34《梁统列传》，中华书局 2012 年版，第 932-939 页。

自战国起流行厚葬，秦始皇大兴厚葬之风，由此可见梁商的丧事观之难能可贵

三、文士家训

文士家训中，郑玄对儿子的教诲，交代了自己的求学经历；刘桢对从弟的赠诗劝勉，也展现了自身的抱负和志向。

郑玄（127—200），字康成，北海高密（今山东高密）人。东汉末年著名经学家，遍注群经，尤其以注释“三礼”（《周礼》《仪礼》《礼记》）、《诗经》而闻名后世。郑玄有一次病重的时候，曾写给儿子郑益恩一封家书，粗略陈述自己一生的经历，并将家事托付给儿子。郑玄说自己年少时家贫，本为供人驱使的小吏，但自己志不在此，因而辞职，游学于周、秦故都（今西安一带），又游历幽州（今河北）、并州（今山西）、兖州（今山东）、豫州（今河南）等地，多次向当时在位的大儒或者隐逸的学者请教学问，获得诸多的指教。郑玄广博地考论六艺，学习史传笔记，对于一些秘藏之书和谶纬之术[1]也有所涉猎。在四十多岁的时候，他归乡供养父母，借田地开垦播种，朝夕侍奉在亲侧。但后来遭遇党锢之祸[2]，被禁锢十四年之久。后蒙朝廷赦免的命令，并被大将军何进召见，想要授予其官职。但郑玄忖度自己与官途无缘，只是想要继承圣人的学问，将经书百家的说法讲明，以此竭尽自己的才能罢了，因此听到授官的命令也不遵从。后来郑玄遭遇黄巾军之乱，流落漂浮于南北各地，七十岁时才辗转回到家乡。按照礼的规矩，七十岁已经算老迈，应当将家业传给儿子了。郑玄于是决定将家事托付给儿子，而自己将闲居以修身养性，专心思考学问以完成自己的事业。郑玄说，自己平时

[1] 谶指方士们造作的图录隐语，一种谜语似的神秘预言。纬是汉代附会儒家经义衍生出来的儒教神话，与经学相对，谶纬之术是指对未来的一种政治预言。

[2] 东汉桓帝、灵帝时，宦官专权，世家大族李膺等不满现状，联结太学生抨击朝政。公元166年，宦官将李膺等逮捕，后虽释放，但终身不许其做官。169年，宦官将李膺等百余人下狱处死，并陆续囚禁、流放、处死数百人。后灵帝在宦官挟持下下令凡“党人”的门生故吏、父子兄弟，都免官禁锢。历史上称为“党锢之祸”。党锢之祸严重打击了文人士大夫的参政热情，损害了朝廷的威信。

如果不是国君有命令，或者需要到亲戚家里问疾吊丧，或者需要观览野外风物，哪里曾扶着拐杖出门呢？因此，从今以后，家里的事务无论大小，都交给儿子承担。郑玄叮嘱儿子郑益恩说，你没有亲生兄弟可以依傍，更应当努力寻求君子之道，钻研于此而无有二心，戒慎警惕，始终心怀敬意，端正自己的威仪，以此来亲近有德之士。名誉的成就需要依靠僚友，但德行的树立在于自己的意志，如果能够建立美好的名声，那么此生也算是有荣光了，对于这件事能够不谨慎吗？郑玄认为自己虽然没有高官厚禄，但有多次推让爵位的高洁之志，自己很高兴能够成就论赞圣人文章的功业，也足以不遗羞于后世了。最后他感到遗憾的是，死去亲人的坟垄尚未完成，所喜好的群书大都腐败敝坏，而又不能在礼堂将之完全写定以传于后人，自己的生命如同薄暮西山的落日，还能够做什么呢？郑玄说，现在家庭的状况比往昔要好一点了，只要家人们勤劳尽力，抓紧时间谨修自己的职事，就不至于担忧饥寒，在饮食和衣服这两方面加以节制，就能令他减少遗憾了。最后郑玄感叹，如果儿子忘记自己的教诲，那么也就罢了。[1] 郑玄只有一个儿子，就是郑益恩。孔融任北海太守时，举郑益恩为孝廉。后来孔融被黄巾军围困，郑益恩前往救难，死于难中。[2] 郑玄的儿子也算得上是一位义士了。

刘桢（186－217），字公干，东平宁阳（今山东宁阳）人。东汉末年名士、诗人，“建安七子”之一[3]。刘桢为曹操掾属，与曹丕、曹植兄弟交好。建安二十二年（217），染疾而亡。刘桢的五言诗歌创

❶［南朝宋］范晔撰；［唐］李贤等注：《后汉书》卷35《张曹郑列传》，中华书局2012年版，第957页。

❷［南朝宋］范晔撰；［唐］李贤等注：《后汉书》卷35《张曹郑列传》，中华书局2012年版，第959页。

❸ 建安七子，指建安年间的七位文学家：孔融、陈琳、王粲、徐干、阮瑀、应玚、刘桢，他们的作品以诗、赋、散文三种文体为多。前期创作多反映社会现实，后期表现他们对曹氏政权的拥护和建功立业的抱负。

作成就较高，为“七子之尊”，与曹植并称“曹刘”。刘桢的代表作是《赠从弟三首》，语言清新质朴，风格遒劲，托物喻志，以形象的比喻劝励从弟坚守自己的品格，不为世俗所屈。

第一首为：

> 泛泛东流水，磷磷水中石。
> 蘋藻生其涯，华纷何扰弱。
> 采之荐宗庙，可以羞嘉客。
> 岂无园中葵？懿此出深泽。[1]

“泛泛东流水，磷磷水中石”化用自《诗经·唐风·扬之水》的诗句“扬之水，白石粼粼”[2]，指水的清澈。“蘋藻生其涯，华纷何扰弱”的意思是蘋藻生长在清澈的水边，不曾受到华丽纷杂事物的搅扰。“采之荐宗庙，可以羞嘉客”意思是采摘这些水边的蘋藻，足可以用来奉献给宗庙祖宗和款待宾客。“岂无园中葵？懿此出深泽”中的“园中葵”化用自汉乐府《长歌行》“青青园中葵，朝露待日晞”[3]，这两句诗的意思是岂是没有园中生长的葵菜，只是蘋藻好就好在它们出自深幽的水泽。这首诗中的“蘋藻”意象其实早在《左传》中就已出现。《左传》（《隐公三年》）的君子曰：“信不由中，质无益也。明恕而行，要之以礼，虽无有质，谁能间之？苟有明信，涧、溪、沼、沚之毛，蘋、蘩、薀藻之菜，筐、筥、锜、釜之器，潢、污、行潦之水，可荐于鬼神，可羞于王公，而况君子结二国之信，行之以礼，又焉用质？《风》

[1] ［梁］萧统编；［唐］李善注：《文选》，上海古籍出版社 1986 年版，第 1114-1115 页。

[2] 程俊英撰：《诗经译注》，《唐风·扬之水》，上海古籍出版社 2012 年版，第 116 页。

[3] ［宋］郭茂倩编撰：《乐府诗集》卷 30《相和歌辞五》，上海古籍出版社 1998 年版，第 357 页。

有《采蘩》《采蘋》，《雅》有《行苇》《泂酌》，昭忠信也。”[1]《左传》（《襄公二十八年》）穆叔曰：“伯有无戾于郑，郑必有大咎。敬，民之主也，而弃之，何以承守。郑人不讨，必受其辜。济泽之阿，行潦之蘋藻，置诸宗室，季兰尸之，敬也。敬可弃乎？”[2]大意是侍奉神灵，进献王公，最重要的是要有内在的忠信和敬的品质，有了这些品质，即使奉献的是极其俭朴的蘋藻等野菜，神灵也会歆享，王公也会享用。刘桢借“蘋藻”的意象鼓励从弟只要保持内在的美好品质，即使外表朴实无华，也能够得到赏识重用。

第二首诗为：

亭亭山上松，瑟瑟谷中风。
风声一何盛，松枝一何劲！
冰霜正惨怆，终岁常端正。
岂不罹凝寒？松柏有本性。[3]

高山上亭亭屹立的松柏，日夜沐浴在山谷瑟瑟的寒风中。呼呼吹响的寒风是如此强盛威猛，但松枝又是那么坚劲不屈。无论冰霜怎样摧残，松柏始终保持端正屹立的姿态。松柏们岂是没有经历刻骨的严寒？只是它们有自己的本性。这首诗中，刘桢借松柏的形象鼓励从弟要像松柏一样无论经历怎样的风霜严寒的摧残，都要始终保持自己的坚强姿态，屹立常青。

第三首诗是：

凤凰集南岳，徘徊孤竹根。

[1] 郭丹，程小青，李彬源译注：《左传》，中华书局2012年版，第28页。

[2] 郭丹，程小青，李彬源译注：《左传》，中华书局2012年版，第1452页。

[3]［梁］萧统编；［唐］李善注：《文选》，上海古籍出版社1986年版，第1115页。

于心有不厌，奋翅凌紫氛。
岂不常勤苦？羞与黄雀群。
何时当来仪？将须圣明君。[1]

凤凰停留在南岳，在孤清的竹林中徘徊。心里有无法放下的东西，因此振翅高飞直冲九霄云外。凤凰的生活难道不辛勤劳苦吗？只是因为它们羞于与黄雀为伍，所以宁愿吃这些苦楚。凤凰何时将重临世间呢？必须等待圣明的君主出现了。“凤凰集南岳，徘徊孤竹根”的典故出自《庄子·秋水》：“南方有鸟，其名为鹓雏，子知之乎？夫鹓雏，发于南海而飞于北海，非梧桐不止，非练实不食，非醴泉不饮。”[2]原本的故事是惠施在魏国做了宰相，庄子前往魏国。惠施担心庄子抢走自己的宰相之位，就下令全城搜捕庄子，找了三天三夜也没有找到。后来庄子自己去面见惠施说，你听说过南方一种名叫鹓雏（传说中的五凤之一）的鸟吗，它从南海飞向北海，非梧桐树不肯栖止，非练实（竹子开花结的果实）不食，非醴泉不饮。有一只鸱鹰找到一只已经腐烂的老鼠，竟然担心凤凰抢它的食物，在凤凰经过时发出“吓”的恐吓声。你现在想要因为魏国而恐吓我吗。“凤凰来仪”的典故出自《尚书·益稷》：“《箫韶》九成，凤凰来仪。”[3]意思是舜帝这样的圣明君主出世，凤凰降临人世间。结合两个典故的意义，刘桢是勉励从弟要像凤凰一样保持高洁的品质，等待明君而奉献自己。刘桢的这三首诗虽然不是专门作为“家训”而写作的，但因为是对家人的劝诫之辞，我们也将其视为家训。

[1] [梁]萧统编；[唐]李善注：《文选》，上海古籍出版社1986年版，第1115页。

[2] 陈鼓应注译：《庄子今注今译》，中华书局2016年版，第453-454页。

[3] 李民，王健撰：《尚书译注》，上海古籍出版社2012年版，第38页。

第四章

三国两晋南北朝家训

三国两晋南北朝时期，史书中关于某人教训子孙言论的记载空前地多了起来，如李暠对诸子的训谕、刘义隆对弟弟们的教诫、王祥对家人的遗言、颜延之的《庭诰》、王僧虔对儿子的教训、徐勉对儿子的叮嘱等，几乎均是全文载录，留下了珍贵的家训材料。从中我们可以看出，似乎当时的人越来越重视对子孙的教育和训诫，因此诫子之文的创作才空前地增多；当然，也可能是史家的选录标准发生了变化，对当时人的诫子之言重视了起来，因此在史书中多加记录。总之，在这一时期，家训似乎成为一种风气，得到了人们的看重。这种风气的形成，似乎与这一时期氏族门阀政治背景下，人们注重家族的延续、发展乃至繁荣有关。这一时期，甚至诞生了一部专门的家训著作，即《颜氏家训》，这表明当时的人对家训这一文本样式有了明确的认知和关注，并专门致力于写作家训专著。

第一节 帝王家训

这一时期的帝王家训中，刘备对儿子刘禅的教

诲，表现出刘备对儿子的深深担忧；西凉国君李暠对儿子们事无巨细地加以叮咛嘱咐，只可惜事与愿违，儿子战死，西凉国祚仅有短短二十多年；南朝宋文帝刘义隆劝诫弟弟刘义恭戒除奢侈的习性，并不厌其烦地屡次劝诫弟弟刘义季戒除嗜酒的爱好，但刘义恭本性难移，以奢侈闻名史册，刘义季也始终不悔改，最终因饮酒过多而患病身亡。

刘备（161—223），字玄德，涿郡涿县（今河北涿州）人，西汉汉景帝儿子中山靖王刘胜的后代，蜀汉开国皇帝。刘备在临终前写有遗诏戒敕后主刘禅。遗诏中刘备谈到自己的病情，说自己起初只是痢疾，后来杂有其他病症，病势渐渐转重，不能够痊愈，知道自己大概命不久矣了。刘备认为人超过五十岁而死就不算夭亡，而自己的年纪已经超过六十岁了，还有什么可遗憾的呢？因此刘备不为自己感到悲伤，只是顾念儿子们的前途。诸葛亮曾经向刘备夸赞刘禅的智量甚大，修行的进步远远超过了原先的期望，刘备对刘禅说，假如你真能做到这样，我还有什么可担忧的呢。刘备勉励儿子刘禅："勿以恶小而为之，勿以善小而不为。"[1]只有贤能和德行，才能服众，要致力于积德行善，赢得民心，不要做亏损德行的事情，使大家失望。刘备为刘禅开具了一系列书单，命令刘禅熟读深思，其中有《汉书》《礼记》《六韬》，以及《管子》《商君书》《韩非子》等诸子之书。[2]刘备在临终之时，曾叫来鲁王刘永，叮嘱他说："我死后，你们兄弟一定要像侍奉父亲那样侍奉丞相（诸葛亮），而你要以臣子的身份与丞相共事，一同侍

[1] [晋]陈寿撰；[南朝宋]裴松之注：《三国志》，中华书局1971年版，第891页。

[2] [晋]陈寿撰；[南朝宋]裴松之注：《三国志》，中华书局1971年版，第891页。

奉新主（刘禅）。”[1]刘备对儿子刘禅的谆谆教诲，真可谓是用心良苦，只可惜最终诸葛亮北伐失败，蜀汉国被曹魏覆灭，刘禅投降后安心在魏国做俘虏，留下了“乐不思蜀”的典故。

李暠（351—417），字玄盛，小字长生，陇西成纪（今甘肃天水）人。十六国之一西凉国的开国国君，谥号为武昭王。李暠为唐朝皇室认定的先祖。李暠于公元400年建立西凉政权，定都敦煌。公元405年由敦煌迁都酒泉。在迁都酒泉的这一年，李暠亲自写下手令，训诫他的诸位儿子。文中说，迁都酒泉之举，并非他的本意，而是世事所驱。李暠自己百虑填胸，实在是忧患不已。因此亲自写下这封谕令，教诫诸位儿子平日里处事所应当注意的事项，想到什么就说什么，没有什么次序可言。他告诫儿子的条目十分繁杂，总括起来，有以下几类内容：一是劝励诸子克己修德，包括节制饮酒、谨慎言语；所喜所怒均应当思考其中的道理，有所节制；喜爱一个人要能知道他的缺点所在，憎恶一个人要能知道他的优点所在。二是处理政务方面，要亲近忠诚正直的臣子，远离奸佞小人；忍耐政事的烦扰；存问国中年老有德的人，体恤慰问遭遇丧病的人；对待诉讼的事情要勤加考察，减少不必要的刑狱；刑法的实施应当依据法理，不能以私人感情决定取舍；赏赐时不可漏掉与自己关系疏远之人，惩罚时不可包庇与自己关系亲近之人；平时要多多关注和了解民间疾苦；处理政事时，要广泛咨询大家的意见，不可以独断专行。三是处理与臣下的关系方面，要竭尽礼貌和诚敬，用宴飨之礼来款待他

[1] ［晋］陈寿撰；［南朝宋］裴松之注：《三国志》，中华书局1971年版，第891页。

们，对他们多加关怀。最后是学问方面，李暠要求诸子在退朝的余暇，多多观览典籍，否则就如同面墙而立，孤陋寡闻，难以通行于世。[1]

李暠在迁都酒泉之后，曾亲自书写诸葛亮的训诫，展示给诸位儿子，以勉励他们，并借机对儿子们发出了一番教诫。李暠说，自己刚建立政权，政务军务繁忙，虽然有股肱之臣辅佐，但考虑到维系政权稳定需要亲戚和贤臣兼用，因此不等儿子们系统接受师保的教训，就已经使他们在幼弱之年早早担任职务，处理政事。李暠担心儿子们难以胜任职事，铸造祸端，因此命令儿子们要多多了解古今事迹。李暠认为如果有近代的老师值得学习的话，就不必专门寻求远古的老师。诸葛亮的训诫劝勉的文章，应璩的奏事纳谏的文章，都是可以取法的对象，考察其中的道理会发现周公、孔子的教诲已经寓含在其中了。向近代的老师学习，用来立身足以使自己成名，用来治国足以致国家安定。修治经史道德，就像在原野上采摘菽（豆类的总称）一样，用功勤勉者得到的更多。[2] 李暠去世后，他的儿子李歆继承了皇位。李歆在位时使用严刑峻法，多修宫室，而且刚愎自用，不听群臣劝阻，执意讨伐北凉的蒙逊，最终被蒙逊打败杀死。李歆死后，弟弟李恂在敦煌继承皇位，北凉军继续围攻敦煌，李恂战败自杀。西凉就此覆灭。[3] 李暠对儿子的训诫并没有起到应有的作用。

刘义隆（407—453），彭城县（今江苏徐州）人。南朝宋第三位皇帝（424—453 年在位），宋武帝刘裕第三子，宋少帝刘义符的弟弟。刘义隆的五弟刘义

[1] [唐]房玄龄等撰：《晋书》卷 87《凉武昭王李玄盛列传》，中华书局 1974 年版，第 2261-2263 页。

[2] [唐]房玄龄等撰：《晋书》卷 87《凉武昭王李玄盛列传》，中华书局 1974 年版，第 2264-2265 页。

[3] [唐]房玄龄等撰：《晋书》卷 87《凉武昭王李玄盛列传》，中华书局 1974 年版，第 2268-2271 页。

恭年幼时就非常聪明，并且长得很漂亮，被父亲刘裕极尽宠爱，因此养成了骄纵奢侈的性格。刘义隆即位后，封弟弟刘义恭为江夏王。在刘义恭即将出外镇守的时候，刘义隆专门写了一封信训诫他。

刘义隆说，方今天下艰难，保守国家的责任十分重大，作为皇室子弟，应当感念祖宗创业的不容易，从而戒惧谨慎于自己肩上的重担。这时刘义恭应当尚未成年（不满二十岁），但已经被委以重任，镇守一方，位高权重。刘义隆担忧刘义恭闯祸，因此在信中事无大小地列举了十几件事情劝诫刘义恭。这十几件事情归纳起来可以分为几类：

第一类是命刘义恭收敛性情，谨于修身。刘义隆认为刘义恭性情褊急，于是以魏武帝曹操性格猜忌褊急、关羽与张飞性情偏激的反面例子，和汉高祖刘邦豁达大度、卫青礼待士人的正面榜样，劝诫刘义恭礼贤下士、豁达宽容，戒除骄傲奢侈、自矜高尚的习性。刘义隆还嘱咐刘义恭，假若自己有朝一日遭遇不测而幼子即位，司徒刘义康便应当像周公一样辅政，而刘义恭也应当恭顺地辅佐新帝，谨慎自处。

第二类是叮嘱刘义恭处理政务时的注意事项。常应早起以接待宾客，不可以使宾客等在门外。在审理案件时，应当先与贤臣商量，听取他们的意见，要虚怀若谷，择善而从，不可一意孤行自己决定，不要矜尚自己独断的明智，不要将个人喜怒轻易地施加于旁人。

第三类是告诉刘义恭以用人之道。刘义隆告诫刘义恭凡事应当谨慎和保密，平时教导臣下，就应当告

诫他们以至诚之心保守秘密，不可泄露。臣下之间有互相诬陷或谄媚的，作为君主不应轻易相信和接受，而应当谨慎地考察。名号和车服等标明身份的名器不可以轻易地给予别人。给亲近的人封官和赏赐，应当仔细考量他的才德，然后裁夺是否赐予。此外，对待臣下应该在威势之外加以宽厚之德，因为“以贵陵物物不服，以威加人人不厌”[1]，单纯以威势凌人则人心不服。

第四类是劝诫刘义恭节欲俭省。刘义隆认为刘义恭的生母袁太妃的财物供给已经足以满足其日常用度所需，不可以再别有所求了；假如真遇有困乏之时，刘义恭自己也应当进献一些财物供奉和资助给自己的母亲，不要总是向朝廷索取。刘义隆还命令刘义恭将每月的花费用度限制在三十万钱以内，能够省钱则更好。居官所住的府舍和园池堂观等建筑物，略微讲究就可以了，不要大兴土木地改造。如果这些建筑不能满足需要，也只可以在刚刚到任时改修一次，不要兴作不止。声乐游玩等事情，不可过分。至于赌博和田猎等事，则一概不可为。日常起居的供奉用度应当有所节制，奇装异服和宝贵器物等应当摒弃不用。刘义隆还认为刘义恭的嫔妾侍女已有数人，已经足够驱使了，不可以再轻易接纳。[2]

刘义隆后来又训诫刘义恭说：“你应当经常接见僚佐、史官，不仅是因为臣主之间本来就应当相见，还因为如果见面不频繁的话，臣主之间就会不亲近。臣主之间不亲近就无法使臣下竭尽力量。臣下不竭尽力量侍奉，作为主上又如何知道众多的事务呢？因此

[1] [梁]沈约撰：《宋书》卷61《武三王列传》，中华书局1974年版，第1642页。

[2] [梁]沈约撰：《宋书》卷61《武三王列传》，中华书局1974年版，第1640-1643页。

应当多多接见臣下，广泛地开启视听，这既有益于使自己开明广博，对于言事者来说，也可以使他们有用武之地。”[1]

[1] [梁]沈约撰：《宋书》卷61《武三王列传》，中华书局1974年版，第1643页。

即使刘义隆苦口婆心地加以教诲，刘义恭奢侈的作风并没有因此而改变。在刘义恭任太尉、司徒的时候，朝廷每年给他的俸禄有二千万钱。但因为刘义恭的生活奢侈无度，如此丰厚的俸禄仍然是常常不够使用，宋文帝刘义隆只好另外给他一千万钱。[2] 史书记载刘义恭“性嗜不恒”，就是说他总是喜欢改变，没有定性。不仅经常变换居住的房子，而且和人交往的时候，感情也变化无常，交好的情谊常常不能坚持到底，左右亲近的人有时候向他乞求财物，他高兴起来就给一二百万钱，但后面稍微有点不愉快，就把先前赐给别人的钱财全部追回。宋孝武帝刘骏时期，刘义恭的资产供奉非常丰厚，但还是常常不够用，有时候赊账购买百姓的物品，竟然没有钱财用来还债。百姓找上门来请求刘义恭还钱，刘义恭只是在纸上题写一个“原”字，总之是厚着脸皮不还钱。[3]

[2] [梁]沈约撰：《宋书》卷61《武三王列传》，中华书局1974年版，第1644页。

[3] [梁]沈约撰：《宋书》卷61《武三王列传》，中华书局1974年版，第1651页。

刘义隆的七弟刘义季本来就嗜好饮酒，自从四哥彭城王刘义康被杀后，就越发地酗酒不休，经常通宵达旦地饮酒作乐，清醒的日子是极少的。刘义隆屡次责备他，刘义季每次都诚恳地道歉，但绝不悔改。于是，宋文帝刘义隆专门下诏书训斥他说：“谁能没有过错呢，改掉就是可贵的。酗酒一事不仅对成就事业不利，而且会损伤自己的性命，因酗酒而伤身的人比比皆是，这是你所知道的。近来长沙兄弟，都是因为酗酒导致身亡。将军苏徽，耽溺于酒导致疾病，旦夕

之间就将殒命。我试着禁止他饮酒，并配合着食用药膳，到现在能站起来了。酒本来就是应当节制的东西，只是嗜好它的人不能痛下决心戒断罢了。晋元帝身为人主，尚且能够有感于王导的劝谏，终身不再饮酒。况且你既然有美好的节操，加上我的殷勤规劝，为什么就不能幡然悔悟，自我勉励？为什么还需要严格加以禁止，才能稍微止住一点呢？希望你能够不至于到这个地步吧。我们一家没有嗜酒酣醉的门风，不知道你是从哪里学来的。我看着这封书信也忍不住叹气。”刘义季接到圣旨之后，还是和当初一样纵酒酣醉，没有半丝悔改，最终导致生了病。刘义隆又下诏训诫他：“你喝酒多而吃食物少，又身体羸弱，受风多，我本来就担心你会变成这样，现在果然生病了。即使你不把家国放在心上，难道也不顾及自己的性命了吗？这真是可叹可恨啊。我本来是希望你能以理智节制自身，不是想要让你吃苦啊。现在我将命令孙道胤等人早晚看视你，并督促你进食汤药，你应当开怀虚心接受，千万不要隐藏回避他们。我多次见到其他人断绝饮酒，没有什么其他难受的地方，大概就只是喜欢醉酒时的感受罢了。现在我非常担忧，这是关系你性命的事情，也来不及顾及你美好的感受了。你为什么要使我煎熬至此呢！”刘义季收到诏书之后，仍然没有改正，酗酒如故，直到三十三岁时因病去世。[1]

第二节 名臣家训

名臣家训中，诸葛亮的诫子之书，留下了传诵千

[1] [梁]沈约撰：《宋书》卷61《武三王列传》，中华书局1974年版，第1654-1655页。

古的“静以修身，俭以养德”“非澹泊无以明志，非宁静无以致远”的名言；王祥本性至孝，“卧冰求鲤”的故事脍炙人口，老年时对儿子的遗训，也是希望能将孝悌的德行传承下去；羊祜劝诫儿子恭敬谨慎行事，忠诚守信，不议论他人是非；颜延之专门著《庭诰》，传授给家人修身处世的方法，嘱咐家人们和睦相处；王僧虔对儿子读书浮躁的批评和指责，也是对后世无数读书人的深刻提醒；徐勉对儿子经营田舍的安排，属于老父亲对儿子的殷切期望，也使我们了解到古人的一些家事。

诸葛亮（181—234），字孔明，号卧龙，琅琊阳都（今山东沂南）人，三国时期蜀汉丞相、军师将军。宋代李昉等纂辑的《太平御览》中载录有诸葛亮的《诫子书》《又诫子书》。《诫子书》主要告诫儿子“静以修身，俭以养德”[1]的道理。修身、养德主要在于两点：一是静，二是俭。这是因为“非澹泊无以明志，非宁静无以致远”[2]。静，指内心宁静安定，没有动摇纷乱，这样才能静下心来学习与接受新的知识和道理，反之，如果内心偏险浮躁，就不能真正陶冶自己的性情、增长学识才干。俭，是澹泊自守的功夫，只有内心纯净、欲望不杂多，才能明确自己的高远志向，而放纵自己、过分安逸享乐，则志向泯灭，难以振奋精神成就学问和事业。“静”与“俭”是相辅相成的功夫，内心宁静有助于俭德的养成，俭约自守有利于内心的宁静。文章最后，诸葛亮劝诫儿子要珍惜时间，砥砺志向。年岁与时光俱去，但自己的志向却渐渐微弱，直到年老枯朽而一事无成，只能悲守

[1] 袁钟仁导读：《诸葛亮集》，凤凰出版社2020年版，第135页。

[2] 袁钟仁导读：《诸葛亮集》，凤凰出版社2020年版，第135页。

穷庐，到那时再叹息悔恨就太迟了。[1]《又诫子书》主要告诫儿子饮酒的礼仪和限度。文中说，酒的设置，在于合乎礼仪、表达情感，饮酒要使自身身体和性情舒适，礼仪结束便可退出，这是最为和谐的饮酒方式。如果主人的意兴还未衰落，宾客略有倦意，那么可以再多喝一点，也只是喝到醉饱就可以了，不要醉到使人迷乱。[2]蜀汉建兴十二年（234），也就是诸葛亮病逝之年，诸葛亮曾写信给兄长诸葛瑾说，自己的儿子诸葛瞻[3]现今已经八岁了，聪慧可爱，但恐怕他早慧而长大后难成大器。[4]也就是说，诸葛亮死的那一年，他的儿子诸葛瞻只有八岁（虚岁），按理说关于饮酒的训诫之言不应该对一个仅有八岁的孩童说，因此有人怀疑《诫子书》和《又诫子书》可能是后人伪托诸葛亮之名而作。《太平御览》中同时载录的还有诸葛亮的《诫外生（甥）书》。《诫外生书》中，主要告诫外甥要保存高远的志向，要能够忍受苦难，坚强而有毅力，意气慷慨，要虚心向别人请教，这样才能避免终生碌碌无为，沉沦下流。[5]诸葛亮的大姐嫁给蒯祺，其子不详，二姐嫁给庞山民，其子为庞涣，在晋武帝太康年间担任太守。但不知道诸葛亮这封信是写给哪个外甥的。有人认为诸葛亮姐姐的夫婿均在曹魏任职，诸葛亮当时应该很难与外甥取得联系，而且《诫外生书》的文字与《诫子书》雷同，应当也属于后人伪作。[6]我们认为，诸葛亮与外甥难以取得联系这一点不足以成为《诫外生书》为伪作的证据，曹魏与蜀汉当时应有信使可通其间。因此，我们姑且将《诫子书》《诫外生书》当作诸葛亮的作品。

❶袁钟仁导读：《诸葛亮集》，凤凰出版社2020年版，第135页。

❷袁钟仁导读：《诸葛亮集》，凤凰出版社2020年版，第137页。

❸诸葛瞻（227—263），字思远，蜀汉后期重臣。他十七岁时便娶了蜀汉的公主为妻，延熙六年（243），授以骑都尉的官，第二年又被升为羽林中郎将，负责护卫皇宫。景耀六年（263）冬天，诸葛瞻与魏将邓艾交战于绵竹，阵亡，时年三十七岁。

❹[晋]陈寿撰；[南朝宋]裴松之注：《三国志》，上海古籍出版社2016年版，第830页。

❺袁钟仁导读：《诸葛亮集》，凤凰出版社2020年版，第139页。

❻袁钟仁导读：《诸葛亮集》，凤凰出版社2020年版，第139页。

王祥（184—268，一作180—268），字休徵，琅邪临沂（今山东临沂）人。曹魏高贵乡公曹髦在位期间，王祥被封为关内侯，拜光禄勋，转司隶校尉。后因讨伐毌丘俭有功，迁太常，被封为万岁亭侯。曹髦被弑杀后，曹奂即位，王祥被拜为司空，转太尉，被封为睢陵侯。晋武帝司马炎即位后，王祥被拜为太保，晋爵为睢陵公。王祥本性至孝，生母很早就过世了，继母朱氏不慈爱，屡次在王祥父亲面前谮毁他，因此王祥失去了父亲的疼爱。朱氏命王祥打扫牛圈，王祥就恭谨听命。父母有疾病，王祥就衣不解带地侍奉，汤药都是自己先尝试，然后才敢端给父母。有一次，继母想要吃鲜鱼，当时正天寒地冻，王祥就脱下衣服打算用体温化开河面之冰求鱼，这时冰忽然自动化开，一双鲤鱼从中跃出，王祥拿着鱼回家献给了继母。[1]继母又想吃烤黄雀，王祥正打算抓捕黄雀，竟然有几十只黄雀自动飞入王祥家中，王祥又供给继母。有一株丹柰（花红）结了果实，继母命王祥看守，每当有风雨的时候，王祥就抱着树哭泣。[2]即使王祥如此笃实纯孝，继母仍然屡次想要加害王祥，幸亏有王祥的弟弟、继母朱氏的亲生儿子王览的百般维护，王祥才勉强活下来。但王祥从不记仇，在继母去世的时候，王祥为继母守丧，整个人非常悲哀憔悴，需要依靠拐杖才能站立起来。后来王祥在八十五岁病重的时候，著遗令训诫子孙，并安排自己的后事。文中交代子孙在自己死后，只要清洗手足即可，不需要沐浴全身。无须缠尸，只需将平时的旧衣服清洗干净，随着时令安排穿着即可。皇帝所赐的山玄玉佩、卫氏玉玦

[1] 这就是“二十四孝”中“卧冰求鲤”的故事。王祥以德报怨，对家人至孝，当官后也尽心尽力，为民解忧，深受百姓爱戴。

[2]［唐］房玄龄等撰：《晋书》，中华书局1974年版，第987页。

等物品通通不许入殓随葬。所选墓址的土地要足够坚硬，不需要再以砖石围绕，也不要堆起坟堆。墓穴挖二丈深，所用棺椁足以容纳棺材就可以了，不需要过分隆重。无须设置灵堂，只需要在棺材前摆设一副床榻用来祭奠。准备干粮和干肉各一盘，玄酒[1]一杯，作为朝夕祭奠的物品。家里人无论大小都不需要去送丧，一年的小祥祭和两年的大祥祭时才置办家畜一头作为祭品。这是王祥对自己死后丧葬之礼的安排，他叮嘱子孙不要违反这个命令。在对子孙德行的期许方面，王祥主要希望子孙做到五种德行，即信、德、孝、悌和让。所谓信，就是言语要符合道义，行为能够践行言语。德，指将功劳和美德推让给别人，有错误就自己承担。孝，就是孝敬父母，孝的极致是显亲扬名，建立功业，在自身扬名的同时也使父母、祖宗荣耀。悌，是兄弟友爱，宗族和睦。让，是见到利益能够推让。王祥认为这五种德行是立身的根本。根据史书记载，王祥的儿子们都对王祥的命令一一遵照奉行。[2]

羊祜（221—278），字叔子，泰山南城（在今山东省）人。西晋时，累官尚书右仆射、卫将军，封钜平侯，后出任车骑将军、开府仪同三司。在其《诫子书》中，羊祜谈到自己幼年的经历，他说自己幼年时就领受父亲的教诲，在刚刚学会说话的年纪，父亲就以经书典籍来教导他。九岁的时候，就开始学习《诗》《书》。即使这样勤奋，也没有得到乡人的称颂，没有清高俊异的名声。羊祜认为自己远远比不上父亲羊衜的贤能，而儿子们就连自己都不如了。因此，羊祜叮嘱儿子们更应当砥砺德行，恭敬谨慎行事。“恭

[1] 玄酒不是酒，而是水，此时酒还未被发明出来，古人将祭祀用的水称为“玄酒”。后来，玄酒也被引申为薄酒。

[2] [唐]房玄龄等撰：《晋书》，中华书局1974年版，第989页。

为德首，慎为行基”[1]，恭敬、谨慎是德行的基础。恭敬谨慎的具体表现为：言语上要忠诚守信，行为上要笃实敬慎；不要轻易许人钱财，不要传播没有根据的话，不要听信别人议论是非的话；听到某人的过错或缺点，切不可宣扬；凡事谋而后动。羊祜警告儿子们，如果言行不谨慎，得罪了他人，遭遇毁谤，甚至落入刑网，到那时就不只是自身遭难，更要令祖先蒙羞了。因此，羊祜告诫儿子们一定要感念自己的教诲，时常讽诵，将之牢记于心。

颜延之（384—456），字延年，琅琊临沂（今山东临沂）人。历仕东晋、刘宋两朝，官至中书侍郎、太子中庶子、步兵校尉。

颜延之著有《庭诰》一文以训导家人。他说“《庭诰》者，施于闺庭之内，谓不远也”[2]，可见颜延之对于“庭诰”这类文体有着明确的认知，认识到“庭诰”针对的是家庭内部成员的教育，而非面向天下万民的劝善。颜延之认为，劝诫世人道德的文章已经被前人所写尽，到他这里就无须赘述了。颜延之谈到《庭诰》的内容时指出“今所载咸其素蓄，本乎性灵，而致之心用。夫选言务一，不尚烦密，而至于备议者，盖以网诸情非”[3]，意思是《庭诰》中所写所述都是自己多年来的人生体验和心得体会，而且力求语言的纯净专一，不崇尚烦辞密语。

颜延之《庭诰》的内容丰富，涉及修身、处理人际关系等诸多方面。其中较为独特的是，颜延之不仅对子弟提出了要求，而且对于如何为人父母、为人兄长也提出了建议，指出了家人之间关系的相互性。颜

[1] 陈明编：《家训》，新星出版社 2016 年版，第 15 页。

[2] [梁] 沈约撰：《宋书》，中华书局 1974 年版，第 1893 页。

[3] [梁] 沈约撰：《宋书》，中华书局 1974 年版，第 1894 页。

延之认为，长辈教导子孙、长者教训幼者，首先应当自身行为端正，以身作则，这样才能收到教育效果。如果父母想要子女孝顺自己，作为父母首先应当对子女慈爱；兄长想要弟弟尊敬自己，作为兄长首先要对弟弟友爱。虽然孝悌是作为子女、作为弟弟的分内之责、应尽之务，但父母的慈爱和兄长的友爱更能激发出子女的孝顺和弟弟的悌敬。

颜延之在《庭诰》中提出了其他家训极少提及的内容，即主人如何处理与仆役的关系、富人如何处理与穷人的关系等问题。

关于主人如何处理与自家仆役的关系，颜延之认为，主家对待做农活的仆役应当先保证他们的衣食，适当根据他们的意愿确定他们所要做的工作，合理安排他们的劳逸时间，以酒食款待他们，并令他们得到充分的休息，在这之后，如果仆役们还有违犯命令或者偷奸耍滑的，就可以捶楚[1]责罚了。主人管理下人有多种方法，最关键的就在于洞见他们的情感，了解他们的一些隐藏的心理。无论是仆人侍妾还是在田野劳作的农夫，主人如果能够洞察他们的心事，主仆之间互相理解体谅，那么就会事半功倍。如果主人违背他们的性情，逼迫他们做许多不喜欢的事情，那么他们就会产生叛逆心理，到那时，即使主人的愤怒如同雷霆般猛烈，也难以制止他们的欲望了。如果主人忽略仆役们大的用处和长处，而斤斤计较于他们微小的过错和短处，那么即使主人如同日月般明察秋毫，也难以杜绝所有的奸邪。因此，管理下人应当崇尚礼治的精神，所谓礼治就是宽容优裕，与法治的严厉刻

[1] 杖击，鞭打。楚，刑讯时用的荆条。

薄截然不同。对人宽容，人们就会变得厚道；对人刻薄，人与人之间就会互相怨恨残害。惩罚时忌讳太滥，施惠时忌讳偏私和不公正。惩罚过多就会失去威力，施惠偏颇不如没有施惠。作为主人，要时常能够反躬自省，体察下人的心情，这样才能得到他们的拥护和爱戴。

关于富人如何处理与穷人的关系，颜延之认为富厚和贫薄是相互悬殊的两种状态，富厚之人亲近贫薄之人，不是一时就能处理好这种关系的。但是有的人也能处理好，这是由于他们掌握了其中道理。简单地说，就是要具有同情之心，要有仁恕之德，当我们穿着厚实华丽的衣服时，应当去体会穿着破衣烂衫的人的痛苦；当我们吃着山珍海味时，应当去体察饥肠辘辘的人的苦难。[1]

[1] [梁] 沈约撰：《宋书》，中华书局 1974 年版，第 1895 页。

王僧虔（426—485），琅琊临沂（今山东临沂）人。南朝宋、齐时期大臣，官至吏部尚书、尚书令。出身于东晋至南朝显赫的琅琊王氏家族，是东晋著名书法家王羲之的四世族孙，东晋丞相王导的玄孙。王僧虔曾写信教诫其子，告诉儿子读书求学应当深究精通，不可以三心二意、浅尝辄止。王僧虔说他的儿子前些年有意于研治史学，曾将《三国志》放置于自己床头达百日之久，然后又转向研究玄学。王僧虔认为经过这百日的学习，儿子应当对史书有所了解了，但仔细考查他，却处于懵懂无知的状态。王僧虔教训儿子，读书治学之道，就如同东方朔所说的那样，“谈何容易”！有的人专读一部书，把和这部书相关的数十家注解都拿来通读，从少年一直读至老年，手不释卷，

尚且不敢轻易谈论。但儿子刚刚开始读《老子》前几章，尚且不知道王弼关于《老子》曾说过些什么，何晏[1]有何注解，马融[2]、郑玄观点有什么差异，书的主旨和体例为何，便手执麈尾，自诩为清谈之士。王僧虔认为这是最为危险的事情。王僧虔反问儿子，假如袁宏命令你谈说《易》，谢灵运命你谈说《庄子》，吴兴张氏命你谈说《老子》，你难道能够说你还未曾看过吗？！谈论古代的学问就像射箭一样，前人已经注解清楚、命中鹄的，后人应当明白的却不明白，这就是输给了前人。而且后人的诸多论注著作，如荆州某人所作的《八帙》，钟会所作的《四本论》，嵇康的《声无哀乐论》等，都是谈玄论道之士所资借的重要材料，就像主人招待客人要预先有所陈设一样，这些论著你都未曾读过，就想与人谈玄论道，岂有自家厨房尚未整治，就想请客吃饭的道理呢？汉代的张衡思想与宇宙造化平齐，郭象口若悬河，都是因为刻苦辛劳，才达到这样的境界。现在你尚未窥见玄学的题目，不能分辨其中的主旨归向，就连六十四卦的名字也不曾记得，《庄子》包含哪些篇目也不了解，《八帙》所载总共包含哪几家的内容也不知道，“才性四本论”以何种见长都不清楚，却终日夸夸其谈，欺骗他人，他人可能一时听信，但最终其实也不会受你欺骗和蒙蔽。王僧虔勉励儿子要自己用功，不可以仰赖家族祖宗的庇佑，更不可依赖父亲的监督。要知道儿子的成就与父亲的德业并不完全一致，尧帝也有不肖之子丹朱，舜帝的父亲瞽叟糊涂顽劣。我们王家现在已经失去祖宗的荫蔽，后世子孙的成就全看

[1] 何晏（？—249）：三国魏玄学家，魏晋玄学的主要创始人之一，字平叔，好老、庄之言。

[2] 马融（79—166），字季长，东汉扶风茂陵（今陕西兴平）人。才高博洽，为世通儒，学生常有千余。有《马季长集》。

自身了。[1]读了一点点书就夸夸其谈，这在我们现代人中也屡见不鲜，王僧虔批评儿子的话，也值得我们现代读书人学习。

徐勉（466—535），字修仁，东海郯县（今山东郯城）人。曾辅佐昭明太子萧统，官至中书令，与周舍共同治理朝政，号称“贤相”。著有《流别起居注》六百卷，改善了帝王起居注繁杂的体例。徐勉写有家书教诫儿子徐崧要经营好田舍家业，管理和照顾好家眷。徐勉说，徐家向来以清廉俭素传家，不事经营产业，门生故旧曾经奉劝自己开辟田园或者经商营利，都被自己拒绝了。倒不是因为顾忌不与民争利的遗训，而是想要减少烦扰。徐勉到了中年的时候，曾在东田买了一块田地，开辟成小园，打算以此怡情悦性，作为致仕后闲居养老的住所。但后来为了给儿子和孙子修建两处住宅，花光了家里所有的积蓄，还有不够的地方。迫不得已之下，只好将东田小园卖掉，获得百金，修建宅子花掉一半，还剩一半。徐勉将剩下的一半钱交给儿子徐崧，命他经营田舍。叮嘱他既然已经买了地，无论好坏，都要用心经营，不可以半途而废，导致进退两难，遭人耻笑。经营田舍所收获的利益可以用来赡养家中内外大小亲眷，要使他们各得其所，也要将好处分一些给家中的女眷们。徐勉因徐崧是家中的长子，所以将此重担交托给他，并说：凡为家中长子者，都不容易，长子应当承担起使家庭内外和谐的责任，使外人没什么话说；应当先人后己，发挥谦让的精神；向贤者学习，不可浪费光阴，抛却自身。最后，徐勉说自己年事已高，心力衰竭，今后经营田

[1] [梁] 萧子显撰：《南齐书》，中华书局 1972 年版，第 598-599 页。

舍的事情就全凭儿子作主，不必使自己知晓了。[1]徐勉身为高官，给儿子和孙子置办住宅，竟然导致钱财不够用，还要卖地筹措经费，可见徐勉居官的确较为清廉俭朴。徐勉命令儿子将经营田舍获得的收益分一些给家中女眷，这在重男轻女的封建社会也属难得。

第三节　文士家训

文士家训中，嵇康的《家诫》，主要叮嘱家人以全身远祸之法，反映出当时政治气氛的紧张，和嵇康对家人们命运的担忧；陶渊明对儿子们的成材已不再苛求，只是希望儿子们能够做到兄弟和睦，互相帮助，互相照顾。

嵇康（224—263，一作 223—262），字叔夜，谯国铚县（今安徽濉溪）人，三国曹魏思想家、文学家、音乐家。嵇康曾写有《家诫》，是嵇康告诫家人的一封书信，内容为劝诫家人谨慎行事，远离祸端。在魏晋纷争不断、朝不保夕的乱世，诸多名士们追求的不是博取功名利禄，如儒家所倡导的去积极入世，而是秉持道家清静自守的处世原则，尽力远离政治纷争，以明哲保身。比如阮籍[2]就口不臧否人物，大醉数十日以推拒权贵赐予的婚姻。嵇康也在《家诫》中谆谆教诲，反复叮嘱家人要谨言慎行，避免灾祸。

首先是对待自己的长官，只应尊敬而已，不可过分亲密。不可过多地拜访长官，只可以按照一定的时节去拜访。如果和众人一同去拜访长官，出门时不要自己单独走在最后，更不可在长官家里留宿。这是因

❶［唐］李延寿撰：《南史》，中华书局 1975 年版，第 1483-1485 页。

❷ 阮籍与嵇康均为“竹林七贤”中的人物，阮籍喜爱喝酒，性格放荡不羁，喝醉了酒让人推着车子带他到山里游玩，直到无路可行的时候才大哭着回来。有“穷途之哭”的典故。

为长官一般都喜好向下属打探事情，如果自己不小心讲出别人的坏话，那么一定会招致他人的怨恨。所以，面对长官一定要寡言少语，谨慎自守，这样才能避免他人的怨恨和责备。

其次立身应当清远，保持自己的高远洁净。如遇他人请求自己为他办事，推脱之时应当谦逊委婉，向对方说明自己素来就不参与这类事情。如果对于别人的请求不忍拒绝，想要施以援手，也应当在明面上拒绝，而暗地里偷偷帮助他。这样既可以免除诸多无谓的请求，也可以避免收受财物的名声。对于他人财物的接济，应当以义为标准，判断是否给予。见到穷乏者，可以接济的就接济他；如果接济他的道义少，则应当权衡轻重加以拒绝。

再次是应当谨慎言语。嵇康告诫家人如果对某事不是十分了解，本来想要说话的，也要警惕失言的过错，暂且忍下，不要说话。后来如果观察到自己当时不说话也没有什么不可以的，则之前如果妄自出言评论的话，可能就有所不妥了。坐在一群人当中，听大家的言论，如果不是十分高明的论说，只是俗人的长短消息，就应当远远观察，不要应和他。他人争论是非对错的时候，自己如果不是十分清楚其中的得失对错，就不要参与进去。即使某人有小小的长处，也不值得去赞誉他；某人有小小的短处，也不值得去非毁他，自己应当保持缄默以待之。即使有其他人询问自己的意见，也应当以不了解情况而推辞。如果在酒会上看见别人争论，发现他们争论的情势越来越激烈，这是将要打斗的征兆，则应当及早抽身离去。即使无法立即走开，也要把自己灌醉，远离是非。

●阎立本画竹林五君图

乾隆认为这幅画描绘的是“竹林七贤”嵇康、阮籍、山涛、向秀、刘伶、阮咸、王戎，其中王戎与山涛没有画入图中。

最后是交友也须谨慎。嵇康叮嘱家人，如果不是关系亲密的知交好友，普通交情以下的人，如果呼唤邀请自己和他们共同玩乐的，应当以有事加以拒绝。与人交往，不需要斤斤计较于小细节方面的谦卑恭敬，而应当在大节上保持谦恭宽厚；不能只注意于小的方面的廉耻，而应当保全大的方面的谦让之节。对于别人的隐私要少打听，被别人知道自己知晓他的隐私，容易招致忌惮和怨恨，从而惹祸上身。[1]

陶渊明（约 365—427），名潜，字元亮，别号五柳先生，私谥靖节，世称靖节先生。浔阳柴桑（今江西九江）人，一作宜丰人。东晋末至刘宋初杰出的诗人、辞赋家、散文家，被誉为“古今隐逸诗人之宗”“田园诗派之鼻祖”。陶渊明有五个儿子，分别为：长子陶俨，乳名阿舒；次子陶俟，乳名阿宣；三子陶份，乳名阿雍；四子陶佚，乳名阿端；五子陶佟，乳名阿通。陶渊明曾写给他们一封信，即《与子俨等疏》。信中，陶渊明回忆自己大致的人生经历和性格情趣。陶渊明说，自己年少时家贫，为了生计不得不东奔西走谋食。但因自己性格驽钝刚直，与世俗多有抵触。为了避免遭遇更大的祸患，因而辞官归田，避世隐居，但这导致了家庭贫困和儿子们生活的饥寒。陶渊明坚守内心的信仰，感于古贤士的言语，认为虽然生活贫贱寒苦，但能够保持自己高洁的志向，也是值得的。因此并没有对儿子们有太多的愧疚。唯一遗憾的就是邻居们中没有像羊仲、裘仲[2]那样的隐士，家里也没有像老莱子之妻[3]那样深明大义的贤妻，因此自己的志向和寂寞没有人能够理解，只能独自伤

[1] 武秀成导读：《嵇康集》，凤凰出版社 2020 年版，第 206-210 页。

[2] 羊仲、裘仲被称为“二仲”，均为廉洁退隐之士。

[3] 又称“莱妇”，贤妻的代表，《列女传》载：楚老莱子隐居，楚王请他出仕，其妻子劝阻他，最终随妻隐居江南，免于受人牵制之苦。

怀。陶渊明写这封信时，已经五十多岁了，并且当时疾病缠身，每日靠亲友们以药石相投。陶渊明担心自己年命不久，因此写下这封书信告诫五个儿子要念及“四海之内皆兄弟”的义气，互相关爱照顾。陶渊明举出管仲和鲍叔牙、归生和伍举两对异姓兄弟患难相助、转危为安；汉末韩融身居九卿高位，但始终与兄弟同居，直至八十而终；晋代汜毓家七世同财互助，九族和睦无有怨色等例子，劝勉儿子们要兄弟和睦，互帮互助。[1] 陶渊明曾写有《责子》诗，其诗言：

白发被两鬓，肌肤不复实。
虽有五男儿，总不好纸笔。
阿舒已二八，懒惰故无匹。
阿宣行志学，而不爱文术。
雍端年十三，不识六与七。
通子垂九龄，但觅梨与栗。
天运苟如此，且进杯中物。[2]

陶渊明已经两鬓斑白，肌肤衰老，但自己的五个儿子，没有一个继承了自己喜好琴书的志趣，全都不喜欢纸笔文章之事。长子陶俨（阿舒）已经十六岁了，但懒惰无比；次子陶俟（阿宣）有学习的志向，但也不喜欢文章学术；三子陶份（阿雍）、四子陶佚（阿端）十三岁，对于基本算术还不清楚；五子陶佟（阿通）九岁，每日只知道寻觅梨子和板栗。陶渊明感叹上天降下的运命假若真是如此的话，自己也只能暂进杯中酒聊以遣怀了。唐代杜甫《遣兴五首》其三言：

❶ 陈庆元，曹丽萍等编选：《陶渊明集》，凤凰出版社 2014 年版，第 307-308 页。

❷ 陈庆元，曹丽萍等编选：《陶渊明集》，凤凰出版社 2014 年版，第 167-168 页。

“陶潜避俗翁，未必能达道。观其著诗集，颇亦恨枯槁。达生岂是足，默识盖不早。有子贤与愚，何其挂怀抱。”[1]杜甫认为陶渊明虽为避俗之人，但还是未能达道，对于自己枯槁的境地还是有所悲叹。宋代黄庭坚《书陶渊明责子诗后》言：“观渊明之诗想见其人，岂弟慈祥戏谑可观也。俗人便谓渊明诸子皆不肖，而渊明愁叹见于诗，可谓痴人前不得说梦也。”[2]黄庭坚认为陶渊明此诗不是愁叹，而是一位老父亲对儿子们的慈祥戏谑。联系《与子俨等疏》，我们认为，陶渊明此诗以幽默戏谑的口吻责备儿子们不求上进，虽有愁叹，但终能释怀，儿子们的贤能与愚笨陶渊明已不甚介怀，他最希望的还是儿子们能够兄弟和睦，亲近友爱，互相帮助。

[1]［唐］杜甫著；谢思炜校注：《杜甫集校注》，上海古籍出版社 2016 年版，第 447 页。

[2]［宋］黄庭坚著：《黄庭坚全集》，四川大学出版社 2001 年版，第 655 页。

宋　李公麟画陶渊明所作的抒情小赋《归去来兮辞》中场景

第四节 《颜氏家训》

颜之推（531—597），字介，生于江陵（今湖北江陵），祖籍琅邪临沂（今山东临沂），是南北朝至隋朝时期的人物，中国古代著名的教育家。

他的《颜氏家训》是中国历史上第一部系统的、完整的家训著作，是中国家庭教育史上的瑰宝，具有极高的文献价值。《颜氏家训》主要分为七卷、二十篇。颜之推将自己的人生经验、思想认识记录于书中以告诫子孙。他在《序致》中谈及自己作此书的目的："吾今所以复为此者，非敢轨物范世也，业以整齐门内，提撕子孙。"[1] 他指出自己作此书主要是为了教训子孙、整齐家人，他将自己的著作定位为"家训"，有着明确的著作"家训"的意识。颜之推写作家训的第一个原因在于，他认为圣贤之书中教人忠孝、谨言慎行等道理，已经说得很完备了；魏晋以来，又有很多人著书立说，所讲事理大部分是重复前人之言，属于"屋下架屋""床上施床"之类无意义的重复工作。因此，颜之推写作家训，不敢追求成为世人学习的规范，而仅仅期望能够发挥教训子孙、整齐家人的效用。第二个原因在于，他认为"同言而信，信其所亲；同命而行，行其所服"[2]，假若有两个人同时讲话，人们更愿意相信与自己关系亲近之人的话语；同样有两个人发布了命令，人们更愿意执行自己所信服之人的命令。就像在日常生活中，阻止儿童的顽皮嬉闹，老师和朋友的话可能不如经常照顾他的侍婢的话管用；禁止人们的斗争，尧舜的道理可能不如妻子的劝诫管

[1] [北齐] 颜之推著；庄辉明，章义和译注：《颜氏家训译注》，上海古籍出版社2016年版，第1页。

[2] [北齐] 颜之推著；庄辉明，章义和译注：《颜氏家训译注》，上海古籍出版社2016年版，第1页。

用。因此，颜之推希望自己所著的家训，能够发挥和亲近之人所说的话一样的效用，被家人们采纳。颜之推著作《颜氏家训》的第三个原因在于，他追思自己从幼时至今的人生经历，认为正是因为自己从小缺乏家教，才导致犯了很多错误，更应当把自己的经验和教训写下来，用以教训子孙，成为他们的前车之鉴。

以内容分，《颜氏家训》大致可分为治家、修身处世和治学三大板块的内容，其中：治家可包括教子、兄弟、后娶、治家等篇章；修身处世可包括风操、慕贤、名实、涉务、省事、止足、诫兵、养心、归心等篇章；治学可包括勉学、文章、书证、音辞、杂艺、终制等篇章。

第一，治家。颜之推在家训首篇即谈论如何教子的问题，他的观点主要有三：一、及早教育；二、严慈兼备；三、不过分偏爱。第一，及早教育。颜之推引述古代圣王的胎教之法：王后怀胎三个月的时候，就要迁居到另外的宫室，眼睛不看邪恶的东西，耳朵不听淫邪的声音，所享用的音乐与饮食都按照礼的标准加以规定和节制。孩子长到两三岁的时候，就安排师、保教导其孝、仁、礼、义。颜之推认为，普通的人家即使不能做到帝王家教育子弟的方法，也应当在孩子还是婴孩稚子，刚刚懂得看别人的脸色，知晓别人的喜怒时，就加以教诲，告诉他可以做和不可以做的事情，教他做某事就做，禁止他做某事也就停止了。这样等到长大一些的时候，就可以省去一些笞打的责罚。颜之推引用孔子的“少成若天性，习惯如自然”

和俗谚“教妇初来，教儿婴孩”，说明教子应趁早的道理。第二，严慈兼备。颜之推认为父母必须既有威严又有慈爱，才能使子女畏惧而有孝心。他批评世间许多父母对孩子只有慈爱而没有相应的教诲。在孩子的饮食言行方面，都放纵孩子为所欲为。孩子做错了事情，本来应该加以责罚的，反而加以奖赏；应当呵斥的，反而笑着将事情掩饰过去。等到孩子有知识的时候，还以为事情本来就应当这样做。骄奢傲慢的习惯已经养成，才想着去制止和教导，那么即使是捶挞孩子到死也不会有威严。父母的愤怒越盛，反而越发增加孩子的怨恨，等到孩子长大成人，终于沦落为一个败德之人。颜之推理解父母们之所以不愿意严厉教导子女，并不是存心要陷他们于罪恶之中，只是不忍心对孩子呵斥发怒，怕伤害了子女的面子；不忍心对孩子加以捶楚，怕伤害孩子的肌肤身体。但是若以疾病做比喻的话，没有汤药和针灸，又怎么能救治孩子呢？因此，对子女勤加教导督责，并不是苛刻虐待子女，只是迫不得已的举动罢了。父子之间需要有威严，不可以狎慢；同样的，父子之间也需要有骨肉的亲情爱意，不可以简略怠慢。父子之间如果没有威严，就会导致孩子对父母的怠慢不尊敬；如果没有慈爱，也会导致父子之间的疏离和冷漠。古人规定，士以上阶层的人，父子异室而居住，这就是为了防止怠慢不敬。孩子为父母搔痒按摩，减少父母的病痛，为父母整理床铺被褥，这是使父子亲爱的教导。第三，不过分偏爱。颜之推认为，父母爱孩子，很少有能够完全平等地爱每一个孩子的。从古至今的历史事实都验证了这种做法的弊端很多。比如，郑国共叔段的死，就是因为母亲对他的溺爱；汉代赵王刘如意[1]的死，也是因为父亲刘邦的过分偏爱。颜之推认为，父母对于贤能俊秀的孩子固然可以欣赏爱护，但对于顽皮鲁钝的孩子，也应当施以哀矜怜悯。过分地偏爱宠溺某个孩子，可能反而会给其招来祸端。[2]

《兄弟》篇主要谈论亲兄弟应当相亲相爱。兄弟应当相亲相爱的理由有三。第一，兄弟是家庭内部主要伦理关系之一，应当处理好兄弟关系。在血缘上，兄弟是形体虽然分开但气息血脉相通相连的人；在生活经历上，年幼时的兄弟往往围绕在父母的前后左右，生活在同一屋檐下，吃饭在同一张桌子上，哥哥穿过的衣服又给弟弟穿，哥哥学习时使用过的书籍又传给弟弟用，游玩则共同去一个地方。在这种同食同住同起同卧的环境下，亲爱兄弟是必然的道理。在父母双亲去世之后，更要感念兄弟是与自己血脉相连的人，应当与兄弟互通声气，相互照顾，如同声之与响，形之与影。第二，兄弟之间如果不和睦的话，子侄之间就不会友爱；子侄不友爱，家族子弟就会疏远淡薄；亲戚子弟之间疏远淡薄，那么僮仆之间也会成为仇敌了。亲族内部疏远叛离，一盘散沙，那么旁人就会欺侮自家，到那时又有谁来帮忙呢。第三，许多人能够结交天下的士人，与他们关系友爱，却对自己的亲兄弟疏远不敬，有什么理由能够与多人结交却不能与一人结交呢；有人能率领成千上万的部下，得到其效命，却对自己的弟弟薄情寡恩，有什么理由能够与疏远的人结交却不能与亲近之人结交呢。颜之推认为，与兄

[1] 刘如意是戚夫人之子，汉高祖晚年，专宠戚夫人，再加上赵王刘如意说话、办事都很像高祖，因此对他偏爱有加。

[2] [北齐] 颜之推著；庄辉明，章义和译注：《颜氏家训译注》，上海古籍出版社 2016 年版，第 6-14 页。

弟相处之道主要在于保护兄弟之爱不被旁人所移。兄弟们在年纪幼小、生活在一起时，常常能够互相亲爱，但长大成家之后，各自疼爱自己的妻子、儿女，对于兄弟就难免疏远了，尤其是妯娌之间的关系很容易疏薄。所以兄弟们在遇事时不能因妻子的意见而不亲厚兄弟，而要保持与兄弟的亲近，要时常修补兄弟关系的漏洞，防范外界的侵害。以人们常住的屋子作为比喻：只要有一个孔洞，人们就会立刻填塞之；凡是有一个缝隙，人们就会立即涂抹缝堵之。这样，屋子就没有颓败毁坏的忧虑。如果对于鼠雀的破坏不加防备，对于风雨的摧残不加防范，等到屋子真正毁坏时就不可挽救了。防范之道在于不要使妯娌们生活在一起，导致她们每天互相怨望责备，而要分开居住，使她们年深日久而产生思念之情。颜之推认为，对待兄弟如果能秉持恕己而行，己所不欲勿施于人，将对亲生儿女的爱推广到侄子侄女身上，关系自然会融洽和谐了。[1]

颜之推在《治家》篇论述了治家需要注意的奢俭、宽严、妇女等问题。关于家庭的奢俭问题，颜之推认为应当“施而不奢，俭而不吝”[2]，把握奢俭的限度。颜之推引用孔子的“奢则不孙，俭则固；与其不孙也，宁固”和“如有周公之才之美，使骄且吝，其余不足观也已”，认为做人做事可俭而不可奢，可俭而不可吝。俭，在颜之推这里是“省约为礼”的意思，即节省俭约以合乎礼。吝，是吝啬的意思，即使对穷困危难的人也不加以体恤援助。世人大多不能把握奢俭的尺度，有的人能够施舍别人却也自身生活奢侈，有的

[1] [北齐]颜之推著；庄辉明，章义和译注：《颜氏家训译注》，上海古籍出版社2016年版，第16-20页。

[2] [北齐]颜之推著；庄辉明，章义和译注：《颜氏家训译注》，上海古籍出版社2016年版，第33页。

人生活节俭却达到过分吝啬的地步。能够做到施舍周济别人但又不奢侈，生活节省俭约但又不至于过分吝啬，这才是应当追求的限度。

关于治家的宽严问题，颜之推认为治家应当宽严适度，过宽则家人仆婢肆意犯错，过严则容易招致怨恨。比如梁元帝时期，有一位中书舍人，平时治家过于严厉苛刻，招致妻妾们的怨恨，最终妻妾们忍无可忍，竟然共同谋划，买通刺客刺杀了这位中书舍人。这是治家过于严苛的祸患。但世间也有很多名士，只追求宽厚仁慈，不注重对家人仆婢的管教，导致僮仆竟然连招待客人的饮食、馈赠给客人的礼物都敢私自克扣，甚至发生妻子僮仆侮慢宾客、侵凌乡党等事情。这就是治家过宽的祸患。因此说，应当宽严适度，既不能过于严格而使家人怨恨，也不能过于宽厚而使家人放肆。

关于妇女的问题，颜之推也有着重男轻女的思想，但他比其他人进步的一点在于，他怀着朴素的人道主义精神，认为即使妇女地位低下，也不应当虐待妇女。在古代，人们普遍认为养育过多的女儿是一种负累，颜之推也是这样认为的。古代有很多人生下了女儿却不愿意抚养，竟然将女儿杀害或抛弃，颜之推却反对这样做，认为这是一种无福于上天的不德行为。他认为上天生育民众，先人遗传身体，应当顺其自然，反对杀害或抛弃女婴。

关于婚姻嫁娶问题，颜之推批判当时社会上流行的“卖女买妻”的风气。当时社会上，有人将女儿当作货物，卖女纳财，或者有男家专门以财物购买妇女；

男女两家商议亲事时也是互相比较对方父祖的权势地位，斤斤计较于双方付出财物的多少，总是对对方责取很多，却希望自己付出很少。婚姻缔结已经与市场上的买卖无异，只看权势财物，不看人品德行。最终的结果往往是，女家招到了猥琐卑鄙的女婿，或者男家娶到了凶悍暴恶的媳妇。颜之推批判这种贪荣求利的行为，认为这样反而会招致羞耻。[1]

第二，修身处世。在修身处世方面，颜之推首先提出要亲近、敬慕贤人。颜之推引用古人“千载一圣，犹旦暮也；五百年一贤，犹比髆也”[2]的话说明人才难得的道理。这句话的意思是一千年出现一个圣人，都好像早晚之间那么快速；五百年出现一个贤人，都好像比肩而至一样频繁。这句话以夸张的手法形容圣人贤人的难得。正因圣贤的难以出现，一旦遇到真正明晰道理的君子，怎能不去亲近景仰他们呢。况且少年人的精神、气血、性格等方面还不稳定，日常与他人交往的过程中，很容易被熏渍陶染。言谈笑貌及各种举动方面，即使无心主动去学习，也会在不知不觉中被影响；更何况是操行和艺能等较为明显、更容易学习的东西呢。与善人结交，就像进入满是芝草兰花的室内，久而久之自己身上也会染上香气；而与恶人交往，就像进入满是腌鱼的店铺，久而久之自己身上也会染上臭味。[3]因此，君子行走世间应当谨慎交友。孔子曾言“无友不如己者”，就是说不要和品德不如自己的人结交朋友。颜之推认为像颜回、闵子骞那样道德完美的君子是很难出现的，在日常生活中只要遇到比自己优秀的人就值得尊重和交往。[4]值得指出的

[1] [北齐]颜之推著；庄辉明，章义和译注：《颜氏家训译注》，上海古籍出版社2016年版，第32-42页。

[2] [北齐]颜之推著；庄辉明，章义和译注：《颜氏家训译注》，上海古籍出版社2016年版，第91页。

[3] 此句出自《孔子家语·六本》，原文为：“与善人居，如入芝兰之室，久而不闻其香，即与之化矣；与不善人居，如入鲍鱼之肆，久而不闻其臭，亦与之化矣。”说明了环境对人的影响。

[4] [北齐]颜之推著；庄辉明，章义和译注：《颜氏家训译注》，上海古籍出版社2016年版，第92页。

是，世人多被自己的偏见所蒙蔽，总是“贵耳贱目”“重遥轻近”[1]，尊重听到名声的人，却轻视亲眼见到的人；重视远在他方的人，却轻视近在眼前的人。在日常与自己一起周旋进退、一起相处交往的人中，假如真有贤人，也往往对他狎侮轻慢，不加尊敬。反而是远在他乡异县的人，只是偶尔听到一点名声，就伸长脖子、踮起脚尖那样无比倾慕期盼。实际上，如果拿远方的人与自己身边的人一较长短的话，恐怕还不如自己身边的人呢。因此，切莫好高骛远，应当珍惜敬重眼前的贤人。

颜之推在《名实》篇主要谈及如何正确对待名声的问题。颜之推首先认为名声是圣人用以教化、劝励民众的工具之一。圣人劝励民众重视获得名声，目的在于反推其实际的道德和行动。历史事实证明，在圣人的劝励之下出现一个伯夷[2]，就会有千千万万的人效仿伯夷而树立清高的风气；在圣人的劝励之下得到一个季札[3]，就会有千千万万的人效仿季札而形成仁惠的风气；在圣人的劝励之下出现一个柳下惠[4]，就会有千千万万的人模仿而形成贞洁的风气；在圣人的劝励之下出现一个史鱼[5]，就会有千千万万的人模仿而形成正直敢谏的风气。圣人所希望的是，借助众人喜好名声的感情而促成他们仁善的行为。而事实上也是，如果一个人能够获得真正的美名，就像建造房子、种植果树一样，不仅生前可以获得利益，死后也可以遗惠于子孙。因此，颜之推认为世人想要获得名声的心愿是合理且正当的，但采取的手段应当明智而真诚。首先，要想有其“名”，必须有其“实”，反对假饰

[1] [北齐]颜之推著；庄辉明，章义和译注：《颜氏家训译注》，上海古籍出版社2016年版，第93页。

[2] 伯夷，子姓，墨胎氏，名允，商末孤竹国君主亚微的长子。孤竹君欲以三子叔齐为继承人，叔齐不肯，让位于伯夷，伯夷亦不肯，两人逃出孤竹国。后天下宗周，伯夷、叔齐耻食周粟，饿死于首阳山。

[3] 季札，姬姓，名札，吴王寿梦第四子。寿梦想立他为世子，传王位给他。季札不愿为王，三次推让。

[4] 柳下惠，本姓展，名获，字禽，春秋时期鲁国人。“柳下”是他的食邑，“惠”则是他的谥号。他坚持“直道而事人”，即用正直的方法对待他人，孟子给他极高的赞誉，认为他可以成为“百世之师”。

[5] 史鱼，名佗，字子鱼，春秋时期卫国大夫。他多次劝谏卫灵公任用贤人蘧伯玉，管教奸臣弥子瑕，未被采纳，死后他让儿子将自己的尸体放在屋外的窗户下，以尸体劝谏，卫灵公采纳他的意见后，他的遗体才得以入殓。

而博取虚名。名声与实际如同影子与形体的关系，自身容貌形体美丽，影子也自然美丽；自身德行技艺美好，自然会有好名声。不去修养自身德行却妄想获得美名，如同自身长得丑陋却期待镜中有美好的影子。人的虚实真伪存在于内心，就一定会在行迹上显露出来，如果在短时间内没有迹象，只是因为观察还不够而已。因此，“巧伪不如拙诚”[1]，巧妙的伪饰总有被戳穿的一天，到那时就会承受更大的羞辱，不如一开始就以拙笨的真诚待人处事。其次，在砥砺德行获得名声的过程中应当留有余地。人走路时足迹所履只不过数寸宽的范围而已，但如果走在仅有一尺宽的山道上就会很容易掉落山崖，走在独木桥上每每就会掉落河川。这是为什么呢，因为没有给人留有余地啊。人在修养德行、砥砺名节的时候也是如此，如果追求纤尘不染、没有丝毫缺点过错的名声，就会使自己的行为没有余地，同时也难以取信于他人。最后，在获得名声之后，应当善始善终，不可以在成名之后就抛弃原先的德行，原形毕露。颜之推见到许多人在名声成就之后，就将名声当作邀利取财的工具，而抛弃了原先所坚持的德行。这就相当于不知预防将来可能会加之于己的矛戟，而抛弃了原先所拥有的盾牌。

《涉务》篇主要说明，士君子为人处世应该砥砺德行、追求“有益于物”[2]，而不是每日“高谈虚论，左琴右书”[3]，浪费君主的职位和俸禄。以朝廷所需臣子的类型来举例的话，第一种是朝廷之臣，要求能够明鉴通达国家的治理体制，经纶世务，德行博正典

[1] [北齐] 颜之推著；庄辉明，章义和译注：《颜氏家训译注》，上海古籍出版社 2016 年版，第 197 页。

[2] [北齐] 颜之推著；庄辉明，章义和译注：《颜氏家训译注》，上海古籍出版社 2016 年版，第 204 页。

[3] [北齐] 颜之推著；庄辉明，章义和译注：《颜氏家训译注》，上海古籍出版社 2016 年版，第 204 页。

雅；第二种是文史之臣，要求能够撰述文章，博古通今，熟悉古代的经验和兴衰成败的缘由，为当今提供借鉴；第三种是军旅之臣，要求能够富有谋略，果敢善断，精明强干，熟悉事务；第四种是藩屏之臣，要求能够明达熟练地方风俗，廉洁清白，爱护民众；第五种是使命之臣，要求能够随机应变，做出适宜的决策，不辱没君主的使命；第六种是兴造之臣，要求能够设计规划工程，合理安排费用。这只是朝廷六种臣子所需的才能，迁移到其他职业也是如此。从事某一种职业，就应具备相应的能力，并恪尽职守，有益于事务。颜之推反对文学之士优闲不知世务。颜之推看到其所处的时代，有许多文学之士，平日里品评古今人物事迹，十分熟悉，好像指示自己的手掌一样容易，但真正以事务来考验他，又大多不堪任事。大多数的人处于太平之世，不知道有丧乱的祸灾；处于朝廷庙堂之中，不知道有战争的急迫；官吏们只顾保住自己的俸禄，不知道耕作稼穑的艰难；处在吏民之上作威作福，不知道劳役的辛苦。因此，让他们处理实际事务，就会难以胜任。南朝梁代的士大夫们都崇尚穿着宽袍大带，戴着高大的帽子，穿着高齿屐，出门乘坐车舆，入门则立刻有人扶侍，大多数人都不会骑马。等到侯景之乱[1]的时候，这些士大夫们肤柔骨脆，不堪行步，体质羸弱，气血虚亏，不耐寒暑风霜，往往在战乱中仓促而死。

《省事》篇认为为人处世应省事少为，所谓“无多言，多言多败；无多事，多事多患”[2]。“省事少为”具体表现在几个方面，第一是“多为少善，不如执

[1] 梁武帝太清元年（547）正月，东魏司徒、河南大将军、大行台侯景依据河南反叛东魏，请求归附梁朝。梁武帝在大臣朱异的撺掇下，决定接纳侯景，结果还未等接手地盘，就被北方的西魏政权抢占了。梁武帝派去的援兵又被东魏击溃，梁武帝只得与东魏议和。

[2]［北齐］颜之推著；庄辉明，章义和译注：《颜氏家训译注》，上海古籍出版社 2016 年版，第 211 页。

一”[1]，在学习技能方面，与其多所涉猎，无一精通，不如专守一项技艺，将之做到极致。颜之推以当时的某位聪明颖悟之士作为例子说明这个道理，这位聪明之士喜好多项技艺，但没有一项能够致用：学习经书不足以备他人的提问，学习史书不足以与他人讨论，所作文章不足以编辑成集子流传后世，所写字帖不足以供人赏玩，卜筮算卦六次中仅能猜中三次，给人治病开药十次只能有五次有效，学习音乐水平在数十人之下，弓矢射箭的能力排在千百人之中，天文、绘画、下棋、游戏、鲜卑语、炼锡为银等统统加以学习，但每一样都只是略知梗概，没有一样能够熟练掌握。颜之推认为，以这个人的聪明颖悟，如果能够将精力集中于某一项技能上，必定能够达到精妙的地步。第二是谨慎上书谏言。颜之推研究古往今来上书陈事的历史，发现最终获得好下场的极少，被贬黜诛杀的居多。上书陈事的历史起源于战国，到了两汉时代，风气更盛，流传更广。若将上书陈事者按照内容进行分类，可以分为四类：上书攻击人主短处的，属于谏诤之徒；上书攻讦群臣得失的，属于诉讼之类；上书陈述国家利害的，属于对策之伍；夹带私情游说君主的，属于游说之俦。颜之推认为这四类上书言事都是出卖忠诚以谋求职位、出卖言语以求得利禄的举动，不但对于实际的事务没有丝毫的益处，而且还有不省事的困扰。历史上严助、朱买臣、吾丘寿王、主父偃等诸多上书言事的人，要么不被君主采纳，直接遭到摒斥；即使侥幸使人主感悟，采纳了其意见，最初给予某些赏赐，最终的结局也是陷入了意想不到的诛杀。这类人之所

[1] [北齐]颜之推著；庄辉明，章义和译注：《颜氏家训译注》，上海古籍出版社 2016 年版，第 211 页。

以能够被载入史册，是取其一点狷介之心罢了；但若以政治得失来论，这种行为却不是守法度的士君子所赞同的。颜之推所处时代的人就很少有这样做的了，并且以此为耻。颜之推认为上书言事者所献计策大多空洞疏薄，只是在自我夸耀才华罢了，其实缺乏经邦治国的大略，大多为秕糠之类的微小事迹，十条之中没有一条值得采纳的。所陈事务纵然有符合当时实际的，也并非人君不知道，而是早就知道却无法实行罢了。等到被人告发其上书陈事怀有私情，与其当面对质，这些上书之人就后悔不迭了。人君为了维护朝廷的名声与教化，纵然暂时容忍了上书之徒，但这只是侥幸，不可当作常事而学习效仿。颜之推认为，负有言责的谏官与此不同，他们应当留心朝政的得失，直言进谏，匡正君主过失，不可偷合苟容，垂头塞耳，装聋作哑，只顾保住自己的禄位。“省事”的第三件事是尽人事而听天命，不过分营求。作为君子，应当修养保守自己的德行，蓄积声价等候时机，即使爵禄最终落不到自己的头上，也能够恬然知命。有人为了谋取功名利禄，奔走趋进，不顾廉耻地与别人比较才能大小，夸耀自己的功德，厉色扬声地东怨西怒，怨天尤人；或者哗众取宠，动摇众人的视听，为自己赢得名声，以求早日获得官职。颜之推认为以这种手段获得官位利禄，无异于偷盗食物衣服以取得饱暖。第四是不可参与他人的非法犯义之事，应当清净自守，远离祸端。颜之推虽然反对参与他人的不义之事，反对答应他人的无理请求，但认为应当对落入穷困的侠士伸出援助之手，周济亲友的危难。

《止足》谈论为人处世应知足而止的道理。天地之间的运行道理是厌恶满和盈的。月满则亏，花盛则败，事物达到它的极盛就会走向衰败。因此，为人处世应当谦虚自守，留有余地，才能免除祸患。自古以来贵为天子、富有四海者如周穆王、秦始皇、汉武帝等不知满足和节制，穷奢极欲，尚且招致败累，况且是普通人呢。颜之推设定的止足标准是，有二十多口人的家庭，安排奴婢不可超过二十人，拥有良田十顷，堂室房屋足以遮蔽风雨，车马足以代替走路，积攒数万钱财用来以防万一。超过这个标准的，就应当将多余的财产散去，用来接济穷人；不足这个标准的，也不要以不符合道义的行为去求取钱财。颜之推说颜家祖先历来的家训是："汝家书生门户，世无富贵；自今仕宦不可过二千石，婚姻勿贪势家。"[1]意思是颜氏家族历来是书生门户，按理来说没有很高的富贵可享，因此做官的话不可做超过二千石俸禄的大官，婚姻的话不可贪慕权势显赫的人家。颜之推自身也认为做官应该处在中流位置，往前看有五十人，往后看有五十人，就足以免除耻辱，省去倾覆的祸患。官位超过此者，就应当引退。

第三，读书治学。颜之推在《勉学》篇系统论述了学习的益处、学习的目的、学习的内容、学习的年龄、学习的方法以及假学的弊端等。关于学习的益处，颜之推认为，学习可以使人增益德行，进而敦厉风俗；可以使人见识广博、多知明达；再实际一点也可以使人有一项技艺以养活自身。在学习以立身立业方面，颜之推认为一个人生存于世界上，必须有一项自己能

[1] [北齐] 颜之推著；庄辉明，章义和译注：《颜氏家训译注》，上海古籍出版社 2016 年版，第 224 页。

做的事业，每一项事业不经过学习是不能成功的。作为农民就应当精心计算耕种收获的日期，作为商贾就应当讨论研究货物的进出，作为工匠就应当致力于器用技术的精巧，作为艺人就应当用心于技艺的提升，作为武夫就应当学习弓箭骑马等技能，作为文士就应当能够讲论经书。千万不可像世间的许多士大夫一样不学无术，对于农商则羞耻于从事，对于工匠技艺则一无所知，让他射箭则不能贯穿一层铠甲，让他写字则仅仅能写下自己的姓名，饱食醉酒终日，无所事事，以此消磨时光，穷尽自己的余生。有志于学者，尚能磨砺自己的本领，成就自己的一份清素的事业。无心学习的人则日益堕落，沦为庸愚之人，等到遇到祸福吉凶的大事的时候，就懵然无知，如堕云雾之中了。

关于学习的目的，颜之推提出：古代的学者学习是“为己”，是为了弥补自身不足；现今的学者学习是“为人”，为了向别人展示自己的博学多才；古代的学者学习是“为人”，即为了推行道理而有利于世人；现今的学者学习是“为己”，即仅仅限于修养自身以求取功名利禄。

关于学习的内容，颜之推认为应当学习经书，学习事理，以及学习古圣先贤的为人做事。首先是“明六经之指，涉百家之书”[1]，读书应当研读《诗》《书》《礼》《易》《乐》《春秋》六经，还应当旁涉诸子百家的书籍。当时士大夫子弟的学习内容是，在数岁之时，就学习《诗经》《论语》，学得多的甚至学习到了“三礼”和“春秋三传”。其次要学习古圣先贤为人处世的原则，以弥补自身的无知和不足。例如，

[1] [北齐]颜之推著；庄辉明，章义和译注：《颜氏家训译注》卷3《勉学》，上海古籍出版社2016年版，第106页。

想要知道应当如何奉养双亲，就要学习古人的先知父母之意而预先为之准备，和颜悦色地侍奉父母，不辞辛劳地为父母提供甘甜的食物，使父母身心愉悦等做法。不知该如何侍奉君主者，就应当学习古人的保守自己的职业使不被侵犯，临危受命，不忘忠诚与进谏，以有利于社稷。如果素来有骄奢的毛病，就应该学习古人的恭俭节用，谦卑自持，以礼作为行为的准则，以敬作为立身的根基，收敛自己骄傲的容貌和志意。素来鄙吝的人，应当学习古人的贵义轻财，减少自己的私欲，凡事忌讳过于满溢，要给自己和他人留有余地，要能周济处于穷困危难的人。素来暴戾凶悍的人，应当学习古人的谨慎小心，贬黜自己，要能够容纳隐忍一些污浊尘垢，要尊重贤人、容纳众人，效仿老子的柔弱胜刚强的道理。素来怯懦的人，则应当学习古人的豁达委命，能够刚强正直，信守承诺，不屈不挠，奋发努力，不被强暴困难所震慑。

关于学习的年龄问题，颜之推指出，最好应当早日教育儿童。因为人在年纪幼小之时，精神容易专一集中，长大成人之后思想杂念繁多，反而容易思虑散逸，因此最好早些教育儿童，不要错过时机。颜之推说自己七岁时背诵的《鲁灵光殿赋》[1]，直到今日，每十年梳理一遍，仍然没有遗忘；而二十岁以后所背诵的经书，一个月不回忆，就完全荒废忘记了。因此应当早日接受教育。但颜之推认为世事无常，假如错过了最佳的学习年龄，也应当发愤自强，不可徒然放弃。历史上有许多大器晚成的例子。比如公孙弘年少时为狱吏，年过四十才开始研治《春秋公羊传》，后

[1]《鲁灵光殿赋》，作者王延寿，字文考，一字子山，东汉辞赋家，少时聪慧，二十岁溺水而死。文考曾随父到泰山从鲍子贞学算学，并到鲁灵光殿（汉景帝之子鲁恭王刘余所建，今已不存，故址在山东曲阜）前"观六艺"，遂作《鲁灵光殿赋》。

被汉武帝任命为丞相；西汉的朱云年少时喜好游侠，直到四十岁才变节跟从博士白子友学习《易经》，跟从萧望之学习《论语》，成为能够继承老师学问的大学者；魏晋时期的皇甫谧二十多岁尚不好学，后被叔母教诲而悔悟，开始学习《孝经》《论语》，博览百家典籍，成为知名的大儒。世间有许多人冠婚成年之后就不再学习，称自己已经迟暮，这种做法是十分愚蠢的。少年人的学习固然如同日出的光芒一样耀眼，但老年人的学习也能如夜间的烛火一样散发光芒，比起闭目而无见的人要好得多了。

关于学习的方法，颜之推指出：第一是应当“明练经文”，“博览机要”，不必“空守章句”。[1]颜之推追溯汉代以来的学习风气，指出汉代的学者大多以一部经书弘扬圣人的道理，上能明晓天时，下能处理人事，因精通一部经书而成为卿相的人有很多。但末世习俗已经不是这样，人们大多拘泥于章句注释的学问，死记硬背老师说的话，让他将所学的知识应用于实际事务，却一件事情也干不成。现在的士大夫子弟，都崇尚博览群书，不肯做专读某一部经书的专儒。当时既能够通晓经书，又博涉文史、博学多才的人有许多，但更多的是乡野鄙夫，他们言辞鄙陋，操行愚昧笨拙，固执专断，却没有任何实际的才干。问他一句话，他能回答数百言，但追问他其中的主旨，他又茫然无知了。邺下有一句谚语“博士买驴，书券三纸，未有驴字”[2]，说的是有一位博士去买驴，与别人订立契约，写了三张纸的内容，还未写到驴字。这虽然是夸张的说法，但也生动形象地说明当时许多人学问

[1] [北齐]颜之推著；庄辉明，章义和译注：《颜氏家训译注》，上海古籍出版社2016年版，第120页。

[2] [北齐]颜之推著；庄辉明，章义和译注：《颜氏家训译注》，上海古籍出版社2016年版，第120页。

的鄙陋冗余。因此，颜之推认为圣人所设的经书是为了教化民众德行，只要明练其中的经文，粗略通晓注释之义，常使自己的言行有所依据，也就足够立身为人了。何必只“仲尼居”三个字就需要写满满两张纸的注疏呢，不论“仲尼居”的“居”字指的是寝卧的居室，还是讲习学问的场所，现在这些场所又在哪里呢，弄清楚这些地方，又有什么意义呢？！因此，学习就应当“博览机要”，博学而掌握其中的要领，使其能够应用到实际中，对于事业有益处，这就足够了。如果有人能够做到既专精于某部经书，又能博览文史，那么对此也挑不出什么毛病了。第二是应当与他人切磋互进。颜之推引用《尚书》“好问则裕”和《礼记》“独学而无友，则孤陋而寡闻”，认为读书学习应当经常与他人切磋讨论以相互启发进步。颜之推以自己所见所闻的一些例子来证明，闭门读书、师心自是，容易孤陋寡闻，犯一些可笑的谬误和差失。比如，《春秋穀梁传》记载公子友和莒挐争斗，手下的人呼叫“孟劳”。“孟劳”其实是宝刀的名字，《广雅》中有记载。但颜之推遇到一个叫姜仲岳的人却坚持认为“孟劳”指的是鲁国的一位力士，姓孟名劳，并且与颜之推苦苦争辩。后来颜之推得到一位博学之人的佐证，才使得姜仲岳承认自己的错误。第三是“必须眼学，勿信耳受”[1]，意思是学问必须亲自去验证真伪缘由，不可道听途说就胡乱引用，强饰文辞。当时有人道听途说，将“霍乱”称为“博陆”，故意显示自己的才学，将两个风马牛不相及的词汇混为一谈，反而闹了笑话。“霍乱”是一种表现为剧烈呕吐、腹泻等症状

[1] [北齐]颜之推著；庄辉明，章义和译注：《颜氏家训译注》，上海古籍出版社2016年版，第143页。

的传染病，“博陆”是西汉时期的著名大臣霍光曾被封为博陆侯。古人常以官职、爵位名称指代某人，“博陆”可以指代霍光，这个人不明白原委，反而将“博陆”用来指代“霍乱”。第四是应当注重训诂文字。颜之推认为文字是经书典籍的根本，语音只是枝叶。通晓文字才能更好地理解古文的意思。但当时流行的风气是，学徒们大多不通晓古字的意思，而且也不重视文字的研究学习。读五经的人，大多重视徐邈的《五经音训》而轻视许慎的《五经异义》和《说文解字》。诸如此类，不一而足。

关于假学的弊端，颜之推指出当时有许多人本没有真才实学，却用钱财收买他人为自己造势。或者有人只是嘴上谈论某种学问，实际的为人行事与所谈论的学问主旨完全背道而驰。抑或有人只是读了几本书，就恃才傲物，看不起他人。这都是颜之推所反对的。

颜之推在《文章》篇系统谈论各类文章的起源、作用，写文章时的注意事项，以及文人的弊端等方面内容。关于文章的起源，颜之推认为各种体裁皆源出于五经。诏、命、策、檄等政治性文章，源出于《尚书》。序、述、论、议等议论性文章，源出于《易经》。歌、咏、赋、颂等诗赋类文章，源出于《诗经》。祭、祀、哀、诔等哀悼性文章，源出于《礼记》。书、奏、箴、铭等讽谏类文章，源出于《春秋》。

关于文章的作用，颜之推认为像朝廷宪章、军旅誓诰等类的政治实用性文章，固然可以推广仁义道德，显扬朝廷和英雄人物的功德，帮助教化民众巩固邦国，

发挥多方面的作用，但抒情性的诗赋文章也可以陶冶性灵，以从容的姿态进行讽谏，使人读之深感有滋味，这种类型的文章也是一大乐事。[1]

关于写文章时的注意事项，颜之推认为，首先是要量力而行，判断自己有无写文章的才华。写文章不同于做学问。做学问可以通过积累的功夫，将原本的粗陋、愚钝磨炼成精深、熟练。但如果本身笨拙，没有写文章的天赋的话，即使绞尽脑汁，精心研究构思，也终将归于鄙陋一类。对于普通的学者来说，只要能够成为一名学士，已足以在社会上立足。如果缺乏写文章方面的天赋才华的话，还是不要强自操笔作文。这是由于颜之推看到许多缺乏才华的人，自以为文章清新华美，其实只是在散播丑陋拙笨罢了。第二是作成一篇文章之后，首先要请教亲人朋友，得到他们的评价，大家都认为文章写得可以了，然后才敢拿出手。千万不可师心自任，自以为自己的文章写得很好，贸然拿出去取笑于旁人。颜之推认为从古至今，拿起笔作文章的人多如牛毛，数不胜数，但真正写得宏伟富丽、精深华美的文章，流传下来的也只不过几十篇而已。因此，对于普通文士作文的要求也不可太高，只要能够做到体裁得当，文章辞义通达，足以供人阅读，就可以称之为有才之士了。假如每作一篇文章就要求其能够震撼世俗、才华盖世，那么恐怕要等到浑浊的黄河水变得清澈才行。第三要明白文章“当以理致为心肾，气调为筋骨，事义为皮肤，华丽为冠冕”[2]，义理思想是一篇文章的核心所在，气韵格调是支撑起文章的筋骨，用典使事只是文章的皮肤，华美的词藻

[1] [北齐]颜之推著；庄辉明，章义和译注：《颜氏家训译注》，上海古籍出版社 2016 年版，第 158-159 页。

[2] [北齐]颜之推著；庄辉明，章义和译注：《颜氏家训译注》，上海古籍出版社 2016 年版，第 173-174 页。

只是修饰文章的冠冕。颜之推认为古人的文章在才华气韵、体制风格方面比当今的文章优秀得多，但是在用词对仗等形式方面还比较粗疏质朴。现今的文章大多做到了音韵和谐，对仗工整，讳避精详，这几方面比古人做得精致。但真正的好文章应当以古人所讲究的气格义理为根本，以现今人所讲究的辞藻音调为末事，不可本末倒置，但对于两者也不可偏废。这两方面都做得好，就是真正的好文章了。第四是写文章要讲求“三易”。所谓的“三易”就是沈约[1]所主张的：“文章当从三易：易见事，一也；易识字，二也；易读诵，三也。”[2]“易见事”指的是文章用典应当通俗易懂，不可过于生僻晦涩；“易识字”指文章用字应当易于识认，不可多用生僻难辨的字；“易读诵”是文章音韵和谐，不佶屈聱牙、艰涩拗口。

关于文人的弊端，颜之推研究古往今来文人的品性和命运，发现能够免于过错和祸患的极少，最终招致损败的极多。比如，宋玉体貌美丽，被当作俳优看待；东方朔滑稽不雅；司马相如因拐带卓文君，获得财产而被世人讥笑无操行；王褒因为《僮约》中写自己曾去过寡妇家，使自己的过错彰显；扬雄因为《剧秦美新》中歌颂王莽新朝，而使自己失德；李陵投降匈奴，遭受耻辱；刘歆对王莽新朝的态度前后反复，最终自杀；傅毅依附权贵；赵壹为人过分骄傲；冯衍因“文过其实”之罪不被重用；马融因谄媚外戚梁冀而被时人讥诮；蔡邕为董卓叹气而被诛杀；吴质依附权贵，轻视乡里；曹植醉酒悖慢而犯法；杜笃请求县

[1] 沈约，字休文，吴兴武康（今浙江德清县）人，齐梁文坛领袖人物，与王融、谢朓共创“永明体”，还提出“四声八病”之说，对格律诗的形成有重要影响。

[2]［北齐］颜之推著；庄辉明，章义和译注：《颜氏家训译注》，上海古籍出版社 2016 年版，第 176 页。

令帮忙没有节制；路粹心胸过于狭隘；陈琳过于粗疏；繁钦性格随意，不遵守法式；刘桢因倔强被罚作苦役；王粲因粗率急躁被嫌弃；孔融、祢衡因任诞狂傲被害；杨修、丁廙因煽动曹植争做太子被杀；阮籍不遵守礼仪，败坏风俗；嵇康恃才傲物，导致灾祸；傅玄因与人忿斗争言而被免官；孙楚矜夸才学，凌侮长官；陆机甘作专权篡位的赵王司马伦的附庸；潘岳贪慕权势富贵，终被赵王司马伦所杀；颜延年负气得罪权贵，而被贬黜；谢灵运性格疏阔，不遵守法度，最终被宋文帝以谋反罪杀死；王融欲矫诏立竟陵王萧子良为帝，后阴谋败露被杀；谢朓因轻侮朝中权贵被陷害至死。天子中富有才华的有汉武帝刘彻、魏武帝曹操、魏文帝曹丕、魏明帝曹睿、南朝宋孝武帝刘骏，这些帝王也是饱受争议，并非纯正的有德之君。像子游、子夏、荀况、孟轲、枚乘、贾谊、苏武、张衡、左思等人，虽然他们在道德上没有什么值得诟病的地方，但最终的结局也是以损败居多。究其原因，颜之推认为是文人所从事事业的属性使然。因为文人们所致力的文章，要求的是人能够充分激发自己的灵感和深情，抒写自己的性灵，这就容易导致人的矜持和骄傲，有的甚至得意忘形而忽视操守自律，从而招致祸端。颜之推又以他所处时代的文人来举例，指出这种缺点更加明显了，文人们假如有一处用典特别恰当，或者某一句文辞特别清巧，就会“神厉九霄，志凌千载”[1]，自我吟诵，自我欣赏，不知道有旁人的存在了。文人的恃才傲物特别容易招致

[1] ［北齐］颜之推著；庄辉明，章义和译注：《颜氏家训译注》卷4《文章》，上海古籍出版社2016年版，第159-160页。

他人的妒恨和诽谤，或者文人自身口无遮拦，讽刺权贵而不知自我检点约束，容易招致祸患，这都是值得深思和防范的。

伍

第五章

唐代家训

关于唐代家训，所保存的资料并不多。帝王家训在史书中几乎没有提及，名臣家训在史书中也涉及较少，文人名士的家训零星散落于他们的诗文集中。值得一提的是，唐代以诗歌形式流传下来的家训较为丰富，如韩愈、白居易、杜牧等均以长诗的形式垂训家人，这大概与诗歌这一文体在唐代十分发达有关。

第一节 帝王家训

唐代帝王家训保存下来的较少，目前可以看到的资料仅有唐太宗李世民教育太子的言论和他所著的《帝范》，主要教导太子以治国理政之道，可以算作帝王家训。从唐太宗李世民对太子的家训中，我们可以看到一代仁君的睿智和洞见，看到他对封建宗亲的全面而清醒的认知，虚心纳谏的胸襟和气魄，知人善任的卓越智慧，文武并用以治国的深谋远虑等。唐太宗的谆谆教诲体现出他对后世子孙守好江山的殷切期望。

李世民（598—649，一作 599—649），祖籍陇

西成纪（今甘肃天水），一说陇西狄道（今甘肃定西）人。唐朝第二位皇帝（626—649 年在位），庙号太宗。唐太宗对太子李治的教育十分严格，自从贞观十七年（643）李治被确立为太子之后，唐太宗常常根据不同的情境，亲自对李治施以教训。比如，唐太宗看到太子将要吃饭的时候，便趁机教导太子稼穑艰难，一饭一米皆出自农人之力，只有不夺农时，才能常有此饭。看见太子骑马的时候，就趁机教导太子马是代替人承受劳苦的，必须按时使马匹休息，不尽用其力。看见太子乘舟的时候，又趁机教导太子，舟可以比作人君，水可以比作黎民百姓，“水能载舟，亦能覆舟”[1]，作为国君怎能不畏惧谨慎呢。见到太子倚靠在弯曲的树木之下，则趁机教导，树木虽弯曲，但得到绳墨的矫正就能变得笔直，国君也是如此，即使自己有什么缺点与不足，接受臣子的进谏和匡救，也能弥补自身不足，并说这是殷商贤相傅说所讲的道理，可以作为太子的鉴戒。[2]

唐太宗李世民著有《帝范》，他在序言中交代自己作此书的缘由：帝王宝器甚重，受命甚难，因此继承大位者应当战战兢兢，常思善始而善终。唐太宗担忧太子李治不能很好地承继大统、治理国家，因此考察自三皇五帝至于隋朝的历朝历代君王的事迹，总结治国理政的经验，传给李治作为教训。李世民言：“所以披镜前踪，博览史籍，聚其要言，以为近诫云耳。”[3]《帝范》分为四卷十二类目，分别从为君之体、任用贤才、谨饬修身、修治文武等方面阐述帝王治国处位之道。

❶ [唐] 吴兢著；裴汝诚等译注：《贞观政要译注》，上海古籍出版社 2016 年版，第 198 页。

❷ [唐] 吴兢著；裴汝诚等译注：《贞观政要译注》，上海古籍出版社 2016 年版，第 198 页。

❸ 王双怀，梁克敏等撰：《帝范臣轨校释》，陕西人民出版社 2016 年版，第 4 页。

唐太宗半身像

《君体》篇讲论为君之大体。所谓为君之大体，指作为人君所应明确的基本道理，所应遵守的基本准则。为君者首先应当明确人民、国家对于君主的意义，以及君主对于国家、人民的意义。李世民认为“人者国之先，国者君之本”[1]，国君首先必须得到民众的拥护，才能拥有国家，人民、国家是一个国君之所以成为君主的根本。人主居于国中，应当如山岳般巍峨耸立，崇高而宁定；应当如日月般贞洁光辉，明照天下万物。国君是亿兆庶民所瞻仰的对象，是天下四方归心的所在。正因君主的地位如此之重，君主更应当

[1] 王双怀，梁克敏等撰：《帝范臣轨校释》，陕西人民出版社 2016 年版，第 16 页。

宽大自己的志向和胸怀，兼容并包天下万物；使自己的心公平明正，制定政策，明断是非；应当恩威并重，以威德震慑远方，以慈厚取得人心；安抚九族主要以仁，接遇大臣主要以礼。祭祀祖先、侍奉双亲要竭尽孝道，居处君位当思谦恭，克己勤劳，致力于奉行德义。[1]

《建亲》篇谈如何处理皇室亲族的关系。李世民认为身处君位、治理天下乃是旷道与重任，必须与人共理之、共守之。国君若想政权稳固，必须与他人共同治理国家。在共治人员的选择上，同姓亲族尤为重要。因为只有同姓亲戚，才能与自己盛衰一心，安危荣辱与共，有效减少兼并与谋逆叛乱。唐太宗总结周、秦、汉的历史教训，认为西周封邦建国，多为同姓宗族，才使得自身国祚绵长，达数百年之久。秦朝采纳李斯的建议，废除分封制而专用郡县制，导致外无扶持，二世而亡。汉初吸取秦亡教训，广封亲族，但超过了应有的限度，使得宗亲壮大，尾大不掉，酿成了七国之乱。[2] 三国时曹魏建立政权，没有分封亲族，导致宗室衰微，外无固守与援助之力，不旋踵而政权落入异姓之手。因此，李世民认为“不亲其亲，独智其智”[3]，即不分封、重用亲族，只以异姓贤才为用的治国任人方略是不可取的，而分封亲族的土地过大、赋予其权柄过重的政策也是不可取的。前者容易导致宗室衰弱，孤立无援，国家重权宝器落于旁人之手，后者则容易导致尾大难掉的反噬之祸。因此应当“众建宗亲而少力”[4]，即众多地分封、任用宗亲而使他们每一个人分到的土地和权力都很少，这样才能使他

[1] 王双怀，梁克敏等撰：《帝范臣轨校释》，陕西人民出版社 2016 年版，第 16 页。

[2] 西汉景帝年间，以吴王刘濞为首，包括楚王刘戊、赵王刘遂、济南王刘辟光、淄川王刘贤、胶西王刘卬、胶东王刘雄渠在内的刘姓诸侯王，以“清君侧”为名发起的一次叛乱。晁错的《削藩策》，直指当时最强大的诸侯王吴王刘濞。这也是七国之乱爆发的直接原因。周亚夫率兵平叛，不过三个月，平息了叛乱。

[3] 王双怀，梁克敏等撰：《帝范臣轨校释》，陕西人民出版社 2016 年版，第 24 页。

[4] 王双怀，梁克敏等撰：《帝范臣轨校释》，陕西人民出版社 2016 年版，第 24 页。

们相互牵制、相互掣肘，不敢妄作非为。中央始终保持对他们的统摄之力，宗族亲戚保持对中央的拱卫保护，国家政局才能长久稳定。[1]

《求贤》篇列举伊尹、吕望、管仲、韩信等人的例子阐明国君应当求贤的道理。唐太宗指出这些人均出身低微卑贱，却辅佐君王建立了丰功伟业。唐太宗认为，作为明君应当“旁求俊乂，博访英贤，搜扬侧陋。不以卑而不用，不以辱而不尊”[2]，在搜求人才方面，应当广泛而博杂地寻找，尤其要访求出身低微的贤才，不可因其地位卑微而不任用，不可因其处境困辱而不尊重。寻求人才时应不遗余力，哪怕付出再多辛苦和努力也在所不惜。而一旦找到贤才，要懂得信任他，令贤才真正发挥分担忧劳、协助治理的作用，达到君王自身垂拱无为而天下治的境界。[3]

《审官》篇谈论使用人才的方法。如同木匠使用不同的木材制造器物一样，笔直的木材应当用来作车辕，弯曲的木材应当用来作车轮，修长的应该使它作栋梁，短小的应该使它作棋角。这样，无论木材长短曲直，都能恰如其分地予以利用，这才称得上是能工巧匠。明主任用人才也是如此，首先要设官分职，明确不同职位对人才素质的要求；其次要了解不同人才的特点，为他们安排合适的位置和职责。足智多谋者取其智慧，愚笨而有武力者取其力量，勇敢者取其威猛，胆怯者取其谨慎。对于各类人才要兼收并蓄。不要因为一点小小的过失而忘记他平日之善，不要因为小小的缺点而掩盖他的大功。要设官分职，使得人尽其材，物尽其用。烹牛之鼎，不可以用来烹鸡；仅可

[1] 王双怀，梁克敏等撰：《帝范臣轨校释》，陕西人民出版社 2016 年版，第 23-24 页。

[2] 王双怀，梁克敏等撰：《帝范臣轨校释》，陕西人民出版社 2016 年版，第 37 页。

[3] 王双怀，梁克敏等撰：《帝范臣轨校释》，陕西人民出版社 2016 年版，第 37-38 页。

捕捉老鼠的狸猫，不可以使它与猛兽搏斗；只有一钧之量的器皿，不可以用它来容纳长江和汉水；可承载百石的车子，不可以仅用它载运斗筲之粟。人之才能各有大小，智慧各有短长，有的人承担百件事务而绰绰有余裕，有的人只负责一件事务也显得吃力。因此，明主应当度德量力，交给各人适合他的岗位和职责。才能较小的不可委之以重任，力量小者不可赖之以成事。分清楚各人的才德，交付以相应的职责，然后期待他获得应有的成效，这样然后还不能完成任务的就加以责罚。知人善用，才能达到君不劳而民自化的境界。[1]

《纳谏》篇谈王者纳谏的必要性。唐太宗认为，王者所处的高远而深幽的位置决定了他耳目的被障蔽。王者对政策的实施情况、百姓的辛劳疾苦，常常难以近距离验视、切身地加以体会，极易被阿谀奉承的臣子所蒙蔽。因此，人主应当警惕自己有过失而不闻、有缺漏而莫补。为此，必须开通劝谏进言的渠道，虚心倾听公正的言论和事情的真相。假若言论真实恰当，即使是仆隶刍荛等卑贱之人所言，也应当听从；言语虚假错误，即使是王侯将相所言，也不予采纳。对于他人进谏的言论，只可以指责他的义理是否通顺恰当，不可以指责他的文采辩论是否华美动听。而昏庸之主的做法恰可引以为戒；他们对于劝说自己的人，不是以威严拒之于千里之外，就是降罪惩罚。臣子们都畏惧诛罚或爱惜俸禄而不敢直言进谏。昏主放纵自己的暴虐之心、荒淫之志而极尽享乐，闭目塞听，永不知晓自己的过失，甚至自以为“德超三皇，材过

[1] 王双怀，梁克敏等撰：《帝范臣轨校释》，陕西人民出版社 2016 年版，第 48-49 页。

五帝”[1]，距离身亡国灭亦不远矣。[2]

《去谗》篇讲述明主务去谗佞的道理。谗佞之徒每日以争夺荣华势利为要务。他们以谄媚阿谀的姿态邀宠于君主，厌恶和忌妒忠良贤能之臣地位在自己之上；他们的志向奸诈邪恶，每每担忧富贵不能先落到自己头上。谗佞之徒往往结为朋党，互相包庇，互相维护，共同欺诈君主，他们玩弄权势，无孔不入，直至登上高位。他们依靠花言巧语和察言观色以亲附主上，以预先猜度并顺从主上的心思来取悦于君主。谗佞之徒是国家的蠹虫贼臣，危害极大。国君若想洞察谗人的奸诈，就必须咨访于哲人，听取逆耳之忠言。唐太宗认为君主之所以容易受到谄谀之人的蒙蔽，是因为他们的言语顺从己心而容易接受，相反，忠诚的言语往往像苦口的药一般难以接受。君主所应做的，正是要明晰药石虽苦口却能消除病患，鸩毒虽甘甜却足以使人殒命的道理，这样才能做到虚心纳谏，远离谄谀之臣。[3]

《诫盈》篇谈论人主应当戒除骄奢淫逸。唐太宗言：“君者，俭以养性，静以修身。”[4]人主应当以俭来涵养自己的德性，以静来修养自己的身心。所谓俭与静，在这里是节制自身欲望，内心宁定，从而节制用度和玩乐的意思。唐太宗认为人主如果喜好奇巧的技艺和淫靡的音乐，喜好凶猛的鸟兽，游玩田猎没有节制，那么加诸人民身上的徭役就会繁重烦乱，人力就会因此而枯竭，继而导致农桑废坏，国家经济凋敝。人主如果过度地在宫室方面追求高台深池，在装饰方面追求雕琢刻镂，在器物方面搜刮珠玉珍玩，在

❶ 王双怀，梁克敏等撰：《帝范臣轨校释》，陕西人民出版社 2016 年版，第 60 页。

❷ 王双怀，梁克敏等撰：《帝范臣轨校释》，陕西人民出版社 2016 年版，第 59-60 页。

❸ 王双怀，梁克敏等撰：《帝范臣轨校释》，陕西人民出版社 2016 年版，第 70-71 页。

❹ 王双怀，梁克敏等撰：《帝范臣轨校释》，陕西人民出版社 2016 年版，第 80 页。

衣服方面追求黼黻刺绣，那么就会赋敛加重，使百姓们苦不堪言，这将导致人才流失与饥寒之患。乱世之君放纵自己的欲望，极尽奢华享受，庙中的神主衣服锦绣，百姓却连短褐之类的贫贱衣服也不完整；富贵人家的犬马吃肉都吃腻了，贫苦百姓却连糟糠也不足。严重的贫富差距，导致神人共愤，百姓们生活在水深火热之中，上下离心，国家的倾覆也就随之而至了。[1]

[1] 王双怀，梁克敏等撰：《帝范臣轨校释》，陕西人民出版社 2016 年版，第 80-81 页。

《崇俭》篇主要讲节用克欲的道理。唐太宗认为人的欲望纷繁杂多，交攻于内，不加以遏制的话，则容易伤害自身。“茅茨不剪，采椽不斫，舟车不饰，衣服无文，土阶不崇，大羹不和。非憎荣而恶味，乃处薄而行俭。故风淳俗朴，比屋可封。”屋顶的茅草不加修剪，椽木不加砍削雕琢，舟车不加装饰，衣服不加纹饰，台阶不加升高，羹汤不加调味，这是尧舜时代帝王节俭的表现，他们并非憎恶荣华和美味，只是以居处简薄而修养俭德。因此，尧舜时代民风淳朴，家家都有可加以封爵的德行。唐太宗举尧舜的例子作为榜样，要求子孙们俭以养德，节制欲望。[2]

[2] 王双怀，梁克敏等撰：《帝范臣轨校释》，陕西人民出版社 2016 年版，第 86-87 页。

《赏罚》篇讲人君施行赏罚的原则。人君之统御民众，就如同上天化育万物。上天以寒暑风雨施加于万物，人君以仁爱赏罚施加于万民。寒暑调和则四时无疾病疫情；风雨不调则年有饥寒。人君以仁爱施予下民，则百姓不凋敝；教化政令失去分寸，则政治有乖违。唐太宗认为人君应当显露惩罚以施行威德，使心怀恶念的人有所畏惧而不敢作恶；明确赏赐以施行劝化，劝导百姓行善。君主赏罚的标准只可用公共的原则而不可以徇私情：某人的行为顺适己心却对国家道德有妨害，那么就不要加以奖赏；某人的行为违逆己心却便利于国家，那么就不要加以刑罚。赏罚的最终效果要使被奖赏的人不感激君主一人，而是感激国法和自己的功劳；被惩罚的人不怨恨君主一人，而知道受罚是自己行为违法所致。[1]

《务农》篇言劝课农桑的重要性。民以食为天，农耕是政治的根本。“仓廪实则知礼节，衣食足则知廉耻”[2]，对于百姓来说，只有保证了衣食温饱，不为饥寒所困扰，不用担忧一日三餐，才能有余力去讲究礼义廉耻。对于国家来说，如果没有足以供给九年的粮食储备，则难以抵抗各种天灾水旱。对于家庭来说，如果没有准备一年四季的衣服，则不足以抵御严寒酷暑。因此，劝课农桑对于国家来说极其重要。然而现实的情况是许多人废弃农桑，而追逐商贾之利，一人耕作而百人食用，唐太宗认为这种害处比秋螟更甚。因此他主张禁绝浮华之业，劝课耕织，使人返归其本业。与劝课农桑相应的是遏制奢侈浮华的风气，这就需要从国君自身开始做起。唐太宗深刻认识到君主自身的德行对于民众的引领作用，君主化育和影响百姓，就如同风行于草上，必定使百草偃伏。君主自身贪婪放纵，不节制欲望，则在下的臣民也多有贪婪安逸的志向。君主不节制自身欲望而仅仅禁止他人为非，无异于添加薪柴而奢望熄灭燃烧的火焰。[3]

《阅武》篇谈论讲武用兵之道。兵甲，是国家的凶器。土地广阔、人口众多的国家，如果君主好战则将使人口凋敝。但完全取缔兵甲也是不可取的。邦国

[1] 王双怀，梁克敏等撰：《帝范臣轨校释》，陕西人民出版社 2016 年版，第 93-94 页。

[2] 王双怀，梁克敏等撰：《帝范臣轨校释》，陕西人民出版社 2016 年版，第 99 页。

[3] 王双怀，梁克敏等撰：《帝范臣轨校释》，陕西人民出版社 2016 年版，第 99-100 页。

即使处于安定的境况中，如果忘记武备，也将陷入危境。国君对待武力的政策应是“不可以全除，不可以常用”[1]。以历史上的徐偃王[2]而论，完全实行仁义之术而不设武备，最终的结果是国家不旋踵而被灭。因此说，武力不可以完全解除。勾践之所以能够复国，在于其勤修武备，教民以战。因此君主应当使民众在农隙闲暇之时，讲习武备，方是居安思危、防备外寇之道。[3]

《崇文》篇讲文武并用的道理。礼乐文学是教化民众、移风易俗的根本。对于一个人来说，不广泛阅读经典，游心翰墨，积累学问，就不能认识人类智慧的根源，不能成就自身。国家应当建立明堂、辟雍[4]等学校，为众多学子创造学习条件，使他们博览诸子百家的文献，精心研读儒家六艺经典，这样才能培养人才，崇道教化。唐太宗认为文与武递相为国家之大用。当国家处于乱世，国家的安宁、政局的稳定依靠战争和武力之时，应当崇尚干戈，而降低文学学术的地位。当国家处于治世，正需偃武修文、德化百姓之时，则应当重视诗书学问，而轻视甲胄武力。文武二道，缺一不可。两者各有其所适宜的情境，只是应当依据国家形势的变化而有所偏重。武士与儒生，二者不可偏废。[5]

[1] 王双怀，梁克敏等撰：《帝范臣轨校释》，陕西人民出版社 2016 年版，第 108 页。

[2] 徐偃王，西周时徐国国君。他治国有方，徐国逐渐发展成为东夷中实力最强的诸侯国。后周穆王以其“僭越”称王、“逾制”建城等罪，命造父联合楚军攻徐。徐偃王主张仁义不肯对战，弃国出走。周穆王封其子宗为徐子，继续管理徐国。

[3] 王双怀，梁克敏等撰：《帝范臣轨校释》，陕西人民出版社 2016 年版，第 108 页。

[4] 明堂为古代帝王所建的礼制建筑物，可举行祭祀、庆功、教学等活动。辟雍是商周时天子所设大学，东汉后作为皇家祭祀之所，北宋末年设为太学的预备学校。

[5] 王双怀，梁克敏等撰：《帝范臣轨校释》，陕西人民出版社 2016 年版，第 114-115 页。

辟雍

第二节 名臣家训

名臣家训中，徐世勣对弟弟李弼的嘱托，体现出他对家族能否安定长久的深切忧虑，对子孙结交非人以致祸的担忧和恐惧；姚崇对子孙的教诫，表现出身居高位者的谨慎戒惧；柳玭对子孙的训诫，继承了柳氏一族历来传承的家风，告诫子孙以立身处世的基本德行。

徐世勣（594—669），字懋功，后改名李世勣，唐高宗永徽年间改名李勣。曹州离狐（今山东菏泽）人。唐初名将，与卫国公李靖并称。徐懋功早年曾投身于瓦岗寨，后跟随李世民南征北战，功勋卓著，为凌烟阁[1]二十四功臣之一。历仕唐高祖、唐太宗、唐高宗三朝，享年七十六岁，封英国公。李勣病危之时，弟弟李弼赶来探望。李勣召集家人举行宴会，宴会结束后，李勣对李弼说，我知道自己快要死了，想要和你作一诀别，我有一些话要嘱咐你。我看到房玄龄、杜如晦、高季辅等人都辛苦地撑持门户，也是希望能将家业传递下去，但最终全部被不肖子孙所败坏。我现今将子孙们托付给你，你要谨慎明察，假若子孙中有不约束自身言行、交结非类的，你要立即将他处死，然后报告朝廷，不可令后世的人嘲笑我，就像我嘲笑房玄龄和杜如晦等人一样。[2]房玄龄和杜如晦是唐太宗时期的名相，房玄龄善于谋略，杜如晦擅长决断，人称“房谋杜断”。房玄龄死后，长子房遗直继承爵位，次子房遗爱娶了唐太宗的女儿合浦公主为妻，但合浦公主与房遗爱涉嫌谋反，均被处死，房遗直也

[1] 凌烟阁是唐代长安太极宫中的殿阁，唐太宗、唐代宗等都曾为追念、表彰功臣，请画师将功臣的形象画在凌烟阁上，以示褒扬。

[2] [后晋] 刘昫等撰：《旧唐书》，中华书局 1975 年版，第 2489 页。

被贬为庶民。杜如晦的次子杜荷娶唐太宗女儿城阳公主为妻，后来参与唐太宗太子李承乾的谋反而被杀，杜荷的兄长杜构被牵连流放。高季辅是唐高宗宰相，其子高正业被上官仪谋反一案牵连，被贬岭表。李勣有鉴于这三家子孙或参与谋反、或被牵连的事情，对徐家子孙的前途深感忧虑，因此才叮嘱弟弟李弼从严治家，切勿使子孙结交非人。

姚崇（650—721），本名元崇，字元之。陕州硖石（今河南陕州区）人。唐朝名相、著名政治家。姚崇曾留下遗令教诫子孙，谈到自己久居高官之位的担忧与戒慎。姚崇指出，自古以来，富贵者最容易招致他人的妒忌和怨恨，因此德行浅薄而能久居富贵者如凤毛麟角，所以自己是“位愈高而益惧，恩弥厚而增忧”，在患病的时候立即举荐贤人代替自己，因而能够退处居家。姚崇交代自己的身后事，命令子孙一定要将自己薄葬，他列举了古代贤者薄葬的例证，指出不宜消耗生者的衣食之资，为死者奢侈厚葬。姚崇还叮嘱子孙在自己死后，不得大办佛事，抄经写像，耗费家财。[1]

柳玭（？—894），京兆华原（今陕西铜川）人。柳玭是唐朝兵部尚书、河东节度使柳公绰的孙子，唐代名臣、书法家柳公权的侄孙，天平军节度使柳仲郢的儿子，他自身官至御史大夫。柳氏家族在唐朝累代为高官，享有盛誉，很大原因就在于其家族严明的家训。柳玭撰有《柳氏叙训》，总结柳氏家族治家训子的智慧。在《柳氏叙训》中，柳玭讲述了祖父柳公绰教导兄弟子侄的事迹。柳公绰每逢不上朝的闲暇之日，

[1]［后晋］刘昫等撰：《旧唐书》，中华书局 1975 年版，第 3026-3029 页。

即命令诸位子侄们在清晨穿戴整齐，聚集于中门之北问候长辈。白天柳公绰聚集弟弟柳公权以及诸位堂弟在小斋中处理事务，到了黄昏举烛时分，则命令子弟中的一人手持经史之书，朗读一遍，然后兄弟子侄们一起讨论为官治家之法，或者谈论文章、听人弹琴。到了休息时间，大家散去，又一起聚集于中门之北举行昏定之礼。这种规矩坚持了二十多年而未尝改变。[1]柳玭记录柳家家法：“立身以孝悌为基，以恭默为本，以畏怯为务，以勤俭为法，以交结为末事，以气义为凶人。肥家以忍顺，保交以简敬。”[2]意思是立身要以孝顺父母、友爱兄弟为基础，以恭敬端默为根本，以畏怯谨慎为要务，以勤俭节约为方法，以交结众多朋友为末流之事，以讲究江湖义气为凶险之人。忍耐柔顺是发家致富的法宝，简洁尊敬是保持交往的要道。柳玭认为令自身名声毁坏、遭遇灾祸，令祖先蒙羞、家族覆灭的过错主要有五件。第一是贪图安逸，一旦见到有利于己的，则不听他人的建议，肆意妄为；第二是不学无术，对于儒家学说和先贤古圣之道不了解而不以为耻，反而厌恶别人有学问；第三是嫉贤妒能，对于胜过自己的人就妒忌他，对于巴结讨好自己的人就喜欢他，只喜好和别人谈笑玩乐，不思考古代的道理，思想偏颇邪僻，败坏德义；第四是喜好漫游、耽于饮酒作乐，认为沉迷酒事的才是高人，反而以勤劳事业者为俗人；第五是急功近利，急于求取功名利禄，亲昵巴结权贵。柳玭认为这五种毛病比人患有痤疽等病还要严重，痤疽尚且有药可医，而这五种过错则无药可救。[3]

❶楼含松主编：《中国历代家训集成（第一册）》，浙江古籍出版社2017年版，第94页。

❷[后晋]刘昫等撰：《旧唐书》，中华书局1975年版，第4308-4309页。

❸[后晋]刘昫等撰：《旧唐书》，中华书局1975年版，第4308-4310页。

第三节 文士家训

文人名士家训中，韩愈以五言长诗训诫儿子，诗中以富贵的生活场景激励儿子用功读书、求取功名，虽然韩愈的这首诗被后人讥讽为庸俗，但贵在用语坦诚而不伪饰；白居易写给新婚妻子的诗句，表达了与妻子清贫相守一生、无相怨尤的愿望；元稹对侄子们的教诲，论述了自身求学的艰辛，表现出无以回报家人的愧疚；李恕对家中男女的教育，体现出其对女子的重视；杜牧对侄子的夸赞与勉励，表现出对侄子的深深喜爱和寄予厚望。

韩愈（768—824），字退之，河南河阳（今河南孟州）人，自称“郡望昌黎”，世称“韩昌黎”“昌黎先生”。唐代官员，著名诗人、文学家。元和十年（815），韩愈作《示儿》诗，以五言诗的形式垂训后人：

始我来京师，止携一束书。
辛勤三十年，以有此屋庐。
此屋岂为华，于我自有余。
中堂高且新，四时登牢蔬。
前荣馔宾亲，冠婚之所於。
庭内无所有，高树八九株。
有藤娄络之，春华夏阴敷。
东堂坐见山，云风相吹嘘。
松果连南亭，外有瓜芋区。
西偏屋不多，槐榆翳空虚。

山鸟旦夕鸣，有类涧谷居。
主妇治北堂，膳服适戚疏。
恩封高平君，子孙从朝裾。
开门问谁来，无非卿大夫。
不知官高卑，玉带悬金鱼。
问客之所为，峨冠讲唐虞。
酒食罢无为，棋槊以相娱。
凡此座中人，十九持钧枢。
又问谁与频，莫与张樊如。
来过亦无事，考评道精粗。
躍躍媚学子，墙屏日有徒。
以能问不能，其蔽岂可祛。
嗟我不修饰，事与庸人俱。
安能坐如此，比肩于朝儒。
诗以示儿曹，其无迷厥初。[1]

这首诗大部分篇幅都在描述作者现在所拥有的富贵安乐的生活，从而从侧面激励儿子用功读书，取得功名。韩愈说自己经过三十年的奋斗，才拥有了现在的屋庐和相应的成就。这个屋庐虽然不是特别华丽，但中堂高大宽敞而且崭新，可以用来宴请宾客，供馔于亲属，冠礼、婚礼的举行都在此地；庭院内有八九株高大的树木，藤蔓缠绕，春天开花而夏天提供阴凉；坐在堂内可以看见远处的高山和白云，屋外有着松树、果树和各类蔬菜瓜果；西面屋宇不多，槐树、榆树形成空虚阴凉的气氛，山鸟早晚鸣叫，使人感觉好像住在山涧峡谷中一样。韩愈自己被封为高官，主

[1] [唐]韩愈著；钱仲联，马茂元校点：《韩愈全集》，上海古籍出版社1997年版，第84页。

妇负责治理家事，接待远近亲疏客人，子孙也受到荫蔽。往来的客人均为衣着华贵的卿大夫，宾客们以酒食棋槊自娱自乐，所谈论的都是道德文章。在大篇幅地铺叙华美安闲的生活场景之后，笔锋一转，韩愈反问："嗟我不修饰，事与庸人俱。安能坐如此，比肩于朝儒。"意思是如果我不自我砥砺修饰的话，就与庸人一样了，又怎能过上现在这样美好的生活，和朝廷硕儒比肩呢？这句话点明了这首诗的主旨，是为了劝诫儿子努力求学，只有这样，才能取得功名利禄。

元和十一年（816），韩愈作《符读书城南》，可以和《示儿》诗相对照而读：

木之就规矩，在梓匠轮舆。
人之能为人，由腹有《诗》《书》。
《诗》《书》勤乃有，不勤腹空虚。
欲知学之力，贤愚同一初。
由其不能学，所入遂异闾。
两家各生子，提孩巧相如。
少长聚嬉戏，不殊同队鱼。
年至十二三，头角稍相疏。
二十渐乖张，清沟映污渠。
三十骨骼成，乃一龙一猪。
飞黄腾踏去，不能顾蟾蜍。
一为马前卒，鞭背生虫蛆。
一为公与相，潭潭府中居。
问之何因尔，学与不学欤！
金璧虽重宝，费用难贮储。

学问藏之身，身在则有余。
君子与小人，不系父母且。
不见公与相，起身自犁锄。
不见三公后，寒饥出无驴。
文章岂不贵，经训乃菑畬。
潢潦无根源，朝满夕已除。
人不通古今，马牛而襟裾。
行身陷不义，况望多名誉。
时秋积雨霁，新凉入郊墟。
灯火稍可亲，简编可卷舒。
岂不旦夕念，为尔惜居诸。
恩义有相夺，作诗劝踌躇。[1]

[1] [唐] 韩愈著；钱仲联，马茂元校点：《韩愈全集》，上海古籍出版社1997年版，第90页。

诗中言，人生之初，人与人之间没有大的差别，随着年龄的增长而慢慢显示出不同，至成年之后就形成云泥之别了：有的位至公卿贤相，有的沦为马前卒；有的成为龙，有的沦为猪。造成这巨大差距的原因就在于学与不学。即使是出身农家的人，只要勤读诗书经训，也有可能跻身高位。而虽为三公的后人，如果不学无术，也会导致家道败落。所以韩愈劝诫后人要珍惜时光，勤于读书，博通古今，通晓礼义，才能成为“人中之龙”。

白居易（772—846），字乐天，号香山居士，又号醉吟先生，祖籍山西太原，到曾祖父时迁居下邽，生于河南新郑。白居易是唐代著名诗人，新乐府运动的倡导者之一，代表作有《长恨歌》《琵琶行》《卖炭翁》等。白居易曾写有《赠内》诗，以亲切深情的口吻，叮咛嘱咐新婚妻子，又似发下与妻子同甘共苦、白头偕老的誓愿：

生为同室亲，死为同穴尘。
他人尚相勉，而况我与君？
黔娄固穷士，妻贤忘其贫。
冀缺一农夫，妻敬俨如宾。
陶潜不营生，翟氏自爨薪。
梁鸿不肯仕，孟光甘布裙。
君虽不读书，此事耳亦闻。
至此千载后，传是何如人？
人生未死间，不能忘其身。
所须者衣食，不过饱与温。
蔬食足充饥，何必膏粱珍？
缯絮足御寒，何必锦绣文？
君家有贻训，清白遗子孙。
我亦贞苦士，与君新结婚。
庶保贫与素，偕老同欣欣。[1]

这是白居易新婚时写给妻子的诗，诗中以四对身处贫贱却相敬如宾的夫妻为榜样，勉励自己的妻子能够安贫乐道、甘守清贫，表达了白居易愿意与妻子相亲相敬、白头偕老的志愿。黔娄是春秋时期（一说是战国时期）的隐士，家中穷困却不肯出外做官，他的妻子理解夫君正直不阿的志向，甘于贫贱，并能在黔娄死后继承并阐明其夫的志向。[2] 冀缺，即郤缺，是春秋时期晋国的大夫，郤缺曾因父亲有罪，被贬躬

[1] [唐] 白居易著；顾学颉校点：《白居易集》，中华书局 1999 年版，第 15 页。

[2] 张涛译注：《列女传译注》人民出版社 2017 年版，第 88 页。

耕于田野，妻子送饭至田里，夫妻二人相处时相敬如宾。[1]陶渊明不为五斗米折腰，辞官归隐田园，但家中贫困，经常缺衣少食，萧统《陶渊明传》说陶渊明的妻子翟氏，也能安于勤苦，与陶渊明志向相同。梁鸿是东汉人，家中贫困而保持高尚的节操，妻子孟光尊敬夫君，侍奉吃饭时常举案齐眉。白居易对妻子说，古人尚且能够做到生同室、死同穴，贫贱时亦相敬如宾、至死厮守，更何况是你我呢。你虽然不读书，但这些人的事迹你也耳闻过，我们也应当效仿先贤的做法，不然千载之后人们又会怎样传说我们呢。人生在世，不能忘记修身正直，人的需求无非也就是衣和食，衣服只要缯絮就足以御寒了，何必一定需要锦绣？食物只要蔬菜粗食就可以糊口了，何必一定要膏粱珍馐？再说你家也有遗训，要将清白的名声遗留给子孙。希望我们能安于贫贱与清白，我与你愉快地白头偕老。

元稹（779—831），字微之，别字威明，河南洛阳人。唐朝大臣，著名诗人、文学家，新乐府运动的倡导者之一，代表作有《莺莺传》[2]和《遣悲怀》三首等。元稹《诲侄等书》主要讲述了自己幼年时求学的辛苦，以及兄长对自己的教诲之恩，他勉励侄子们要多读诗书，以求得荣耀和显达。信中，元稹首先谈及元家世代秉持的节俭清贫的家风，先人常担忧置办产业会使子孙怠惰，因此家里并没有买多余的田地；元稹的兄长，也就是侄子们的父亲，二十多年来仅仅以下士等级的俸禄辛苦维持着家计，其中一半资财是外出羁游才得来的，勉强能够供给家用。因此，元稹命侄子们以自己的父亲为学习的榜样。其次，元

[1] 郭丹，程晓青，李彬源译注：《左传》，中华书局 2012 年版，第 564 页。

[2]《莺莺传》一名《会真记》，唐传奇名篇，讲述的是张生与崔莺莺恋爱，后来又将她抛弃的爱情悲剧。张生对表妹莺莺一见倾心，在婢女红娘的帮助下两人定情。后来张生赴京应试未中，滞留京师，最终变心。一年多后，莺莺另嫁，张生也另娶。

稹叙述了自己求学做官的经历，他说自己小的时候并不聪明，十岁能够识字读书，当时并没有老师朋友教导自己，每次读书都是从曹家借书，然后拿着书徒步到陆姐夫家里请教，十分地凄惶勤苦。十五岁时明经及第，又拿着先人留下来的旧书俯仰沉吟，度过了十年苦读的时光，才勉强得到一点官职和名声。想到自己多年读书却未能对兄长和亲戚有所回报，内心感到十分愧疚。最后，元稹教诫侄子们要抓紧时光用功读书，他说："今汝等父母天地，兄弟成行，不于此时佩服诗书，以求荣达，其为人耶？其曰人耶？"以严厉的口吻教训侄子们：不读书的话还算是人吗，还能称得上是人吗？元稹告诫侄子们出入游从，要谨慎交友。元稹拿自己举例，说自己虽然在京城长大，结交的朋友不少，但其实从未认识倡优之门的人，从不曾到喧哗之地纵观游玩。他告诫侄子们千万要努力，不可有一点点的抛弃和懈怠。[1]

李恕，唐中宗（683—684年、705—710年两度在位）时县令，生卒年和生平事迹不详。据研究者考证，李恕可能是唐朝名士李知本的儿子。李知本以治家严谨、阖家和睦闻名，全家上下子孙多达百余口人，但从无财物纠纷和僮仆作奸犯科等事。据说，连盗贼经过其门都不入，相互训诫说："无犯义门。"[2]李恕作有《戒子拾遗》，专门用来训教子女。现今已无完整的传本，其书被收录于南宋刘清之所辑录的《戒子通录》一书中，共收录有十八则内容。刘清之关于《戒子拾遗》的解题说："李恕，唐中宗时县令。以崔氏《女仪》戒不及男。《颜氏家训》训遗于女，遂

❶［唐］元稹撰；冀勤点校：《元稹集》，中华书局2015年版，第409-411页。

❷［后晋］刘昫等撰：《旧唐书》，中华书局1975年版，第4918页。

著《戒子拾遗》十八篇，教男女。令新妇子孙，人写一通，用为鉴戒。”[1]意思是：李恕感叹于崔氏《女仪》只有对女儿的教诫，不涉及男儿，而《颜氏家训》大多为对男儿的训诫，涉及女子较少，因此专门著作《戒子拾遗》一书，对男女均施以教训。因解题中说李恕著《戒子拾遗》十八篇，因此有人认为《戒子通录》中所辑录的这十八则内容就是《戒子拾遗》的全貌。从现存的十八则来看，主要分为对男子的教育和对女子的教育两部分内容。

[1] 楼周秀才等编：《中国历代家训大观（上）》，大连出版社 1997 年版，第 116 页。

对男子的教育主要涉及男子成长阶段的治学问题、如何做官问题、如何修身养性以及如何处理与家人的关系等。关于男子成长阶段的治学，李恕认为，男子在六岁的时候，应当教给他各种名词和辨别方位。七岁的时候，学习《论语》和《孝经》。八岁时，诵读《尔雅》和《离骚》。十岁时，出外拜师求学，居住在外。十一岁时，专门学习和研究两部经书。十五岁时，应当能够接待各方宾客，彬彬有礼。科举及第之后，也不可荒废光阴，应当花费三四年的时间，摒除繁杂人事的干扰，专心研究讲论经籍史传，使自己对这些都能熟练记忆，张口就能道出。到了二十岁弱冠年纪时，在学问上应能做到博综古今，在品行上应仁孝忠贞，温恭谦顺。如果在科举及第之后就荒怠学业，贪图安逸，每日只知穿着美丽的绮罗衣服，弄姿顾影，白天在酒肆玩乐，夜晚在娼楼住宿，李恕认为这样的人与犬马无异。

关于如何做官，李恕认为，身居九品的位置，处于百僚之下，应当清白勤劳，自我勉励，处事公平真

诚，不做亏心事，侍奉长官要忠诚，对待僚友要谦虚恭敬，在说话、做事之前都应当考虑清楚再行动，不要轻易对他人他事评论褒贬，议论得失。作为官员在处置犯人时，应当按照法令行事。施加在犯人身上的枷杖都有明确的规定，应当遵守规定而行。如果按照自己的喜怒，擅自加重刑罚，施加粗杖大枷，那么只能发泄一时的愤怒，却招致终身的毁败。在书写公文呈报上司时，应当言语谨慎，不可以讥笑玩弄同僚，招惹是非，树立怨恨。在日常与他人的相处中，应当谦虚谨慎，对待同僚应当虚心接引，对待同乡长老、有德之士应当以礼接待，绝不可以态度张狂蛮横，口出恶言。因为如果辱骂父亲，他的儿子也会连带着怨恨自己，如果辱骂兄长，他的弟弟也会连带着怨恨自己，口不择言只会结下无数的仇怨。如果自己只是县丞、县尉之类的辅助县令的官，就应当将宣扬教化、镇抚豪强的权威交给县令，千万不要越俎代庖，专擅指挥，显示自己的威风，沽名钓誉，使得认识自己的人寒心，使得旁观者切齿愤恨。只要能够做到自身端正，不在公庭上妄自嬉笑，站立时不偏倚，坐着时身必端正，修养自己以安定他人，那么人们自然会心怀自己、敬畏自己。李恕告诫家中后生，一开始从卑微的官位做起的，那么自己的俸禄仅仅是足以代替耕作所得罢了，应当减少侍奉的下人，节省家里的用度，平日应当将家门关闭，使家童们收敛行迹，不要随意出门，招摇在外。与他人的经济往来应当清楚明白，如果借了他人的钱物，应当按照原数及时归还，不可染上贪婪侵夺的名声。

在修身养性方面，李恕告诫子孙，在官职闲暇之时，应当读书学习以滋润自身。假如家中的经史收藏不足，应当舍得花费钱财购买书籍，他认为书籍才是可流传百代的珍宝。但李恕反对子孙阅读阴阳卜筮之类的书籍。射箭、弹琴是适宜君子的锻炼身心、怡情悦性的方式，但其余无益而有害的技术就不可以去沾染。对于酒，李恕认为酒是举行冠昏典礼、使宾主尽欢的重要工具，但不应过度沉溺于此，导致德行有亏。他告诫子孙，在酒气还未散尽的时候，不可以参与朝廷公事；饮酒后面色还未复原的时候，不可以呵斥百姓。

关于如何处理与家人的关系，李恕主张废除流传已久的嫡庶之分。他认为兄弟被强分嫡庶，构成了许多的痛苦悲剧。兄弟们虽然不是同一母亲所生，但身上骨血相通，强分嫡庶将导致儿子怨恨父亲，跟着母亲们相互妒忌倾害。因此，李恕命令儿子们要感念同生的恩德，不要重蹈世俗嫡庶之分的覆辙。

对女子的教育主要为女子成长阶段的安排以及女子的德行等问题。关于女子成长阶段的安排，李恕认为女子在七岁的时候应当教她《女仪》《孝经》《论语》，让她学习行步容止等方面的礼节。十岁学习纺织，跟着家长观看祭祀事宜，学会准备一些酒浆等物。十五岁举行及笄礼，十七岁出嫁。他认为女子的德行在于贞静，家庭内部的言语不应当传到闺房之外，郑卫之音不是女子所可以学习的，出外游玩等乐趣最好也不要有。女子应当将家里日常所需的东西预备充足，家具等物品不可随意借给他人，也不可以随意接受他人的馈赠，要杜绝与外人不必要的往来。作为家庭主妇，应当熟悉家谱，记忆家族亲戚的尊卑亲疏辈分，了解他们的吉凶事宜，按照礼节接遇亲戚，将各种事情安排妥当。不同于世俗“女子无才便是德”的想法，李恕认为女子应当读书，学习一些文化知识，粗略通晓古今成败的道理，熟悉古代女子的得失，这样才能明事理，更好地处理家事。[1]李恕虽然相对别人来说，注意到了对女子的教育问题，有一定的进步性，但他没有脱离当时的主流观念，仍然认为女子应当端庄娴静，以顺从为美德，即使提倡女子读书学习，也不是为了女子自身的发展，而是要使女子更好地为家庭服务。

[1] 楼含松主编：《中国历代家训集成（第一册）》，浙江古籍出版社2017年版，第88-92页。

宋高宗书女孝经，马和之补图，画中为女子纺织场景

杜牧（803—852），唐京兆万年（今陕西西安）人，字牧之。晚年居樊川别业，世称杜樊川。唐朝大

臣，著名诗人、文学家。杜牧曾写有《冬至日寄小侄阿宜诗》：

小侄名阿宜，未得三尺长。
头圆筋骨紧，两眼明且光。
去年学官人，竹马绕四廊。
指挥群儿辈，意气何坚刚。
今年始读书，下口三五行。
随兄旦夕去，敛手整衣裳。
去岁冬至日，拜我立我旁。
祝尔愿尔贵，仍且寿命长。
今年我江外，今日生一阳。
忆尔不可见，祝尔倾一觞。
阳德比君子，初生甚微茫。
排阴出九地，万物随开张。
一似小儿学，日就复月将。
勤勤不自已，二十能文章。
仕宦至公相，致君作尧汤。
我家公相家，剑佩尝丁当。
旧第开朱门，长安城中央。
第中无一物，万卷书满堂。
家集二百编，上下驰皇王。
多是抚州写，今来五纪强。
尚可与尔读，助尔为贤良。
经书括根本，史书阅兴亡。
高摘屈宋艳，浓熏班马香。
李杜泛浩浩，韩柳摩苍苍。

近者四君子，与古争强梁。
愿尔一祝后，读书日日忙。
一日读十纸，一月读一箱。
朝廷用文治，大开官职场。
愿尔出门去，取官如驱羊。
吾兄苦好古，学问不可量。
昼居府中治，夜归书满床。
后贵有金玉，必不为汝藏。
崔昭生崔芸，李兼生窟郎。
堆钱一百屋，破散何披猖。
今虽未即死，饿冻几欲僵。
参军与县尉，尘土惊劻勷。
一语不中治，笞箠身满疮。
官罢得丝发，好买百树桑。
税钱未输足，得米不敢尝。
愿尔闻我语，欢喜入心肠。
大明帝宫阙，杜曲我池塘。
我若自潦倒，看汝争翱翔。
总语诸小道，此诗不可忘。[1]

诗中对小侄子阿宜的形貌、意气、读书、礼仪进行了全方位的夸赞，表达了杜牧对侄子的深切喜爱。在喜爱的同时，杜牧也对侄子抱有殷切的期望，诗中多次祝愿侄子能够做官富贵，能够长命百岁。因此，杜牧论述应当学习的经书和贤人的文章，开列给侄子，希望侄子能够先以经书扩充根本，继之以史书明确兴亡成败的道理，然后涉猎屈原、宋玉、司马迁、班固、

[1] [唐]杜牧撰；何锡光校注：《樊川文集校注》，巴蜀书社 2007 年版，第 67-69 页。

李白、杜甫、韩愈、柳宗元等人的诗赋文章，增长自己的文才。杜牧希望侄子珍惜时光，“读书日日忙”，“一日读十纸，一月读一箱”，这样才能在将来有用于朝廷，才能获取官职如同牧羊一般容易。

第六章

宋辽金元家训

宋代家训材料和唐代比起来有所增多，但仍不够丰富。帝王家训材料所见较少，正史中对帝王家训记载较少，仅可从各类资料汇编著作或笔记中窥见一斑。名臣家训材料较为丰富，内容涉及面广，具有较高的价值。文人家训材料较少，仅可从零星的记载中观察文人对家人的训诫情况。目前所见关于辽金元时期的材料较少，仅有零星的资料勉强可以算作家训。

第一节　帝王家训

帝王家训中，宋太祖赵匡胤对公主披服翠羽短襦的训诫，可以看出赵匡胤崇尚节俭的作风、仁民爱物的仁心，以及以身作则的帝王觉悟；宋太宗赵匡义对皇室子弟谆谆教诲，告诫他们节俭朴素、节制欲望、虚心纳谏、听事以理等道理，并以自身作为例子，现身说法，增强了劝诫的说服力；宋仁宗赵祯对宠妃不要接受臣僚馈赠的教诫，表现出宋仁宗对家人的管束，以及些许在情感与原则之间难以平衡的无奈。辽圣宗皇太后曾训诫辽圣宗减少田猎，节制欲望。金世宗诏

令皇太子勤修道德，明信赏罚。金章宗劝诫兖王永成节制谨慎，修身养德，以史为鉴。

赵匡胤（927—976），涿郡（今河北涿州）人。后周大将。北宋开国皇帝（960—976 年在位），庙号宋太祖。宋太祖赵匡胤崇尚节俭，并曾以此教训家人。永庆公主曾身穿满是翠羽装饰的短襦入宫。宋太祖看到后，命令永庆公主将这件翠羽衣交给自己，并让她从今往后再也不要穿这类衣服。永庆公主辩驳，认为这件衣服耗费不了多少翠鸟的羽毛。宋太祖教训道，公主常服此类服装，宫闱内外的亲戚贵妇必定效仿，届时翠羽的价格就会提高，民众追逐利益的必定会辗转贩卖，这样，就会有更多的翠鸟遭到迫害，伤害生灵渐渐增多，这些罪过实在都是由于公主你引起的啊。赵匡胤教导公主说：“你生长在富贵之中，应当珍惜福分。”[1]意思是让公主不要过分奢侈，败坏自己的德行乃至福分。

[1] 苏智恒主编：《中华传世家训》，团结出版社 2018 年版，第 54 页。

赵匡义（939—997），北宋第二位皇帝（976—997 年在位），庙号为宋太宗。本名赵匡义，后因避其兄宋太祖赵匡胤的名讳而改名赵光义，即位后又改名为赵炅。宋太宗赵匡义曾经训诫皇室子弟，命令他们克己节俭，听纳忠言。赵匡义说，自己自即位以来已经十三年了，一贯秉持着节俭朴素的作风，在外杜绝游玩观赏的乐趣，在内拒绝声色的娱乐。这是自己多年来坚持的真实情况，并非为了教训众人而虚伪夸饰。皇室子弟生于富贵，长于深宫，对于庶民的艰难困苦，对于人情的真实善恶，必然难以知晓。因此宋太宗才亲自教诲皇室子弟应当注意的基本事项，希望他们牢记：身为皇子亲王，必须克制自己，节制自身的欲望和情感，虚心听从忠言和采纳教诲；每穿一件衣服，就要怜悯养蚕织布妇人的不易，每食一餐饭，就要感念农夫耕作的辛劳；听事断案，必依据事理，不可以按照个人的喜怒感情做决断；必须勤于自身职事，以礼接遇群臣，不能倚恃自己的长处和优势，而鄙视他人的短处。只有这样，才能长保富贵。[1]

① 苏智恒主编：《中华传世家训》，团结出版社2018年版，第58页。

宋太祖坐像

赵祯（1010—1063），宋真宗赵恒第六子，初名赵受益，北宋第四位皇帝（1022—1063年在位），庙号宋仁宗。宋仁宗曾多次训诫所宠爱的张贵妃不要接受臣僚的馈赠。有一次，宋仁宗来到张贵妃的住处，看见定州的红瓷器，就问张贵妃是从何处得来的。张贵妃回答说是王拱辰[1]所献。宋仁宗于是训斥张贵妃："我曾经训诫你不要和臣僚往来、接受他们的馈赠，你怎么不听话呢？"于是生气地用自己所拄的手杖将红瓷器击得粉碎。但是这次之后，张贵妃仍然没有收敛，最终酿成了数位臣子的祸端。张贵妃在上元宴会陪着宋仁宗玩乐，当时穿着一件叫作"灯笼锦"的服装，宋仁宗就问她这是从哪里得来的。张贵妃回答说是文彦博所献，宋仁宗当时就很不高兴。后来文彦博升任宰相，台谏之官唐介上书弹劾文彦博的过错，其中就包括"灯笼锦"的事。最终，唐介因为对宋仁宗失礼，而被远谪；文彦博也因此被贬为许州通判。后来，梅尧臣为唐介鸣不平，作有《书窜》一诗，其中提到"灯笼锦"事件，辛辣地讽刺文彦博对张贵妃的谄媚。[2]

辽圣宗朝的皇太后在统和十五年（997）曾训诫辽圣宗（972—1031，982—1031年在位）说，前代圣人有言：欲望不可以放纵。我儿你是天下之主，却喜好驰骋田猎，万一有不测的变故，将给子孙留下祸患。你一定要深深地警戒呀！[3]

[1] 王拱辰（1012—1085），北宋诗人。原名王拱寿，字君贶，十七岁时参加科举考试，举进士第一，仁宗赏识，赐名拱辰。

[2] [宋]邵伯温撰：《闻见录》卷二，见朱易安，傅璇琮等主编：《全宋笔记·第二编 七》，大象出版社2006年版，第111页。

[3] [清]缪荃孙编；任继愈主编：《辽文存》，吉林人民出版社1998年版，第12页。

宋太宗立像

●宋真宗坐像

●宋仁宗坐像

金世宗（1123—1189，1161—1189年在位）大定十一年（1171）曾下诏皇太子说，我儿你在皇储的位置上，我为你管理天下，你应当没有什么需要操心经营的事情。你只需要不忘记祖宗淳厚的风气，以“勤修道德为孝，明信赏罚为治”[1]就够了。当初唐太宗曾经对他的儿子李治说：“我讨伐高句丽却不能完结，你即位后可以继续做这件事。”像这样的事情，我是不会遗留给你的。辽国有一个海滨王，因为国人都爱自己的儿子，就心生嫉妒杀死了儿子，这是什么道理啊。自己的儿子被众人所爱，越发是好事情啊，竟然因此而杀掉自己的儿子，像这样怎能不灭亡呢。唐太宗是有道之君，但他曾对儿子李治说：“你对李勣没有什么恩惠，我现在借故将他远逐，我死之后，你就立即授予他仆射的职位，那么他一定会感激你而誓死效力了。”作为众人的君主，哪里用得着虚伪呢？受恩于别人的父亲，哪里会忘记回报他的儿子呢。我驾驭臣下就不像唐太宗那样，我只是依靠诚实罢了。[2]

金章宗（1168—1208，1189—1208年在位）明昌二年（1191）曾赐给兖王永成一封诏书，大意是兖王曾因田猎的事扰民，被宪台官告到朝廷，金章宗虽然想要徇私庇护兖王，但无法违背国法公议，不得已之下，只得解除兖王原先的职位，命兖王回到世袭的封地。金章宗说，祖宗建立法度不敢偏私于某一人，但你我骨肉至亲，岂是因远隔千里就能够被别人疏远离间的？我只是以这个退职闲居的小小惩戒，想要成就善始善终的大恩罢了。经书上说：“在上不骄，高而不危。”因此知道节制谨慎是修身的根本，骄矜傲

[1] [清]庄仲方编；任继愈主编：《金文雅》，吉林人民出版社1998年版，第154页。

[2] [清]庄仲方编；任继愈主编：《金文雅》，吉林人民出版社1998年版，第154页。

慢是败德的根源。我每每以此自我勉励，现在也以这句话告诫你。昔日东平王（汉明帝的同母弟）“为善最乐”，所以能够成就不朽的名声；梁孝王（汉景帝的同母弟）骄奢淫逸，最终导致忧疑而死。前人的行事可以作为现在的龟鉴。你文武兼备，多才多艺，只要遵循正道行事，有什么不可以的呢。假如能够德业日新，就不用担忧不能得到复职和提拔了。[1]

[1] [清] 庄仲方编；任继愈主编：《金文雅》，吉林人民出版社 1998 年版，第 155 页。

第二节　名臣家训

名臣家训中，范质的《诫儿侄八百字》，以五言长诗的形式训诫子侄，言辞恳切，事理通透明白，读之令人感动；王旦对撰写家谱、维护祠堂秩序、处理宗族关系等事项的交代，使我们看到古人对祭祀与宗族的重视；贾昌朝对子孙如何做官的教导，对后世为官者仍具有借鉴意义；范仲淹对子侄的告诫，讲述了老生常谈却难以做到的道理；宋祁对儿子们的嘱咐，体现了他对儿子们和睦友爱相处的盼望；欧阳修命子侄们尽忠职守，不可畏难避事，展现了其报效朝廷的忠心；司马光以节俭之道训诫子孙，旁征博引以说明道理，希望子孙能世代传承此家风。金朝大臣韩玉临终前的遗书表达了对儿子的担忧。耶律楚材在儿子生日时作诗勉励儿子要进德修业，对儿子满怀期待。

范质（911—964），字文素，大名宗城（今河北邢台）人。生平历经后梁、后唐、后晋、后汉、后周及宋初数个朝代，在后周时官至宰相，进入宋初，继续担任宰相之职。范质有《诫儿侄八百字》一诗，

范质自述作诗的缘由时说：“昨得谢课书，希于京秩之中，更与迁转。余以诸儿侄辈，生长以来，未谙外事。艰难损益，懵然莫知，因抒古诗一章晓之。”范质的侄子范杲写信请求帮忙升迁自己的职位俸禄，范质有感于侄子的不谙世事，因此写下此诗以教谕子侄。《诫儿侄八百字》曰：

去年初释褐，一命列蓬丘。
青袍春草色，白纻弃如仇。
适会龙飞庆，王泽天下流。
尔得六品阶，无乃太为优。
凡登进士第，四选升校雠。
历官十五考，叙阶与尔俦。
如何志未满，意欲陵云游。
若言品位卑，寄书来我求。
省之再三叹，不觉泪盈眸。
吾家本寒素，门地寡公侯。
先子有令德，乐道尚优游。
生逢世多僻，委顺信沉浮。
仕宦不喜达，吏隐同庄周。
积善有余庆，清白为贻谋。
伊余奉家训，孜孜务进修。
夙夜事勤肃，言行思悔尤。
出门择交友，防慎畏薰莸。
省躬常惧玷，恐辍庭闱羞。
童年志于学，不堕为箕裘。
二十中甲科，赪尾化为虬。

三十入翰苑，步武向瀛州。
四十登宰辅，貂冠侍冕旒。
备位行一纪，将何助帝猷。
既非救旱雨，岂是济川舟。
天子未遐弃，日益素餐忧。
黄河润九里，草木皆浸渍。
吾宗凡九人，继踵升官次。
门内无白丁，森森朱绿紫。
鹓行洎内职，亚尹州从事。
府掾监省官，高低皆清美。
悉由侥幸升，不因资考至。
朝廷悬爵秩，命之曰公器。
才者禄及身，功者赏于世。
非才及非功，安得专厚利。
寒衣内府帛，饥食太仓米。
不蚕复不穑，未尝勤四体。
虽然一家荣，岂塞众人议。
颙颙十目窥，龊龊千人指。
借问你与吾，如何不自愧。
戒尔学立身，莫若先孝悌。
怡怡奉亲长，不敢生骄易。
战战复兢兢，造次必于是。
戒尔学干禄，莫若勤道艺。
尝闻诸格言，学而优则仕。
不患人不知，惟患学不至。
戒尔远耻辱，恭则近乎礼。
自卑而尊人，先彼而后己。

《相鼠》与《茅鸱》，宜鉴诗人刺。
戒尔勿放旷，放旷非端士。
周孔垂名教，齐梁尚清议。
南朝称八达，千载秽青史。
戒尔勿嗜酒，狂药非佳味。
能移谨厚性，化为凶险类。
古今倾败者，历历皆可记。
戒尔勿多言，多言者众忌。
苟不慎枢机，灾危从此始。
是非毁誉间，适足为身累。
举世重交游，拟结金兰契。
忿怨容易生，风波当时起。
所以君子心，汪汪淡如水。
举世好承奉，昂昂增意气。
不知承奉者，以尔为玩戏。
所以古人疾，籧篨与戚施。
举世重任侠，呼俗为气义。
为人赴急难，往往陷刑死。
所以马援书，殷勤戒诸子。
举世贱清素，奉身好华侈。
肥马衣轻裘，扬扬过闾里。
虽得市童怜，还为识者鄙。
我本羁旅臣，遭逢尧舜理。
位重才不充，戚戚怀忧畏。
深渊与薄冰，蹈之惟恐坠。
尔曹当悯我，勿使增罪戾。
闭门敛踪迹，缩首避名势。

名势不久居，毕竟何足恃。
物盛必有衰，有隆还有替。
速成不坚牢，亟走多颠踬。
灼灼园中花，早发还先萎。
迟迟涧畔松，郁郁含晚翠。
赋命有疾徐，青云难力致。
寄语谢诸郎，躁进徒为耳。[1]

其诗语言明白晓畅，感情真挚充沛，以简练精辟的语言说明人生所应当遵循的基本道理。后来此诗被人广为传诵，作为对子孙的教诫。诗歌开头交代作诗的背景。侄儿得到六品的校书郎之职，仍不满意，写信给自己请求升迁。范质认为六品校书郎已经是天家所赐予的莫大恩惠了，若按照惯常的科考授官流程，考上进士后，还需经历四轮选拔才能得到校书郎之职。侄儿却志意未满，还想要凌云高飞。范质看到侄儿的书信后，“省之再三叹，不觉泪盈眸”，再三喟叹，眼泪盈满了双眸。他对侄子的做法感到很失望，因此作此诗回复侄儿。紧接着，范质在诗中交代了自己的家庭背景和得官的缘由。范质言，自己的父亲有美好的德行，喜好道术，崇尚优哉游哉的生活，但生逢乱世，不得已与世沉浮，谋得小官之职，也只是“吏隐”之举罢了，不追求闻达升迁。正因父亲累积德行，家中才有余庆。范质自己从小就秉承家训，孜孜不倦地进修学业，每日处理事情勤劳谨慎，言行常思恰当与否，出门交友也很谨慎，防止交到不恰当的朋友。自己之所以如此，就是怕玷污了家门的名声，令祖先和

[1] [宋] 吕祖谦编：《宋文鉴》，吉林人民出版社1998年版，第117-118页。

双亲蒙羞。范质从童年开始就有志于学，勤奋刻苦，不敢懒惰懈怠；二十多岁的时候，考上了进士；三十多岁的时候，进入翰林院任职；四十多岁时担任宰相；到现在也有十二年了，范质常常恐惧自己于时世无补，只是尸位素餐，不能为天子分忧。承蒙天子和朝廷的恩德滋润，使得自己家族前后共有九人得到官职，而且官职大都是府掾、监察、台省等清美之官。家人们能够得到这些官职，都是侥幸所致，并不是凭借科考或者资历所得。朝廷设置官职和俸禄，是治国的公器，自己家人既不耕作也不蚕织，四体不勤，却一家上下俱得荣宠，怎能不遭受他人的非议呢。想到"颙颙十目窥，龊龊千人指"的处境，范质反问侄儿，你和我怎么能够不惭愧呢？！

范质在诗中列举了"六戒"说明为人处世所应奉行和戒惧的事项。第一戒是"戒尔学立身，莫若先孝悌"，立身处世首先要做到孝敬父母，友爱兄弟，以恭敬和悦的态度侍奉双亲长辈，不敢生出骄傲慢易之心，要战战兢兢，常怀戒慎警惕，造次必于是，颠沛必于是，即使身处颠沛流离的困境也要这样做。第二是"戒尔学干禄，莫若勤道艺"，若想求得功名利禄，首先需要勤修道艺。《论语》中说"学而优则仕"，不要担忧他人不了解自己的才能，只需要担忧自己的功夫还不到家。第三是"戒尔远耻辱，恭则近乎礼"，若想免除耻辱，莫如恭敬待人，恭敬则接近于礼的精神要义。要自我谦卑而尊敬别人，要有推让精神，先人而后己。第四是"戒尔勿放旷，放旷非端士"，莫要学习他人奔放旷达的风气，放旷之人不是端正之士。周、孔遗留下来礼教精神，南朝齐梁时期却崇尚玄学清议，当时流行的所谓“八达”之士，千载流传只是污秽青史罢了。第五是“戒尔勿嗜酒，狂药非佳味”，切莫沉溺于酒与药石，这些东西能够移易人谨慎厚道的心性，使人变得凶暴。古今因为酒与药石而倾覆败坏的，历史记载中清晰可见。第六是“戒尔勿多言，多言者众忌”，不可狂妄多言，多言而不谨慎是众人所厌恶的对象。如果在这关键方面不加谨慎，灾厄就从此开始了。他人的是非毁誉，有时足以累及自身。

范质列举了四个“举世”说明当时社会流行的不正当的风气，希望子侄们能够不与世俗同流合污，保持自己正确的做法。第一个“举世”是“举世重交游，拟结金兰契”，世俗之人大多重视广交朋友，与他人结为金兰之交，殊不知怨忿容易从这里滋生，风波也容易由此而起。范质认为，与人交往，应当秉持君子之交淡如水的原则。第二个是“举世好承奉，昂昂增意气”，世俗之人大多喜好奉承，听到他人奉承自己的话就意气风发，志得意满，殊不知那些奉承你的人，只是以你为玩戏的对象罢了。所以古代贤人最痛恨巧言令色、善于逢迎谄媚的人。第三个是“举世重任侠，呼俗为气义”，世俗之人喜好任侠风气，称之为兄弟义气，殊不知为他人拔刀相助、赴人急难，往往陷入囹圄之中。马援就曾教训子侄不可以学习豪侠仗义的杜季良，认为任侠之事难以学习到其中的精华，反而容易“画虎不成反类狗”。第四个是“举世贱清素，奉身好华侈”，世俗之人轻贱朴素清正，都喜好以华

丽奢侈来奉养自身，乘肥马而衣轻裘，扬扬自得地巡行闾里。虽然为市井小人所高看和羡慕，却被真正有见识的人所鄙视。

最后，范质嘱咐子侄们说，你们应当怜悯我，不要增加我的罪恶。应当闭门收敛自己的踪迹，缩首远避名利权势。势力和权位难以久居，怎能长久地依赖于此呢？以自然界的道理来看，凡事盛极必衰，有隆盛就有接替。速成的东西往往不牢固，而走得很快也容易摔跤。园林中早早盛开的花朵，往往也是最早凋谢的。而默默无闻的涧边松柏，则能长久地保持青翠不衰。

王旦（957—1017），字子明，大名府莘县（今山东聊城）人，传说他相貌丑陋，脸偏鼻歪，有“异人相”，但为人宽厚，富有文才。官至宰相，从景德三年（1006）至天禧元年（1017）为相十一载。死后获赠“太师”，被封为魏国公，谥号“文正”。后世子孙将王旦平日的训诫集结成《文正遗训》，主要涉及撰写家谱、祠堂祭祀祖宗、如何教养子孙等方面的内容。

王旦认为，谨慎编写家谱是为人子孙尽孝的一件大事。撰写家谱应当将从祖父到子孙代代相传的世系，每个人的名字、字号、绝继、迁徙等情况一一记录清楚，将有关每个人的诰命、敕文、碑记、诗歌等文章都考察清楚附录在每人的传后，将死后所埋葬的坟墓、坟墓旁的松楸等标记之物、祭祀用的田产等事项一一考察记录，加以保存。

有关祠堂的管理要有严格的规矩。子孙有大事，一定要祭告祠堂；每月朔日（初一）、望日（十五）必须集齐所有人祭拜祖先；一年四季的祭祀、忌辰的祭祀等，都要尽心奉祀，不可以怠慢忘却。祖宗祠堂要清扫洁净，平日里将之锁闭，保持安静。族中有人贫穷无依的，要接济给他一些衣食，命他住在祠堂旁边，日常负责看守祠堂。子孙中有饮酒而面色泛红的，就不让他进入祠堂，以免扰攘不敬。子孙有财力的话，与其捐钱修建神佛庙宇，不如用来修理自家的祖庙祠堂，有余力的话也可以修建桥梁道路。

冬至的时候，宗长要率领家里男女子孙一起到祠堂，击鼓三声，行四次参拜之礼，供献给祖先饮食。行礼结束后，宗长坐在祠堂东边，主妇坐在祠堂西边，家里其他男女子孙分别立在左右，命令其中一名子弟背诵家训："为臣必忠，为子必孝，为兄必爱，为弟必敬，为妻必顺。毋徇私以伤和气，毋因私故以绝恩义，毋惹闲非以扰门庭，毋耽曲蘖以乱德性。有一于此，是悖祖宗教训，族共责之。"众人听罢，作揖而退下，然后饮酒分享福气，礼成而散。祭祀时最重要的是要有诚心，有诚心才能达到孝，才能感动神灵和祖宗。准备三牲九俎不如日常的蔬食菜羹，这就是因为诚心所在。

祖宗的遗像、衣冠、书籍、器用等都是祖宗神灵手泽所存在的地方，务必要珍藏好。春秋季节祭扫祖宗坟墓要安排有能力的人轮流主持，如果条件实在不允许的话，每年只有清明节祭扫一次也可以。

父母的丧事，子孙要以哀痛之情为主，根据自己的力量收殓下葬。如果有贫穷不能下葬的，族中有能力者应当给予帮助。如果不需要别人的帮助，也应该从速下葬，不可以长久停在家中。

要妥善教养子孙。子孙中有不守士、农、工、商这四种正经职业，而被僧道迷惑，或者下流无耻做别人的奴隶的，或者作奸犯科触犯有司刑狱的，就在家谱中除去他的名字，不许他再参加祭祀和家宴。子孙中有读书守本分的，祭祀完毕后，分胙肉的时候要多分给他一些。子孙有入仕为官的，一定要清廉公正忠厚。没有本事做官的，只要做到谨守本分，耕种谋生，自食其力，祖宗也会享用他的祭食。

男女的婚事，与其择富，不如求贤，贫家出身的子女更加知道要节俭朴素和吃苦耐劳。子孙的媳妇进门之后，首先要做到安详恭敬，恪守妇道，孝敬亲长，尊敬丈夫，以礼对待妯娌们，以勤劳治家，以恩惠抚育幼小。如果有邪恶偷盗、凶悍嫉妒的，就送还她父母家，令她反省，如果仍是不悔改，就休黜之。对于自家未出嫁的女儿也要教导她恭敬等道理。

子孙中有谁没有后人的，要按照辈分行次安排亲族的子侄过继给他，但不可使异姓义男来紊乱自家宗族。宗长处理子孙的事情时，一定要秉持公平的原则，才能使大家没有怨言。子孙中有不遵守教训，强暴梗戾的，轻则将他绑缚，送至祠堂接受笞打责罚，重则送官处理。绝对不可以姑息涵容，使他增加罪恶。族中子孙举行婚丧嫁娶等事情时，如果有谁贫乏不能自

举的，有能力的子孙要周济帮助他。若有遭受冤枉，自己不能申诉办理的，其他子孙要代为申理。族人对于有困难的子孙要时常加以帮助。但如果他做的是斗鸡走马、蹋球淫赌、歌唱唬喇等事，这就都是些狂浪作孽之徒，根本不知道稼穑生计的艰辛，对于这类人就不要资助，以免助长他的奸宄。[1]

贾昌朝（997—1065），字子明，真定府获鹿县（今河北石家庄）人。曾任国子监[2]说书、崇政殿说书、天章阁侍讲，官至参知政事（副宰相）、枢密使。贾昌朝曾写有文章，专门教导子孙们为官之法，归纳起来可以分为四类内容。

第一是听讼治狱时，必须坚持公正详审的原则；施法用刑时，要以宽恕为心。贾昌朝以自己少年时期经历的一件事来劝诫子孙。贾昌朝年少的时候，有一次在里巷中见到一个子弟被官差带走，虽然只是传呼他作为证人，证明他人的骂人之语，但这个人的父母妻子见到官差上门，都哭泣不食，直到傍晚时分，这个子弟被送还才停止。从这件事可以看出，百姓对于官司的恐惧心理。只是被传召去做证人，就如此惶恐不安，更别提真正被施加刑罚了。如若有所冤枉和滥施刑罚，那么作为官员就伤和气、损阴德太厉害了。书上说，君主如果丧失道义，民众就会与他离心离德。因此，作为官员判案的时候，即使获得了百姓的实情，也不要沾沾自喜于自己的高明，而要哀矜怜悯百姓的不幸。

[1] 楼含松主编：《中国历代家训集成（第一册）》，浙江古籍出版社2017年版，第141-143页。

[2] 国子监是隋朝以后设置的中央官学，具备国家教育管理机关的功能和国家最高学府的功能。

●北京国子监琉璃牌坊

第二是奉公守法，寡辞谨慎。贾昌朝说，他所见到的当时官场的风气是：以苛刻剥削民众为有才，以守法奉公为无才；以偏激攻讦为有能力，以寡辞谨慎为无能。这种风气导致后辈为官者，崇尚苛刻暴戾，开口发言，喜好诋毁他人。贾昌朝认为这是招惹怨恨和祸患的最大根由。这样做，也许能够获得暂时的升迁，但能够使自身终身无患，并遗留福德给子孙的，却从未听闻过。

第三是不可专任己意，不可攀附朋党。当时官场中有很多人专任己意，刚愎自用，以一己之喜怒行事。喜爱某人就可以将黑的变成白的，将这个人置于青云之上；厌恶某人就可以变是为非，将这个人排挤于沟壑之中。官场中众多小人奔走攀附，或者结为朋党、相互援助，或者成为别人的鹰犬，大家共同谋取利益，毫无廉耻愧疚之心。贾昌朝认为这是极为可怕的现象，告诫子孙千万不可参与其中。

第四是崇尚俭朴，为官清廉。当时许多官员崇尚奢侈，服饰玩好必须华贵美丽，饮食必须要珍馐佳肴。而要维持这样的消费水平，如果不是本身有高官厚禄，就必须巧为设计其他渠道以谋取钱财，只有这样，才能勉强满足自己的嗜欲。而一旦因为贪污获罪，则将成为终身的耻辱，悔之晚矣。[1]

[1] 苏智恒主编：《中华传世家训》，团结出版社2018年版，第142页。

范仲淹（989—1052），字希文。祖籍邠州（今陕西彬州），后移居苏州吴县。北宋时期杰出的政治家、文学家。范仲淹在写给子侄的书信中，多次告诫子侄为官处世的道理。

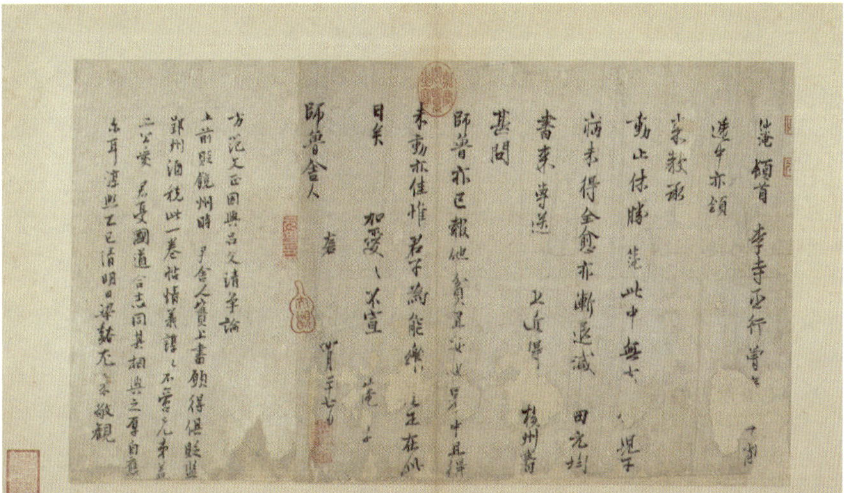

范仲淹墨宝

首先要甘于清贫，不希求不恰当的利益。要“清心做官，莫营私利”[1]，不仅约束自己，也要管束亲戚父老，范仲淹命子侄们不可以放纵父老乡亲到自己任职的官署贩卖货物。

其次是身处京师重地，应谨言慎行，不可妄作高论。私下议论他人的是非曲直，得到一点小名声，却将招致大的侮辱。[2]

第三是要见利思患。见到可能获得利益的地方，要首先想到可能的祸患。范仲淹说，自己屡次经历风波，之所以能够免除灾祸，就在于能够忍受穷困，不被小小的利益迷惑。[3]

范仲淹以此告诫子弟侄子们居官要清心洁行，小心谨慎，以免稍有玷污，导致被免官，使得晚年有饥寒的忧虑。[4]

宋祁（998—1061），字子京，雍丘（今河南商丘）人。北宋官员、著名文学家。曾与欧阳修等合修《新唐书》[5]。宋祁在临死之前，对家人们作出了一番教诫，所交代的主要有四件事情。

第一件是安排自己的丧葬事宜，宋祁命令儿子们在自己死后，丧事要尽量从俭办理，不得以金银铜器等物品作为陪葬品；不得设立佛道两家的坛场进行斋醮，否则就是欺负老父亲已死而无知。这是因为宋祁秉持着坚定的儒家立场，他认为宋家世代都是儒生，约束自己行为靠的是儒家的礼法；使自己睿智多识靠的是儒家的诗书；宋家入以事亲，出以事君，生则养，死则葬，所依据无不是儒家的法则，因此不得设置佛道两家的斋醮。

[1] [清]范能濬编集；薛正兴校点：《范仲淹全集》，凤凰出版社2004年版，第597页。

[2] [清]范能濬编集；薛正兴校点：《范仲淹全集》，凤凰出版社2004年版，第600页。

[3] [清]范能濬编集；薛正兴校点：《范仲淹全集》，凤凰出版社2004年版，第600页。

[4] [清]范能濬编集；薛正兴校点：《范仲淹全集》，凤凰出版社2004年版，第599页。

[5] 《新唐书》是一部纪传体唐史，二十四史之一。因宋仁宗觉得五代后晋时期所修的《旧唐书》有很多不足之处，需要重新修订一本翔实的唐朝史书，下诏命欧阳修、宋祁等重修唐史，于是有了《新唐书》。此书自宋仁宗庆历四年（1044）开始撰写，直到嘉祐五年（1060），历时17年完成。《新唐书》是宋代以前，体例最完备的正史。其中，本纪、志、表是由欧阳修撰写的；列传是由宋祁撰写的。

第二件是教导儿子们要孝。因为孝是人的第一德行，人只有先对父母孝敬，才能悌于兄长，友爱于少弟，慈爱于幼小，出外事君则忠，与朋友交往则诚信，对待事情无有不敬，这样，才算是成为一个有道德的人。

第三件是兄弟要友爱和睦。宋祁尤其担心在自己死后，十四个异母儿子会互相疏远乃至争斗，于是谆谆告诫儿子们要友爱兄弟。他指出，如果一个人连自己的同胞兄弟都不友爱，将难以得到外人的真正信任。

第四件是劝儿子们多读书，指出“要得数百卷书在胸中”[1]，才能不被别人看轻和讥诮。[2]

欧阳修（1007—1072），字永叔，号醉翁，晚号六一居士，吉州永丰（今江西吉安）人，北宋政治家、文学家。欧阳修在给侄子的信中说，自己列于高官显位，子侄们也受到朝廷的恩惠，被拔擢于官位，因此，欧阳氏家族应当感念和报效朝廷的恩德。遇到差事的时候，应当尽力向前，不可以畏难避事。再者，在朝廷为官，应当廉洁自律，不可借助官职为自己谋取私利。[3]

司马光（1019—1086），字君实，号迂叟，陕州夏县（今山西夏县）人。北宋著名政治家、史学家、文学家。历仕宋仁宗、英宗、神宗、哲宗四朝，官至尚书左仆射兼门下侍郎（同于宰相）。元祐元年（1086）去世，被朝廷追赠太师、温国公，谥号“文正”。他主持编纂的《资治通鉴》成为我国重要的编年体通史。他的文集有《温国文正司马公文集》等。司马光曾编撰有《家范》一书，将历朝历代有关治家的典故和训则编辑在一起，作为后人治家的参照，内容包括治家

①［宋］吕祖谦编：《宋文鉴》，吉林人民出版社1998年版，第948页。

②［宋］吕祖谦编：《宋文鉴》，吉林人民出版社1998年版，第947-948页。

③［宋］欧阳修著：《欧阳修全集》，中华书局2001年版，第2528页。

以礼、祖、父母、子女、兄弟、叔伯、姑姊妹、妻、妾、舅姑（公婆）、乳母等诸多方面，这部《家范》相当于古代的一部家训汇编。

司马光曾写给儿子司马康一封家书（《训俭示康》），专门谈论俭德的重要性，命令儿子坚守俭德。司马光说，自己的本性就不喜欢浮华奢靡，在年纪很小的时候，家长将装饰有金银的华美衣服穿在自己身上，司马光就会立刻羞赧地脱去。二十岁考中进士，天子赐“闻喜宴”，唯独自己不愿意戴花。同年考中的进士都劝说这是天子的赐令，不可违背，才勉强把花戴在头上。平日里所穿的衣服，足以遮蔽御寒即可，所吃的食物足以充饥果腹即可，不追求过分奢华的享受，但也不敢专门穿着污垢破烂的衣服来沽名钓誉，只求顺适自己的本性罢了。

司马光说，世人都以奢侈浮靡为荣耀，我却独自以俭约朴素为美好，世人都笑话我固陋，我却不将此当作弊病，反而以古人的言语反驳他们。孔子曾言“奢则不孙，俭则固。与其不孙也，宁固”[1]，又说“以约失之者鲜矣”[2]，“士志于道，而耻恶衣恶食者，未足与议也”[3]。古人以俭为美德，现在的人却以俭诟病对方，实在是奇怪啊。近些年，社会风俗尤其变得奢侈靡丽，贩夫走卒穿着士人的衣服，农夫穿着丝织品制成的鞋子。先父在天圣年间（1023—1032）担任群牧判官[4]职位时，每次有客人到来，都会为他们准备酒席，或者祝酒三次、或者五次，最多不超过七次。酒用的是市场上买来的普通酒，果品只是梨、枣、板栗、柿子等寻常水果，菜肴只是干肉、肉酱、

[1] 杨伯峻译注：《论语译注》，中华书局 2015 年版，第 89 页。

[2] 杨伯峻译注：《论语译注》，中华书局 2015 年版，第 46 页。

[3] 杨伯峻译注：《论语译注》，中华书局 2015 年版，第 42 页。

[4] 群牧司（主管国家公用马匹的机构）的判官。

菜羹，所用器具只是瓷器、漆器。当时的士大夫之家都是这样做的，没有人因此而指责别人。他们见面次数频繁而礼数周到，物品虽简薄但情谊深厚。但现在的士大夫之家，如果酒不是模仿宫中酿酒法所制造，果品不是来自远方的珍异，菜肴不是丰盛而多品，器皿没有摆满整张桌子，就不敢轻易会客待宾。人们常常是需要好几个月的精心准备，才敢写邀请函邀请别人来家里做客。如果不这样做的话，人们就会争相指责他，认为他很吝啬鄙薄。在这种风气的影响下，不随俗奢靡的人已经很少了。社会风俗颓败至此，作为居位者不能禁止改善，难道还要忍心助长吗？

司马光列举宋朝位列宰相的几人崇尚节俭的例子，以启发儿子。首先是宋真宗时的宰相李沆。李沆曾在封丘门内营建居室，厅堂前仅留下足够调转马头的空间，别人都说这样太窄小了，李沆却说，宅第最终是要留给子孙的，如果子孙日后也是宰相，那么这对于他来说确实有点狭窄了，但如果子孙只能做个奉侍礼仪之事的太祝小官，那么，这对于他来说也太宽敞了。第二是鲁宗道。鲁宗道在做台谏之官时，宋真宗曾有事派遣使者紧急召唤他，最后在酒肆里找到了鲁宗道。宋真宗问他从哪里而来，鲁宗道如实回答从酒家而来。宋真宗质问他身为清望之官，为什么会在酒肆里饮酒？鲁宗道回答，自己家里贫穷，客人来的时候没有器皿、菜肴、果品可以招待，所以才在酒肆里招待客人。第三是张知白。张知白做了宰相后，日常的奉养仍然如同做河阳掌书记时，周围的亲友都规

劝他说，你现在的俸禄已经很不少了，却按照这种标准来奉养自己，你虽然以清廉俭约自守，但外人却颇有公侯子孙还要盖破旧布被的讥讽之辞，你还是稍微从众而改变自己吧。张知白说，我现在的俸禄的确足够使全家都锦衣玉食，但人之常情是由俭入奢易，由奢入俭难，我现在的俸禄岂能长久保持下去呢，我自身又岂能长存呢。有朝一日，失去了今日的高官和厚禄，而我的家人已经习惯于奢侈的锦衣玉食，必定不能立刻适应俭朴的生活，这样就将导致他们流离失所了。因此，我打算让他们习惯节俭，这样的话，无论我在位还是去位，身在还是身亡，他们的生活都是一样安稳。司马光认为这几个人的行为都是属于大贤者的深谋远虑，是庸人远远不及的。

司马光又引用历史上有关节俭与奢侈的言行，通过对比来说明应当戒奢从俭的道理。鲁国大夫御孙曾言：“俭，德之共也；侈，恶之大也。”[1]司马光认为，“共”是“同”的意思。“俭，德之共也”，意思是“有德者皆由俭来也”，他认为俭是德的共同来源。俭意味着寡欲，君子寡欲，则不被外物役使，能够正直地奉行道理而行事；小人寡欲，则能谨慎自身，节制用度，从而远离罪责，丰厚家庭。相反，奢侈意味着多欲。君子欲望繁多，则贪慕富贵，从而违犯正道行事，加速祸患的到来；小人欲望繁多，则所求的东西甚多，妄自使用各种手段追求财富，从而导致丧身败家。因此，多欲的人，使他做官必定多有贿赂的事，使他居于乡里必定多行盗贼等事。孔子的先祖正考父曾在鼎铭上刻字：“饘于是，鬻于是，以糊余口。”[2]

[1] 郭丹，程小青，李彬源译注：《左传》，中华书局2012年版，第262页。

[2] 郭丹，程小青，李彬源译注：《左传》，中华书局2012年版，第1696页。

鲁国的孟僖子由此知道正考父的后人中一定有能够成为达人的。鲁国的季文子侍奉三代鲁君，但他“妾不衣帛，马不食粟”[1]，君子的评价都说他很忠诚。管仲（其实应作臧文仲）的簋器上雕刻有美丽的花纹，系帽子的带子用红色的丝线，屋宇使用天子宗庙才可用的山形斗拱和画有藻纹的梁上短柱，孔子鄙视他为“小器”。公叔文子设宴款待卫灵公，史鳍知道他将要遭遇祸患；果然到了他儿子公叔戌，因为过于豪富而获罪逃亡。西晋富豪何曾每日饮食花费万钱，到了孙子那一辈果然因为骄傲满溢使家族覆灭。西晋石崇也因为夸耀财富，被人诛杀，夷灭三族。以近世的寇准来说，他的豪侈也是冠绝一时的，只是因为他本人建立的功业广大，所以没有招致人们的非议，但到了他子孙那一辈仍然沿袭这种豪奢的家风，最终导致现在的贫困。

司马光说，其余的以节俭建立功名、因奢侈毁败自身的例子数不胜数，只是略举几例用来训导你罢了。司马光告诫儿子，我告诉你的这些话，你不仅要自身做到，更应当以此教训你的子孙，使他们知道前辈的节俭作风，使其世代延续下去。[2]

韩玉，生卒年不详，字温甫，汉族，金代大臣。大安三年（1211），西夏攻占金国数地，韩玉率兵打败西夏兵。上司嫉妒韩玉的功劳，诬陷韩玉与西夏勾结，朝廷于是不信任韩玉。镇守华州的李公直曾经写信约韩玉带兵进京勤王，后来李公直以“谋反”的罪名被冤杀，韩玉也以“同党”的罪名被冤杀于华州。韩玉死前写遗书给儿子说：“此去冥路，吾心浩然，

❶ [三国吴] 韦昭注；徐元诰集解；王树民，沈长云点校：《国语集解》，中华书局 2019 年版，第 184 页。

❷ 曾枣庄，刘琳主编：《全宋文》，上海辞书出版社 2006 年版，第 216-218 页。

刚直之气，必不下沉。儿可无虑。世乱时艰，努力自护。幽明虽异，甯不见尔。”韩玉为自己辩白，认为自己心中浩然正气，无有忧惧，刚强正直的气概也必然使自己不至于沉至地狱。韩玉命儿子不要为自己忧虑，并叮嘱儿子：生逢乱世，时运艰难，要努力保护好自己。幽明虽然异路，你的行为我难道看不见吗？

耶律楚材（1190—1244），字晋卿，号湛然居士。契丹贵族后裔。曾在金朝任职，后跟随成吉思汗西征，以备咨询。窝阔台即位后，耶律楚材被任命为中书令（相当于宰相）。耶律楚材曾写给次子耶律铸一首诗《为子铸作诗三十韵》：

皇祖辽太祖，奕世功德积。
弯弓三百钧，天威威万国。
一旦义旗举，中原如卷席。
东鄙收句丽，西南穷九译。
古器获轩鼎，神宝得和璧。
南陬称子孙，皇业几三百。
赫赫东丹王，让位如夷伯。
藏书万卷堂，丹青成画癖。
四世皆太师，名德超今昔。
我祖建四节，功勋冠黄阁。
先考文献公，弱冠已卓立。
学业饱典坟，创作乙未历。
入仕三十年，庙堂为柱石。
重义而疏财，后世遗清白。
我受先人体，兢兢常业业。

十三学诗书，二十应制策。
禅理穷毕竟，方年二十七。
万里渡流沙，十霜泊西域。
自愧无才术，忝位人臣极。
未能扶颠危，虚名徒伴食。
汝方志学年，寸阴真可惜。
孜孜进仁义，不可为无益。
经史宜勉旃，慎毋耽博弈。
深思识言行，每戒迷声色。
德业时乾乾，自强当不息。
幼岁侍皇储，且作春宫客。
一旦冲青天，翱翔腾六翮。
儒术勿疏废，祖道宜薰炙。
汝父不足学，汝祖真宜式。
酌酒寿汝年，五福自天锡。[1]

序言中耶律楚材交代了作诗背景，这首诗是耶律铸十五岁生日时，耶律楚材专门写给儿子的。诗中叙述了耶律家族显赫的历史，先祖是辽太祖耶律亿（阿保机），南征北战建立了赫赫功勋；耶律亿的儿子耶律倍（耶律突欲）被封为太子、东丹王，但最终没有继承皇位，享有让国的美名；再往后连续五世皆官居高位，功勋卓著；耶律楚材的父亲耶律履官至尚书右丞，创作“乙未历”，在朝廷三十年，堪称庙堂的柱石，耶律履重义疏财，将清白的家风流传给后代。接着耶律楚材叙述了自己的成长经历，指出自己十三岁学习诗书，二十岁参加科考，钻研穷尽禅理时年纪是

[1] [元] 耶律楚材著；谢方点校：《湛然居士文集》，中华书局1986年版，第270-271页。

二十七岁，后来跟随成吉思汗征伐西域，在外漂泊十年。虽然位极人臣，但每每愧疚自己未能肩负起扶危救颠的重任，只是徒有虚名、伴食于君王左右罢了。耶律楚材勉励儿子耶律铸，你正是十五岁有志于学的年纪，应当明白珍惜光阴的道理，孜孜不倦地追求仁义之道，不可以做无益之事。应当勉力学习经史，不要贪玩赌博等游戏。对自己的言行应当深思熟虑，切不可沉迷于声色。应当奋力进修自己的德业，自强不息。你很小的年纪就做了皇储的伴侣，时时出入皇宫做客，有朝一日冲上青天，将要展翅翱翔。到了那时，千万不可以疏远废弃儒术，要时时追念祖宗的德行功业。你的父亲我是不值得学习的，但你的祖父真是应当效仿的对象。耶律楚材鼓励儿子年少时要努力学习，进德修业；做官之后要学习先祖的德行，做朝廷的栋梁之材。

第三节 文士家训

文人家训中，黄庭坚希望家族成员能够同心协力，共同促进家族的繁荣兴旺；陆游曾作诗指导儿子以读书作诗的方法，并留下临终遗训，表达了自己抗金收复北地的不屈意志，成为千古传诵的名篇；邵雍认为人的善恶与吉凶祸福直接相关，因此告诫子孙做善人以求得吉祥福祉。虞集作诗劝诫儿子要积蓄力量，不要轻率躁进。

黄庭坚（1045—1105），字鲁直，号清风阁、山谷道人、山谷老人、涪翁等，世称黄山谷、黄太史、黄文节、豫章先生。宋江南西路洪州府分宁（今江西九江）人。祖籍浙江金华。北宋著名文学家、书法家、江西诗派开山之祖。黄庭坚的《家诫》叙述世家大族兴衰的缘由，指出：家族成员应当齐心协力，和睦共处，才能家和万事兴；如果家族成员之间勾心斗角，谋求私利，则家不齐而万事衰。[1]黄庭坚以此作为自己家族的戒鉴，用以劝导后人。

陆游（1125—1210），字务观，号放翁，越州山阴（今浙江绍兴）人，南宋文学家、著名诗人。陆游曾追述陆家世代兴衰，列举了陆家节俭度日的数件小事，指出“天下之事，常成于困约而败于奢靡”[2]，告诫子孙：要俭约谨慎，不可奢侈放荡；更不可曲挠气节以求显贵，将道义作为营求势利的工具。

陆游的《冬夜读书示子聿八首》其一曰：

古人学问无遗力，少壮工夫老始成。
纸上得来终觉浅，绝知此事要躬行。[3]

这首诗以简洁明了的语言书写陆游读书的心得体会，并借以教诫儿子。子聿即子遹，是陆游最小的儿子。诗中说，古人读书做学问是不遗余力的，少壮时痛下无数功夫，但可能要等到老年时，才会有所成就。读书做学问，如果只学习书本上的知识，而不问现实，不躬行实践，那么就只有纸上谈兵、夸夸其谈的功夫，难以真正将事情做好、将学问掌握牢固。要想对一件事有真切透彻的了解，还需要关注现实，身体力行，亲身经历、体验过才行。

❶ [宋] 黄庭坚撰；刘琳，李勇先，王蓉贵校点：《黄庭坚全集》，四川大学出版社 2001 年版，第 2315-2317 页。

❷ 陆游：《放翁家训》，见陈明编：《家训》，新星出版社 2016 年版，第 126 页。

❸ 蒋凡，白振奎编选：《陆游集》，凤凰出版社 2014 年版，第 126 页。

陆游的《示子遹》阐述自己学习作诗的路径，并教导儿子学诗的要领：

我初学诗日，但欲工藻绘。
中年始少悟，渐若窥宏大。
怪奇亦间出，如石漱湍濑。
数仞李杜墙，常恨欠领会。
元白才倚门，温李真自郐。
正令笔扛鼎，亦未造三昧。
诗为六艺一，岂用资狡狯。
汝果欲学诗，工夫在诗外。[1]

[1] 蒋凡，白振奎编选：《陆游集》，凤凰出版社2014年版，第160页。

陆游说自己刚开始学习作诗的时候，也只是致力于文辞富丽和藻绘，到了中年才渐渐领悟，窥见诗中的宏大旨意。所作的诗中间或有险怪奇特的风格，如同湍急的流水冲击石头一样劲爽。但遗憾的是，李白、杜甫的门墙太高，陆游始终对他们欠缺一些领会。元稹、白居易的诗歌也只是刚刚靠近李白、杜甫的门墙而已，根本没能进入。而温庭筠、李商隐的诗歌则更不值得讨论了。如果不能领会诗歌的真意，即使笔力雄健，如能扛鼎那样，也难以得到诗的三昧。诗是六艺之一，具有很高的文化地位，岂能以游戏的态度对待它呢。最后陆游教诫儿子，如果你真的想要学诗的话，有一句话需要记住，那就是：真正的功夫反而在诗外。

陆游的《示儿》诗脍炙人口，流传甚广：

死去元知万事空，但悲不见九州同。
王师北定中原日，家祭无忘告乃翁。[1]

这首诗作于嘉定二年（1210）十二月陆游病中，陆游于这一年农历十二月二十九病逝，时年八十五岁，这首诗可能是陆游的绝笔诗。抗击金国、收复北地是陆游毕生的夙愿，即使在八十五岁的高龄，垂垂老矣，病笃之中，陆游也没能忘掉这一夙愿，仍然以铿锵有力的笔调遗训于儿子，命儿子将王师北定中原的好消息传递给自己。

邵雍（1011—1077），字尧夫，谥康节，北宋理学家、数学家、诗人，著有《皇极经世》《观物内外篇》《先天图》《渔樵问对》《伊川击壤集》《梅花诗》等。邵雍写有《戒子孙》，指出天下间有三等人：上品的人不待教导而自为善，这样的人是圣人；中品的人经过教导能达到善，这种人是贤人；下品的人即使教导他也不为善，这种人是愚人。邵雍认为人的善恶与吉凶有直接的关联。他指出，人若能做到“目不观非礼之色，耳不听非礼之声，口不道非礼之言，足不践非礼之地”[2]，不结交不善之人，不取不合道义之物，亲近贤人如同亲近芝兰香草，远离恶人如同逃避蛇蝎，这样就是吉人。反之，如果一个人语言诡谲，举动阴险狡诈，喜好利益而不断掩饰自己的过错，贪婪淫乐而幸灾乐祸，痛恨善良的人就像痛恨仇敌，做违法犯罪的事如同饮食一样平常，那么这样的人一定是凶人，轻者将导致自身殒灭，重者将导致亡族灭宗。邵雍反问子孙们：“你们是想要成为吉人呢，还

[1] 蒋凡，白振奎编选：《陆游集》，凤凰出版社2014年版，第162页。

[2] [宋]吕祖谦编：《宋文鉴》，吉林人民出版社1998年版，第950页。

是要成为凶人呢？”[1]

虞集（1272—1348），字伯生，号道园，世称邵庵先生。祖籍陵州仁寿（今四川仁寿），后定居于抚州崇仁（今江西崇仁）。元代官员，文学家，元诗四大家（虞集、杨载、范梈、揭傒斯）之一。虞集写有《用赵壎韵，示次子延年》，诗中蕴含着对儿子的训诫：

治生先务本，为学必成章。
念尔应门早，无能韫匮藏。
诗书家世重，师友岁年长。
尚念鸣幽鹤，轻毛戒妄翔。[2]

这是虞集写给次子的劝勉诗，大意是劝儿子要积累自己的才学，待价而沽，不要轻率躁进。“治生先务本，为学必成章”意思是谋生要致力于根本，读书做学问的话要能写出好的文章。“念尔应门早，无能韫匮藏”，“韫匮藏”中暗含着“韫椟藏珠”的典故，“韫椟藏珠”的意思是将珠宝藏在木匣子里，等待高价的时候再出售，比喻人要怀才待用，先积蓄自己的力量，等待可用之时再出手。“诗书家世重，师友岁年长”，这两句大概意思是劝诫儿子要研读诗书，保守诗书传家的家风，要尊敬老师和益友，多多向他们请教。“尚念鸣幽鹤，轻毛戒妄翔”，以白鹤作比喻，劝诫儿子要珍惜自己的羽毛，不要轻率狂妄地高飞翱翔。

[1] [宋]吕祖谦编：《宋文鉴》，吉林人民出版社1998年版，第950页。

[2] [元]虞集著；王颋点校：《虞集全集》，天津古籍出版社2007年版，第76页。

第七章

明代家训

明代家训资料丰富，空前繁荣。明代有许多名臣、文士或者以家书的形式嘱咐家人；或者编写家规以约束家人；或者超越家庭范围，编写族约、族训，用以教导整个家族；还有一些专门写作家训专著，用以教导自家子孙，也希望流传于世，遗训后人。以文体样式来看，明代家训有一般的散文，有传统诗歌，有儿歌、民歌，也有俗语、哲言等形式。从内容来看，既有一般的道德训诫，也有日常生活琐事的嘱咐，还有临终前的殷殷嘱托。总之，明代家训从形式到内容都丰富多样，蔚为大观。

第一节 帝王家训

明代帝王家训中，明成祖朱棣的《圣学心法》，辑录历代经史子集中有关帝王治道的内容而成，既是一部家训著作，也可将之视为一部关于为政之道的类书；明成祖徐皇后的《内训》继承马皇后的遗训，用以教诫宫闱内庭；嘉靖帝章圣太后的《女训》比《内训》的内容更加细化，要求妇女“三从四德”的内容也增多。对于古代教诫妇女的训言，我们应客观对待，学习其中勤俭持家的内容，抛弃其中一味要求妇女顺从的教条。

朱棣（1360—1424），朱元璋的第四个儿子，被封为燕王。后来发动“靖难之役”[1]，夺取侄子朱允炆的帝位，改年号为永乐，庙号为明成祖。朱棣因为是发动政变才得到帝位，所以特别推崇和他有着相似经历的唐太宗。唐太宗曾撰有《帝范》以教导子孙为政之道，朱棣也摹仿《帝范》而作《圣学心法》垂训于子孙。《圣学心法》主要辑录经史子集中相关论述和古圣明王的言论事迹而成，分为“君道”“父道”“子道”“臣道”四个部分。朱棣在序言中阐述了他的主要思想。

[1] 明太祖即位后，立长子朱标为太子。朱标去世，太祖又立朱标之子朱允炆为皇太孙。1398 年，太祖去世，朱允炆即位，太祖诸子不满。朱允炆推行削藩，1399 年，太祖第四子朱棣以“清君侧”的旗号起兵叛乱，史称“靖难之役”。1402 年，朱棣登基，成为明朝的第三位皇帝。

“君道”部分，朱棣阐释了作为君主应当具备的德行，大体可分为六个方面。第一个方面是君主的治心修身，包括积学明智、谨慎好恶、勤励自强。朱棣认为，作为君主，首先应当具有周遍天下的智慧，这样才能应对天下纷纷扰扰的事务。而想要拥有智慧，就必须勤学，尊师重傅，学习经传的名言、圣贤的教训，积累学问。君主以一心维持天下，应当谨慎心之好恶，不可以轻易将自己的好恶喜怒展示给别人，以免奸佞之徒利用君主的好恶，施行毁誉，影响君主的判断。君主应当与天下同其好、同其恶，顺从天理，这样才能为万民谋福祉。如果万民都厌恶的，而君主自己偏偏喜欢；万民所喜闻乐见的，而君主自己偏偏厌恶：这就是与天理人情背道而驰，将陷入危殆的境地。自古以来，天下大治在于君主的勤勉自强，天下发生祸乱源于君主的怠惰逸豫。因此，君主应当居安思危，慎始慎终，保持忧患心理，勤于政事，不可沉溺于游玩、田猎等娱乐之事。

第二个方面是敬天事神，包括敬天、敬事鬼神、守祖宗法。苍天至高无上，仿若不见，却时时刻刻在监视着人间的善恶是非。君主所获得的天命去留无常，为了长保天命，应当敬天保民。天命自我民命，天听自我民听，天命在于人心。君主应当法天道而行德政，不可逆天而行。祭祀天地、山川、鬼神的时候，应该竭尽自己的端悫诚敬之心。对祖宗最大的尊敬在于谨守祖宗的成法，不可败坏，不可玩忽。

第三个方面是处理好亲族内部的关系，包括正内治、亲九族。男以治外，女以治内，阴阳各顺其道，夫妇之间的道义才能成就。自古以来国家的衰乱灭亡，往往是由于男女内外颠倒了位置，权力掌握在后宫妇人或宦官之手，使得国家尊卑倒置，教化混乱。因此，明君为政，首先应当正内治，只有处理好家庭内部事宜，才能使闺门和睦，闺门和睦才能使伦理纲纪正当而有条不紊。国君若想治理好国家，也必须和睦九族，建邦树屏，处理好与亲族的关系，才能有助于维护政权的稳定。

第四个方面是治理万民，包括道德教化、礼乐教化、保民、赏罚等。善于治理天下者，以道德仁义作为教化万民的工具，陶冶民众，将民众纳于道德仁义的原则之中。为此，君主应当躬行实践，以身作则，以上化下。礼序上下，乐和民俗，礼乐也是教化民众的重要手段。用礼教民恭敬，用乐教民和谐。民众是

国家的根本，因此，君主应致力于保民安民，致力于解除民众的饥寒之困，教民树艺，薄其税敛，使民以时，劳逸结合。赏以旌善劝功，罚以惩恶防奸，因此赏罚必须依据公心，不能掺杂以私欲，否则赏罚就将失去正人心的功效。

第五个方面是用人，包括养士择贤、辨别忠奸、待下以礼、纳言等。国君要想有人才可用，必须兴办学校，尊师重道，昌明学术，以培养人才。人君辨别忠奸、择取人才的关键在于己心的公正，只有自身秉持公正之心，才能使君子之心与自己和合，小人的邪曲谄媚自然无由得入。君主应当礼贤下士，对待臣下以礼、以诚。待下以礼才能使天下的士人争相依附于自己；待下无礼，则是驱赶天下的士人远去。人君应当胸怀宽广，虚心纳谏，以此弥补自身的不足，增广自身的智慧。不可拒谏饰非，厌恶听到自己的过错。

第六个方面是国家大事，包括财用和兵务。治理国家者，以财用为本，但增加财用不是在于敲剥民众的财物归于己有，而是致力于爱养生息，使民众的财富增多。民富则国富，下有余则上何患于不足。抵御夷狄的关键在于谨饬边备，包括严守关防，把守要害，修理封疆地域，修明斥堠，务农讲武，养精蓄锐。这样才能防备夷狄的侵犯。朱棣认为兵者是用来除暴救乱、安定百姓的，国家不可以去除武备，但也不可穷兵黩武。

“父道”部分，朱棣认为，为人父者以慈爱为本，但又不可将溺爱当作慈爱，对子女姑息而不肯教育。慈爱子女，必须以礼乐引导他，以敬义勉励他，以德行养育他。

“子道”部分，人子事亲，主要在于孝敬。作为人君，自己首先要做到孝敬，才能以己身之孝，引领天下之孝，使天下靡然向风，化归于德行。人子孝亲，首先要爱护己身，包括爱养自己的身体和维护自己的名声。其次要善于继承和阐述先人的志向，不改变先人所坚持的道义，这才是孝的实质。

“臣道”部分，臣子作为君主的股肱，应当匡弼君主，引导君主走上正确的道路；勇于进谏，指出君主的过错，陈述正确的做法，不要使君主陷于过错。作为臣子，应当克己奉公，忠于职守，忧国忘家，不避艰险，不计较利害；应当勤励事上而不懈怠，廉洁检身而不贪污，谦谨守法而不恣肆。不自矜己能，不夸耀自己的功劳，不以不肖而嫉妒贤人，不以阴险而贼害善人，不倚恃恩宠而沽名钓誉，不弄权而作威作福，不骄傲恣肆而怠惰傲慢。作为人臣，始终要保持小心畏慎，恭俭和柔。[1]

明成祖朱棣的徐皇后（1362—1407），是大将军徐达的女儿，从小聪颖好学，博闻强识，当时号称“女诸生”。徐皇后撰有《内训》，是用以警诫、教训宫闱妇女的专著。《内训》与班昭的《女诫》[2]、唐代宋若莘与宋若昭的《女论语》[3]以及王相母亲刘氏的《女范捷录》[4]并称为“女四书”。徐皇后在序言中讲，这部《内训》的内容大部分来自明太祖朱元璋马皇后[5]的教训之言，自己推而广之，写成《内训》二十篇，用以教导内宫。

[1] 楼含松主编：《中国历代家训集成（第三册）》，浙江古籍出版社2017年版，第1398-1404页。

[2]《女诫》是东汉女性班昭写作的一篇教导自家女性做人道理的私书，包含卑弱、夫妇、敬慎、妇行、专心、曲从和叔妹七章，阐述女子修身齐家之道。《女诫》在推动社会重视女性教育、促进家庭和谐方面具有积极作用，但其中强调男尊女卑、三从四德等陈腐观念，应予以摒弃。

[3]《女论语》是唐朝宋若莘仿照《论语》撰写、其妹宋若昭注解的一部女训书籍。它借用《论语》的问答形式，就中国古代女子的言行举止和持家处世事理作出详细规定。全书共十二章，内容包括立身、学作、学礼、早起、事父母、事舅姑、事夫、训男女、管家、待客、和柔、守节。

[4]《女范捷录》是明末儒家学者王相之母刘氏所作。它宣扬古代的贞妇烈女与贤妻良母等事迹，分为统论、后德、母仪、孝行、贞烈、忠义、慈爱、秉礼、智慧、勤俭、才德等十一篇。

[5] 洪武元年（1368）正月，朱元璋于应天府（今南京市）称帝，国号大明，建元洪武，立结发妻子马氏为皇后。洪武十五年（1382）八月，马皇后病逝，享年51岁，葬于明孝陵，谥号孝慈皇后。

●明太祖与孝慈高皇后像

《内训》的内容大致可以分为三大部分，第一是德性修身方面的内容，包括慎言、谨行、勤励、警戒、节俭、积善、迁善等；第二是学习取法贤人，包括崇圣训和景贤范；第三是侍奉长辈、处理与他人的关系、处理各种事务，包括事父母、事君、事舅姑、奉祭祀、母仪、睦亲、慈幼、待外戚等。

女子的德性主要在于贞静幽闲，端庄诚一，而德性的养成主要源于先天所禀赋，并加上后天的学习养成。培养德性主要在于，以仁为居所，以义为行道，以智指导自身行为，以信出言守身，以礼约束行为。修身之道主要在于，目不视恶色，耳不听淫声，口不出傲言。“慎言”的关键在于寡言，必须缄口内修，宁定自我的心志，以仁厚庄敬持守自身，无论出言还是沉默，都要从容保守中道。“谨行”主要在于戒除自是、自矜、自欺。自以为是就会行为专横，自我骄矜就会行为危险，自欺欺人就会行为污秽。“勤励”主要讲女子要勤劳于职事，如治丝麻、供酒浆等，将自己分内的事情做好。“警戒”主要在于思患预防，远离祸端。居处富贵中，要警惕自身的骄奢淫逸；居处贫贱中，要警惕自身的放辟邪侈；居处安宁中，要警惕可能发生的祸患。“节俭”的意义在于澹素以养性，身为皇后要敦行节俭，才能率厉六宫共同秉持节俭之道，继而影响至诸侯、大夫、士、庶人的夫人、妻子，使天下靡然向风。“积善”是说妇人之善德在于温良庄敬，乐于和平而不乖戾，宽宏大量而不嫉妒，仁爱慈善而不残害，秉持礼义而不纵越。“迁善”指每个人都可能有过错，能够认识到自己的过错，就算是明智；认识到自己的过错并能够改正，就算是接近圣贤。

“崇圣训”指的是遵循马皇后的教训，学习马皇后的内助之德。“景贤范”指的是学习经书史籍中所记载的贤妃贞女的德行，以她们为镜鉴和榜样。

“事父母”之道在于孝敬，不仅是饮食的供奉，更要尊敬父母，做到诚孝爱敬。妇人“事君”，往往亲昵于君之左右，君主难以制约而容易被其诱惑，难以抑制而容易使其骄矜。因此，妇人更应当以忠诚为根本，以礼义作为防范，勤俭以率领下人，慈爱宽和地与众人相处。不应擅宠而骄、怙恩而妒，不可干政而挠法。“事舅姑”应同于侍奉父母，致敬致爱。“奉祭祀”在于本之以仁孝，将之以诚敬。妇人对祭祀之

事应亲力亲为，准备好祭祀所需的物品，以恭敬的态度奉祀神灵。“母仪”指端正自身德行以率导天下人。“睦亲”指处理好亲疏内外的关系，既要和睦家族内部的娣姒姑姊妹，也要博施恩德于外姓之人。“慈幼”指对待晚辈要以慈爱亲近之，然后加以教训。“待外戚”指不纵容外戚作奸犯法，杜绝请谒之路，要修饬内政，使他们戒奢从俭，修养德行。[1]

明世宗嘉靖皇帝朱厚熜的母亲章圣太后蒋氏也曾经撰有《女训》专著，用以教导闺门。《女训》共十二篇，分别为闺训、修德、受命、夫妇、孝舅姑、敬夫、爱妾、慈幼、妊子、教子、慎静、节俭。[2]《女训》的内容与前面的《内训》有相似之处，都旨在教导妇人的贞顺端庄之德。《女训》尤其强调妇女的柔顺、从命，在家要听从父母之命，出嫁后要听从舅姑之命、夫君之命。《女训》要求，妇女要宽宏德让而不妒忌，要体谅夫主的感情，对待丈夫的妾侍要友善慈爱，和她们和睦相处。这些内容是当时女子社会地位低下的产物，已经不适应当今时代的需要。但其中教导女子明理、仁爱、节俭等德行的内容，仍有它的可借鉴之处。

第二节 名臣家训

名臣家训中，方孝孺的《家人箴》彰显出一代儒臣的风骨；杨士奇对子侄事无巨细的叮嘱，显示出杨士奇极度小心谨慎的性格；杨继盛临死前对妻儿的嘱托，字字泣血，感人肺腑；张居正对儿子应试的教导，

[1] 楼含松主编：《中国历代家训集成（第三册）》，浙江古籍出版社 2017 年版，第 1584-1594 页。

[2] 楼含松主编：《中国历代家训集成（第三册）》，浙江古籍出版社 2017 年版，第 1926-1933 页。

从中可以看出古人准备科举考试的学习历程；高攀龙对子孙的训诫，展示出他传统的儒家立场和对程朱理学的服膺；史可法临死前的遗书，字字悲愤，令人动容。

方孝孺（1357—1402），字希直，一字希古，号逊志，浙江台州府宁海县（今浙江宁波）人。明朝著名大臣、学者。方孝孺写有《家人箴》，系统阐述自己的诫子思想。方孝孺作《家人箴》的初衷，是鉴于讨论治理事务的人常常重视天下而忽略了家庭，从古至今，政治布行于天下者，每世不缺；而教化洽于家庭者，自古以为困难。方孝孺认为这可能是因为家庭由具有血缘亲情的成员组成，恩爱多则礼仪不行，关系亲近则法规不举。而“齐家”对于“治国、平天下”具有重要意义，因此方孝孺要写作箴言，专门遗教于家庭，并垂戒后世。

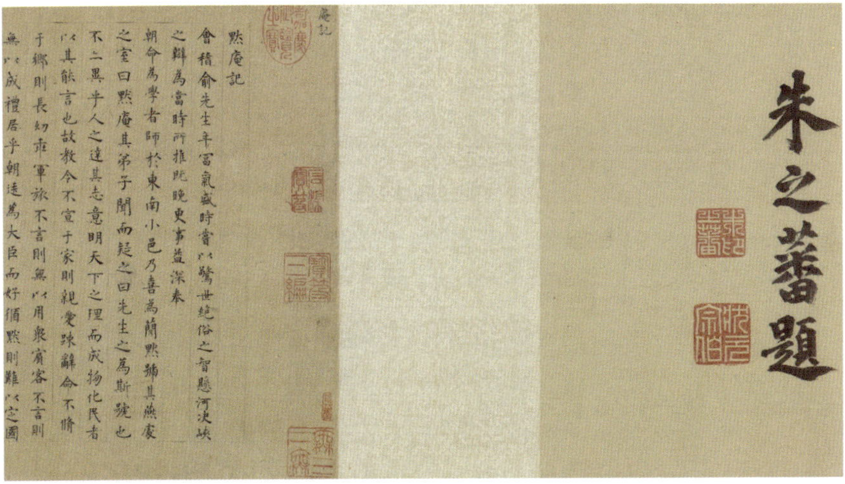

方孝孺墨宝

方孝孺的《家人箴》主要列举了为人处世、修身治家方面应当遵守的几项原则，以及应该戒绝的几项缺点。

在为人处世方面，方孝孺首先强调“正伦”的重要性。所谓“伦”，指的是父子有亲、君臣有义、夫妇有别、长幼有序、朋友有信这五种基本的人伦关系和相应的处理原则。这五伦是凡为人所共有的，是天所赐予的，如果不遵守五伦，就是背天、弃人，成为非人的禽兽。其次应该谨守礼仪。他指出，循礼而行，虽然困难，但对于保全自身及家庭有益；放纵疏忽，虽然安逸简单，但是正是祸患所产生的地方。方孝孺感叹当时的人们大多安于放逸，疏忽行礼，大家都认为礼仪是虚伪的行为，恭敬谨慎不足以奉行，致使尊卑上下失去节度，违背道理、超越伦常的事情层出不穷，最终给自己和家人带来祸端。上天赐给人手足，使人能行俯仰跪拜的礼仪，人就应当遵行天道，时时警戒，恭敬地待人行事。第三应该“崇畏”，即培养敬畏的心理。在一个家庭中，如果父兄严厉而富有威严，那么子弟就相率听从，不敢怠慢骄横。如果人人自以为贤能，追逐自己的私利，那么就容易招致祸败。所以，君子应当“崇畏”，应该“畏心”“畏天”“畏己有过”“畏人之言”，也就是畏惧上天和自己内心的谴责、畏惧自己犯错、畏惧他人之言，这样才能谨慎行事，少犯过错。第四是“审听”。听人言语应心平气和，既要察知其言，又要审知其意。勿轻信，勿固疑，应该择善而从。对于亲近自己的仆人和侍妾的言语，尤其要小心谨慎，杜绝他们的谗佞之言和邪妄之心。第五是“谨习”。习，指平日所习染的人和事。“谨习”的意思是要谨慎于日常所习染的人和事，不要亲近卑污轻佻的人和事，这些容易使人养成侧媚倾邪、矫饰诞诡的习性。第六是“择术”。应当择求礼义而不是汲汲于财利。因为礼义可求而得，且可赖以安身；财利则求未必得，也未必使人安宁。第七为“慎言”。应当言语时，沉默就是过失；不应当言语时，言语就是过错。二者当中要做一个选择的话，宁肯失于沉默，也不能失于过分的言语。言语不当尤其容易招惹祸患。因此，出言评论应当以义理作为判断的标准。如果合乎义理仍然遭受了耻辱，那么就不是自己的过错了。

在理家方面，方孝孺首先强调祭祀。因为人的生命和身体皆受于祖先，因此祖先的恩德不可遗忘，必须按照时节恭敬地祭祀他们。

在为学方面，方孝孺充分肯定了学习的重要性。他指出，通过学习，可以达到尧舜的仁，颜回、孟子的智慧，以及圣贤的盛德境界。而不学习则将沦为禽兽。学习关键在于能够笃行。在家则实行孝悌，在乡里则实行义让。这样，即使身份低微、没有官位，他人也不敢轻慢。他认为古人的学问要道就在于不断地修行，以成贤、成圣自期，不达目的，永不停止。

人应该摒弃的几项缺点中，方孝孺认为首先应当“绝私”，即弃绝自私。所谓自私，就是“厚己薄人”，损人利己。但方孝孺认为过度的“厚人薄己”，也是不适宜的事情。最合适的就是“物我同视”，应当遵循公平正义的道理行事，使双方各有所安。与自己关

系亲近的人，要能看到他的缺点，爱护而能明辨是非；与自己关系疏远的人，要能看到他的长处，而不随意生起厌恶之心。爱护和厌恶的心理，应当以义作为衡量的标准。

第二在于“惩忿”。忿怒最容易兴起祸端，所以我们在发怒的时候，应当忍耐住怒气，而思索自己的发怒是否恰当。忿怒容易产生的情景在于人们以言语相忤逆，对方说的话令自己忿怒，就要思考对方的话是否正确：如果是正确的，那么就不应该发怒，反而应该看出这是一个直言不讳的人；如果对方的话是错误的，那么只能证明这个人是一个狂人罢了，自己更加不值得发怒和与一个狂人计较曲直是非。君子发怒，应该审查于义理，看是否适宜，而且应当得饶人处且饶人，不苛责他人，才能为自己留一分余地；较少地招致他人的怨恨和厌恶，才能长久保存自身。

第三在于“戒惰”。方孝孺以圣贤尚且勤勉不息来劝诫普通人，勉励人们不要安于卑微固陋的处境，而整日无所事事，安逸放纵度日。应该珍惜时光，莫使光阴流失、老而后悔。[1]

杨寓（1365—1444），字士奇，号东里，泰和（今属江西）人。杨士奇历经明惠帝、明成祖、明仁宗、明宣宗、明英宗五朝，做内阁首辅长达二十一年。杨士奇曾写给子侄诸多书信，以训诫他们。除了惯常的教子侄读书学问、砥砺德行外，还涉及许多琐细的事务，从中我们可以看出杨士奇为人极其小心谨慎。比如他的《嘱咐侄昇缘路事宜（二十二事）》，对侄子坐船出行途中沿路的大小事宜，嘱咐得十分详细。

[1] 楼含松主编：《中国历代家训集成（第三册）》，浙江古籍出版社 2017 年版，第 1380-1384 页。

他命令侄子在舟中要时常掩闭门窗，以免妇人女子从外面窥觑；

船只停泊之时，要约束妇女孩童，命他们不可喧哗啼笑，要保持安静；

做饭之时只可令刘林生、阮微在外整理，孙儿、夫容不允许出去；

舟中要戒绝煎炒烧炙一类可能引发火灾的事情，使用火炉时一定要小心谨慎；

行路途中遇到旧相识，一定不可停留；

晚上休息停泊时，要寻觅安稳的地方，如果天还未晚，遇到安稳可停之处，就可以停下来了，不要贪赶路程；

遇到云气风色有变化，要早早地找到可以停泊之处；

停泊之时，需要观察邻船人的情况，看有无危险；

夜晚泊船休息的时候，不可以睡得太死，要安排人轮流值夜警惕；

遇到有卖薪柴米面的地方，可以提前买来预备着，不可等到空乏了再买；

行船的时候，如果遇见和别人拥挤的情况，要避让他人，不可生是非；

遇到口岸，不可以淹滞停留，经过南京的时候，最多可以停留三日，不可以久停；

沿路每经过一处，就要检点收拾行装，开船的时候要检查清楚再出发；

要严格约束家里人，不可放纵姑息；等等。[1]

这些都是日常出行途中的小事，有些我们能想

[1] 楼含松主编：《中国历代家训集成（第三册）》，浙江古籍出版社2017年版，第1625页。

到，有些我们可能就想不到了，但杨士奇不厌其烦地一一对侄子加以叮嘱，可见他的细心。

杨士奇临终之时对家人的嘱咐，更是事无巨细，将棺柩的运送、灵座的摆设、选择葬地、修墓、修坟、立碑、法事等安排得详细明白，从中也可以看出杨士奇的鬼神观念。

杨士奇命家人在自己死后，用平日私下里所穿的深衣入殓，棺材中不可放置金银等物品，要制作魂帛、设置灵座。

在自己死后，要紧急寄送书信给儿子杨稷，命他更换丧服办理丧事，在家里设置灵席。棺柩运送的过程中，杨稷不需要远来迎接，只需要在棺柩到达吉安之时，前来迎接。而新妇和孙子只需要在棺柩出舟的时候来接待。

棺材里里外外刷漆需要周密，运送途中，舟内要带着油漆备用。行舟途中，经过某些地方都要奠告。

运送到家之后，要将棺柩安置在正厅，也要奠告。在灵座前可以跟随世俗，设置自己的影像（画像），杨士奇担心孙儿辈不认识自己。

其他一切丧事，依照《文公家礼》斟酌而行。

选择墓地的时候，要选取地势高平、土壤干燥、不生水蚁、没有坳风的地方，要选取后来不至于成为人的住宅、窑场或者道路的地方。

作墓时，需要挖掘并列的两个墓穴，杨士奇自己居于左穴，将右穴空置以等待郭夫人。

作坟之时，只可用自家的费用，杨士奇说自己有银酒瓶和盂，大约值二十余两，足够准备砖石等物件

了，不可以花费乡里人的钱财。要想使得坟墓经久而坚固，可以效仿王时彦学士埋葬母亲和丁维南埋葬妻子的做法。如果资财不够的话，就把自己平日所用的银酒杯六个卖掉供给资费。要将十个小撒盏留下，以待郭夫人他日安葬之用。

坟墓前不要作享堂，也不要修筑墙垣，只需要用土加厚夯实。如遇雨水冲刷倾塌，只是随即加筑罢了。

坟前不要建立神道碑，不要立石人、石兽，只需要立一个望石，遵照我的遗命加以题字。

靠近坟墓的地方要备置一些田土，以备日后祭祀扫墓之用。

杨士奇命令家人在自己去世之后，不可以跟从世俗延请僧道作法事，杨上奇认为自己生平居官没有做过伤人害物的事情，死后断然不至于下地狱。因此绝对不可以请僧道作法事来侮辱自己。

最后，杨士奇说，如果你们违背我的命令的话，就是不孝。我死后有灵的话，也必然不保佑你们。[1]

杨继盛（1516—1555），字仲芳，号椒山，容城（今河北保定）人。嘉靖年间，历任兵部员外郎、刑部员外郎、兵部武选司员外郎等。因弹劾严嵩，被下狱死。严嵩倒台后，获得平反，追赠太常少卿，谥号“忠愍”。杨继盛在狱中时，给妻儿留下了遗嘱。

杨继盛对妻子张贞说，死有重于泰山，死有轻于鸿毛。当死而死者，重于泰山；不当死而死者，轻于鸿毛。杨继盛担忧以妻子激烈刚直的性子，可能在自己死后随之而去，因此告诫妻子当死、不当死之际重于泰山、轻于鸿毛的道理。杨继盛认为，世间妇人有

[1] 楼含松主编：《中国历代家训集成（第三册）》，浙江古籍出版社 2017 年版，第 1635-1636 页。

夫死而自己随之而去的，这是因为夫主没有留下儿女需要守护，因此可以随夫而死。若是夫主留下了孤儿幼女需要养育，那么妇人一身就是夫主宗祀命脉、一生事业所系，这时，妇人如果选择死亡的话，就是轻于鸿毛，而且还要被众人唾骂了。杨继盛说，我被打了一百四十棍还不死，这是老天保佑。我那时都没有死去，这时岂有死的道理？万一要死，也是重于泰山了。所可惜的，就只是两个儿子尚且年幼，读书都有进益，将来都能够有所成就的，就只怕我的事情耽误了他们。还有一个女儿尚未出嫁，假如没有人看管教导的话，恐怕会惹人嗤笑。我即使死了，留你在世，教导我的儿女长大成人，各自成家立业，就像我活着的时候一样了，那么我在九泉之下，也放心，也欢喜，也感恩你。如今咱们这一家，没有我也就罢了，假若再没有了你，恐怕就要家破人亡，称了人家的愿望，惹人家的嗤笑了。你是一个最聪明、知道理的人，哪里需要我说呢？只是要你戒除激烈的性子，以我的儿女为重才行啊。杨继盛还嘱咐妻子张贞要凡事让着哥哥，让他占些便宜，他就高兴了，不可与他争竞，哥哥虽然不懂得大道理，但也不是什么坏人，没有别的意思，就只是爱占便宜的心肠罢了；要时常照看着二姐、四姐；对五姐、六姐，也要在庶母死后多亲近她们。杨应民，自幼养活他一场，也要分给他一些田地。杨继盛对妻子的殷殷嘱托，痛彻心扉。

杨继盛对两个儿子也有交代。他命令儿子首先要立起志向来。起初立志做一个君子，尚且有后来变为小人的；更别说初时连一个志向都没有，更是进退无据，无所不为，将成为天下的小人，被别人所贱恶。人要发愤立志做一个君子，不管后来做官还是不做官，别人都会敬重你。心为身之主，心中须存天理，存公道，摒弃人欲和私意，时常反省自思，扩充内心好的念头，而及时将恶念掐灭。不可以做分毫违心害理之事，这样才能获得上天的庇佑。若是将来做官的话，必须正直忠厚，赤心报国。固然不可以效仿我的愚妄之举，但也不要因为我因忠心遭遇祸端，就改变了自己的心性，反而懈怠了为善的志向，惹出别人“父贤子不肖”的嘲笑。杨继盛还嘱咐儿子要孝顺母亲，兄弟间要互相敬让、和睦相处，要各自教导自己的媳妇，在分祖产时要让着堂兄弟，对二姑、四姑要照拂，对五姑、六姑也不可视作路人，族人中有饥寒或无力丧葬嫁娶的，也要周济他们。在读书学问、与人交往方面，杨继盛也有诸多嘱托，字字发自肺腑，表现出杨继盛对儿子的殷殷期待。

文章最后，杨继盛要求家人们将这封书信装在一个布袋子里，放在前桌上。每月初一、十五都要聚集全家大小在座位前参拜过后，将这封手卷从头到尾念一遍，全家人要仔细倾听。即使当天有什么要紧的事情，也不要荒废了这件事。[1]

张居正（1525—1582），幼名张白圭，字叔大，号太岳，湖北江陵（今湖北荆州）人。明朝嘉靖、隆庆、万历年间著名政治家。《示季子懋修书》是张居正写给三儿子张懋修[2]的一封家书，意在指导儿子读书、应对科考的方法。张居正首先指出张懋修幼年时资质聪颖，但长大之后的一段时间内，唯务求古而博览，

[1] 楼含松主编：《中国历代家训集成（第四册）》，浙江古籍出版社 2017 年版，第 2286-2290 页。

[2] 张懋修，字惟时，号子枢，江陵（今属湖北）人。他虽为宰相之子，但无纨绔之气，聪明好学。万历七年八月，他考中乡试，名列第 12 位。翌年二月会试，考中第 13 名——第一名会元被汉阳（今属湖北）人萧良有夺得。三月十五日殿试，张懋修高中榜首，成为明代第 67 位状元。

反而荒弃了对于应试时文的写作磨炼，导致科考失利，越来越退步。张居正举出自己应试时的经历，指出在未完成功业前，应当殚精竭虑于科举时文的创作，而不是驰骛古典，耗费精力。

高攀龙（1562—1626），字存之，又字云从，世称“景逸先生”，江苏无锡人。他曾是东林党领袖，后被魏忠贤等人迫害致死。高攀龙笃奉儒家学问，尤其是程朱理学，因此他告诫子孙欲行儒家的经世之道，首先在于穷理。穷理首先要读书。高攀龙推荐子孙所读的书目为《小学》[1]、《近思录》[2]、“四书五经”[3]、周程张朱[4]语录等，其中除了四书五经是儒家经典著作外，其余均为程朱理学的相关著作。

高攀龙首先告诫子孙要做一个好人。因为“作得一个人”是立身天地间的第一要义。做一个好人，从眼前来看是不便宜、没有好处的事情；但从长远来看、从总的来说，确实是有极大便宜、极大好处的事情。反之，做一个坏人，眼前来看是大便宜，能得到大好处；从长远来看，则是极大的坏处。

要做一个好人，首先要读儒家四书五经、程朱理学之书以穷理。

其次是要亲近贤人。高攀龙认为，亲近贤人，不妨亲近狂傲狷介之人，但不可与世间庸俗之人为伍。取人不可只以其才，因为世间小人多半有才华为他修饰；要以他人的忠信之德为本，而与之结交。交友不贪多，只要结交少数几个贤人就可以了，因为人才难得，而知人实难，所以取人不可不谨慎。

做人要坚持几个原则，如，要与人为善，遇事多

❶《小学》由朱熹与其弟子刘清之（字子澄）合编，是一本普及封建伦理道德教育的启蒙读物。内容从“四书五经”等古代典籍中摘录编辑而成。

❷《近思录》是朱熹与吕祖谦共同编辑的一部理学著作。书中精选了周敦颐、张载、程颢、程颐等宋代理学家的著作共622条，分为14卷。

❸四书：《大学》《中庸》《论语》《孟子》
五经：《诗经》《尚书》《礼记》《周易》《春秋》

❹周程张朱为理学家周敦颐、二程（程颢、程颐）、张载、朱熹的合称。

忍让他人，平日应节俭度日，使有余财以济贫救困。要言语谨慎，不可轻易伤人，招致怨恨。要常思己过，凡事多自认自己的不是，才能使别人敢于开口说出不同的意见，久而久之，自己就会见识广博而心思细密。要少杀生，多食素菜。要以纲常名教为念，不可贪财好色，不可沾染嫖赌等恶习。不可淫人妻女，不可贪求非分之财。因为，淫人妻女者，其妻女也将淫人；货财悖而入者，也将悖而出。[1]

[1] 楼含松主编：《中国历代家训集成（第五册）》，浙江古籍出版社 2017 年版，第 2844-2847 页。

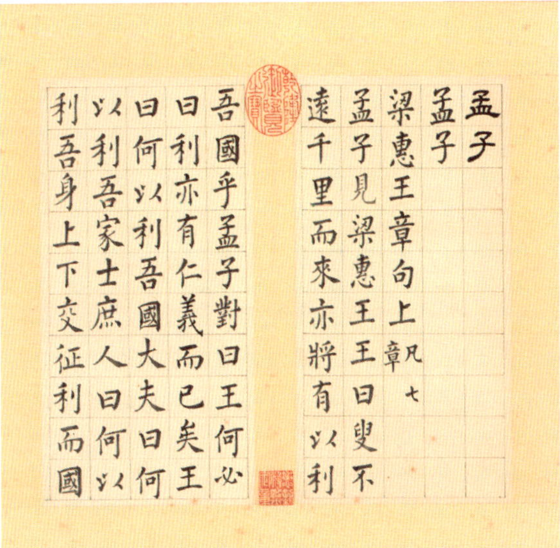
孟子
孟子
梁惠王章句上 凡七章
孟子見梁惠王王曰叟不遠千里而來亦將有以利吾國乎孟子對曰王何必曰利亦有仁義而已矣王曰何以利吾國大夫曰何以利吾家士庶人曰何以利吾身上下交征利而國

《孟子》内页

史可法（1602—1645），字宪之，号道邻，顺天府大兴（今属北京）人。崇祯年间官至户部右侍郎兼右佥都御史。崇祯十七年（1644），清兵攻破北京后，史可法与众臣拥立福王朱由崧为弘光皇帝。史可法官至兵部尚书。弘光元年（1645），史可法被清廷杀死于扬州。史可法在临终之前曾留下数封遗书嘱托家人。

史可法嘱咐母亲在自己死后不可过于悲伤，这样自己在九泉之下，也没有什么遗憾了。由副将史德威在办理自己的丧事，希望母亲能像对待亲孙子一样对待史德威。

史可法对妻子的遗书是："可法死矣！前与夫人有定约，当于泉下相候也。"[1] 表达与妻子同生共死的约定。

留下遗书给叔父、长兄、诸弟、诸侄说："由副将史德威为我办理丧事，之后要将他收入我的门下，作为史家诸侄一辈。你们千万不要辜负我的话。"[2]

[1] 楼含松主编：《中国历代家训集成（第五册）》，浙江古籍出版社 2017 年版，第 3265 页。

[2] 楼含松主编：《中国历代家训集成（第五册）》，浙江古籍出版社 2017 年版，第 3266 页。

第三节 文士家训

名士文人家训中，薛瑄教导子孙要遵守伦理，身体力行；陈献章劝诫子弟必须掌握一门足以谋生的技艺；王阳明告诫子侄为学做人首先要立志，将立志说反复强调申明；吕坤的《续小儿语》以四言、六言、杂言等形式，生动形象地阐述为人处世的道理；陈继儒的《安得长者言》，编集俗语而成，富有哲理；徐复祚《家儿私语》不惜披露家丑，用以垂戒后人。

薛瑄（1389—1464），字德温，号敬轩，河津（今山西运城）人。明代著名理学家，河东学派[3] 的创始人。清代学者视薛瑄为朱学传宗，称之为"明初理学之冠"，"开明代道学之基"。高攀龙认为，有明一代，学脉有二：一是南方的阳明之学，一是北方的薛瑄朱学。薛瑄几乎与王阳明有分庭抗礼之势。薛瑄在其《诫子书》中用简短生动的语言，劝谏子孙当保

[3] 明以薛瑄为代表的学派。因其为河东（今山西一带）人，故名。河东学派继承并发展了程朱理学的思想，在中国学术思想史上有重要地位。薛瑄修正朱熹的"理先气后"说，认为"理只在气中，决不可分先后"。

全伦理，做一个真正的人。薛瑄认为人与禽兽的区别就在于“伦理”二字。所谓“伦”，就是父子、君臣、夫妇、长幼、朋友五种关系的伦理秩序，所谓“理”，就是父子有亲、君臣有义、夫妇有别、长幼有序、朋友有信这五种天理。人如果没有伦理，就会像动物一样只知道渴则饮水、饥则食肉，以及满足雌雄男女的欲望。除此之外，就饱食终日，无所事事。薛瑄认为这种生活就是禽兽之行。人要摆脱禽兽状态，做一个真正的人，就必须学习圣贤修道的教训、垂世的典籍，比如“四书六经”之类的学问，要“诵读之、讲习之、思索之、体认之，反求诸日用人伦之间”，也就是读书要反复诵读讲习，思考其中的含义，还要能够结合现实生活中的实际，体认其中的道理。比如，圣贤讲父子有亲，自己就要从父子的身上，探察思考如何做到父子有亲；圣贤讲君臣有义，自己就要从现实中的君臣身上，思考如何做到君臣有义；圣贤讲夫妇有别，自己就要思考如何做到夫妇之别。不仅要学习书本上的道理，还要身体力行地探究其中的精微之处，并努力去实行。

陈献章（1428—1500），字公甫，别号石斋，人称白沙先生，广州府新会县（今广东江门）人。明代杰出的思想家、哲学家、教育家，心学的奠基者。他的《诫子弟书》提出一个较为独特的观点。他认为，后继子孙不是只有犯了极大的罪恶才导致家庭的衰落，缺少才能或者才能不为世俗所用，也会导致家庭的困顿和倾覆。陈献章举了一个例子来说明这个道理：里中有一个以弹奏琴瑟等弦乐器为生的人，他通

过教授别人弹奏琴瑟来获利；到了他儿子那一辈，又专门依靠琴瑟为生，琴瑟技艺逐渐衰微，而家庭也日渐困顿，几乎到了无法生存下去的地步。陈献章认为立身于世，必须有“取重于一世之术”[1]，不能操持一些世人不需要的技艺而谋生，或者世人需要的技艺自己又全然没有，这样就会导致生活困顿。陈献章认为子弟们应当努力磨炼自己的才能，而不应该在困顿失败时，将一切归咎于“命”。[2]

王守仁（1472—1529），本名王云，字伯安，号阳明，浙江余姚人。明代著名的思想家、哲学家，心学的代表人物。王阳明曾应弟弟王守文的邀请，专门写了一篇文章展示给弟弟为学立志的要道。文章言，为学首先在于立志。如果不先立志，就像树木没有根本，人们无论怎样为其培土灌溉，也是徒劳而无功。世俗之人之所以因循苟且，随波逐流，最终归于卑污，就在于其不立志。王阳明所谓的立志，在于立成为圣人之志。而他所认为的圣人，就在于“其心之纯乎天理而无人欲之私”[3]。立志成为圣人者，也应该使内心只存天理，而无人欲。去人欲、存天理的方法就在于“正诸先觉，考诸古训”[4]。“正诸先觉”，就是要向先觉者学习。所谓“先觉者”，就是比普通人先明白道理的人。王阳明认为师事先觉者，就要唯其命是听，老师的言语有与己不合的，不能随意丢弃不管，而要认真地思索；思索不通的，需向老师请教辩论，务必求得理解。王阳明尤其注重师道尊严，认为学生必须对老师有尊崇笃信之心，绝不可有轻慢忽视之意。学生对于老师所讲的道理，不认真去听，或者听后不

[1] 陈明编：《家训》，新星出版社 2016 年版，第 139 页。

[2] 陈明编：《家训》，新星出版社 2016 年版，第 139 页。

[3] ［明］王守仁著；王晓昕，赵平略点校：《王阳明集》，中华书局 2016 年版，第 231 页。

[4] ［明］王守仁著；王晓昕，赵平略点校：《王阳明集》，中华书局 2016 年版，第 231 页。

仔细思考、加以把握，都等同于没有向老师学习。“考诸古训”，就是读先贤先圣流传下来的经典，学习其中的教训。最基本的就是“四书五经”。王阳明认为读书一定要求其有益于己，能够学以致用，不能单纯停留于记忆、背诵、讲论等理论层面。在王阳明的学说中，立志不仅仅是树立一个目标的问题，而是深入骨髓，成为支撑人的精气神的东西。他认为，人立志则精神心思专注凝结，精神爽明，精气弥满，可以作为一个人的精神支柱，借助志向可以时常扫除懈怠、轻忽、急躁、嫉妒、忿怨、贪婪、骄傲、鄙吝等邪念和私欲。立志可以使人精神专一，专注于某项事业而百折不挠，达到精诚所至、金石为开的效果。[1]

王阳明的《书正宪扇》，是他写给养子王正宪的一封家书。其中阐述了王阳明希望子弟摒弃骄傲、谦虚恭敬做人的心愿。王阳明认为大多数人的毛病就在于骄傲。许多罪恶都从骄傲而来。因为骄傲，就容易自高自大、自以为是，不肯屈居人下。做儿子的骄傲，则不能孝顺父母；做弟弟的骄傲，则不能孝悌兄长；做臣子的骄傲，则不能忠顺长上。传说中尧的儿子丹朱、舜的弟弟象，都是因为骄傲，成为大奸大恶之人。王阳明指出，要去除骄傲的毛病，就在于做到“傲”的反面——“谦”。所谓“谦”，不仅包括外貌上的卑微谦逊，还必须使内心做到“恭敬”“撙节”“退让”[2]。“恭敬”“撙节”“退让”出自《礼记》，“撙节”，孙希旦解释为“有所抑而不敢肆，谓之撙，有所制而不敢过，谓之节”[3]，指人有所隐忍顾忌而不敢随意放肆，说话做事都有原则加以约束，务求合乎

[1] [明]王守仁著；王晓昕，赵平略点校：《王阳明集》，中华书局 2016 年版，第 231-232 页。

[2] [明]王守仁著；王晓昕，赵平略点校：《王阳明集》，中华书局 2016 年版，第 248 页。

[3] [清]孙希旦撰；沈啸寰，王星贤点校：《礼记集解》，中华书局 1989 年版，第 10 页。

道理。另外要经常反省自身的不是，才能虚心接受别人提出的意见。这样做人子就能孝，做人弟就能悌，做人臣就能忠。尧、舜能成为圣人，也在于他们的“允恭克让”[1]“温恭允塞”[2]等谦虚恭敬的德行。

王阳明的《赣州书示四侄正思等》进一步强调了自己的主张，认为侄子们应该“以仁礼存心，以孝弟为本，以圣贤自期”[3]，不求必中功名，但求光耀祖宗，为后代遗留福祉。他向侄子们重申了先前写给弟弟王守文的“立志说”，并告诫侄子们不可认为“立志说”是迂阔之谈而置之不理。他希望侄子们能够抄录一份，放置于几案间，朝夕省览，体味其中的道理。

吕坤（1536—1618），字叔简，一字新吾，号抱独居士。明朝大臣、哲学家、文学家。代表作有《呻吟语》《去伪斋文集》《实政录》。吕坤的父亲吕得胜作有《小儿语》，吕坤在父亲的基础上作《续小儿语》《演小儿语》，以作为孩童的训诫。《续小儿语》分为上、中、下三卷，每卷均有四言、六言、杂言数种语言形式，主要编集日常生活中应注意的事项或人生哲理而成。语言简洁通俗，读之朗朗上口。例如：

“仇无大小，只怕伤心，恩若救急，一芥千金”[4]，予人结仇不在于事情的大小，只怕真正令他人伤心；予人恩惠，不在于钱财多少，真正能够救急的，哪怕是一碗稀粥、一餐麦饭，也令他人感激不尽。

“内要伶俐，外要痴呆，聪明逞尽，惹祸招灾”[5]，为人内心要智慧明达，但外表要光华内敛，低调谦虚，最忌讳争强好胜的小聪明，只是为自己招惹灾祸罢了。

“责人丝发皆非，辨己分毫都是，盗跖[6]千古

[1] 李民，王健撰：《尚书译注》，上海古籍出版社 2012 年版，第 1 页。

[2] 李民，王健撰：《尚书译注》，上海古籍出版社 2012 年版，第 9 页。

[3] [明]王守仁著；王晓昕，赵平略点校：《王阳明集》，中华书局 2016 年版，第 840 页。

[4] 楼含松主编：《中国历代家训集成（第四册）》，浙江古籍出版社 2017 年版，第 2590 页。

[5] 楼含松主编：《中国历代家训集成（第四册）》，浙江古籍出版社 2017 年版，第 2591 页。

[6] 盗跖（zhí），姬姓，展氏，名跖，又作、雄，又名柳下跖、柳展雄，在先秦古籍中被称为“盗跖”或“桀跖”，中国民间传说中春秋时期率领盗匪数千人的大盗。

元凶，盗跖何曾觉自”[1]，人们一般在责备别人的时候，头发丝都能指出过错，但为自己辩护的时候，就觉得自己没有不对的。盗跖是千古负有骂名的盗贼，但盗跖自己何曾觉得自己有过错？

“见人忍默偏欺，忍默不是痴的”[2]，欺软怕硬的人看到别人忍耐沉默就欺负别人，别人又何曾真正痴傻呢，只是在心里笑你，或者事后再找你算账罢了。

“童生进学喜不了，尚书不升终日恼”[3]，童生的时候，学业稍微有一些进步就欣喜不已，但坐到尚书郎[4]的高位，反而因为不再升迁而烦恼不已。这是告诫人们要知足常乐。

“忙里要斟酌，担迟不担错”[5]，事务繁忙杂多的时候，要小心谨慎，宁肯稍微迟缓一点交差，也不要将事情办错。

“鸟兽无杂病，穷汉没奇症”[6]，鸟兽没有很多奇怪的病症，穷汉也是如此。这是因为穷汉没有过多的美食厚味供养，反而能保持自身的清净健康。

吕坤的《演小儿语》以改编儿歌的方式训诫世人，语言诙谐幽默，事例生动。如，“打哇哇，止儿声，越打越不停。你若歇了手，他也住了口”[7]，说明父母教育子女，有时要以静制动的道理。“绑身袄儿休嫌破，但贴皮肉就暖和，不信貂绵挂满房，就里赤身也冻僵”[8]，说明远亲不如近邻的道理。

陈继儒（1558—1639），字仲醇，号眉公、麋公，松江府华亭（今上海松江）人。明朝文学家、画家。陈继儒二十九岁时就开始隐居不仕，闭门读书著述，擅长书法绘画。著有《陈眉公全集》《小窗幽记》《吴

[1] 楼含松主编：《中国历代家训集成（第四册）》，浙江古籍出版社2017年版，第2589页。

[2] 楼含松主编：《中国历代家训集成（第四册）》，浙江古籍出版社2017年版，第2590页。

[3] 楼含松主编：《中国历代家训集成（第四册）》，浙江古籍出版社2017年版，第2589页。

[4] 东汉时期官名。东汉设察举制，孝廉中有才能者入尚书台，在皇帝左右处理政务，初入台称守尚书郎中，满一年称尚书郎。

[5] 楼含松主编：《中国历代家训集成（第四册）》，浙江古籍出版社2017年版，第2589页。

[6] 楼含松主编：《中国历代家训集成（第四册）》，浙江古籍出版社2017年版，第2590页。

[7] 楼含松主编：《中国历代家训集成（第四册）》，浙江古籍出版社2017年版，第2600页。

[8] 楼含松主编：《中国历代家训集成（第四册）》，浙江古籍出版社2017年版，第2601页。

葛将军墓碑》《妮古录》等。陈继儒作有《安得长者言》，采录俗语哲言，垂训于后人。其中有值得借鉴的处世智慧。比如：

“闻人善则疑之，闻人恶则信之，此满腔杀机也”[1]，有的人听闻别人的长处就疑心是侥幸所得，听到别人的过恶就深信不疑，这实在是心胸狭隘、不能容人的表现。这是教导后人要心胸宽广，不嫉妒他人。

“宦情太浓，归时过不得；生趣太浓，死时过不得。甚矣！有味于淡也。”[2]仕宦之时，过于沉迷其中烈火烹油般的繁华盛景，在失去之时就会格外难受；筵席中过于享受其中的热闹欢乐，在筵席结束的时候，就会尤其感觉冷落寂寞。人生至味是清欢，能够体味平淡中的滋味，才能持久回甘。这是教导后人不要过于沉迷功名利禄，不要追求热闹的聚会，平平淡淡才是生活的本味。

“朝廷以科举取士，使君子不得已而为小人也。若以德行取士，使小人不得已而为君子也。”[3]陈继儒对当时科举的风气有所批评，认为当时科举考试只是考查人的才学文章，尤其是作八股文[4]的功夫，对于人才的实际德行难以察觉，读书人过度沉溺于八股文的研究写作，反而忽略了修身养德的功夫，使得君子也不得已成为小人。

“奢者，不特用度过侈之谓。凡多视，多听，多言，多动，皆是暴殄天物。”[5]奢侈，不仅仅指财物用度消耗过多，凡是过度视、听、言、动，也叫作奢侈。陈继儒的这种观念对当今人们也有启发意义，如过度

[1] 楼含松主编：《中国历代家训集成（第五册）》，浙江古籍出版社2017年版，第2826页。

[2] 楼含松主编：《中国历代家训集成（第五册）》，浙江古籍出版社2017年版，第2826-2827页。

[3] 楼含松主编：《中国历代家训集成（第五册）》，浙江古籍出版社2017年版，第2827页。

[4] 八股文是明清时期科举考试采用的标准文体，也称制义、制艺、时文。八股文章以“四书五经”取题，有固定的写作格式，由破题、承题、起讲、入题、起股、中股、后股、束股八部分组成，后四个部分每部分有两股排比对偶的文字，合起来共八股。

[5] 楼含松主编：《中国历代家训集成（第五册）》，浙江古籍出版社2017年版，第2828页。

沉迷于游戏娱乐是奢侈，过度贪求美食厚味也是奢侈。

“士大夫不贪官，不受钱，却无所利济以及人，毕竟非天生圣贤之意。盖洁己好修，德也；济人利物，功也。有德而无功，可乎？”[1]陈继儒认为士大夫为官不贪财、不受贿，清廉自守，却对百姓不施以恩惠，对百姓没有什么实际用处，这样做官是不足够的。因此教育后人为官要有德有功，既要保持自身清廉、修养自我的德行，又要周济他人、有利于万物。

徐复祚（1560—1630？），原名笃儒，字阳初、讷川，号謩竹、三家村老。江苏常熟人。明代戏曲家、戏曲理论家。著有传奇《宵光剑》《红梨记》《投梭记》等，杂剧《一文钱》等。戏曲理论著作为《三家村老委谈》，又名《花当阁笔丛谈》。徐复祚著有《家儿私语》，将亡兄、嫂嫂等人的事迹写出，作为后人的镜鉴。为了保持真实性，将兄长徐昌祚、嫂嫂王宜人贪财杀姑的恶行悉数道出。徐复祚的兄长徐昌祚心胸狭隘而多欲贪财，经常盛气凌人，又喜好结交匪人。嫂嫂王宜人性格狡诈，因为目疾而损失了一个眸子，因此失宠于兄长，平日里窥见徐家姑姑收藏的金银较多，就想着讨好姑姑而骗取她的金银，以此来讨好丈夫。徐家姑姑（徐复祚父亲的亲妹妹）起先嫁给了瞿太学，瞿太学为人憨厚，但容易受人欺骗。有人和瞿太学有嫌隙，打算陷害瞿太学，于是编造了徐家姑姑与人有染的谣言。瞿太学听说之后，竟然相信了谣言，休弃了徐家姑姑。徐复祚的爷爷本来打算裁制（杀死）自己的女儿，但徐复祚的奶奶十分疼爱女儿，从中百般庇护，才使得徐家姑姑免于被杀。从此以后，徐复

[1] 楼含松主编：《中国历代家训集成（第五册）》，浙江古籍出版社2017年版，第2832页。

祚的爷爷终身不再与女儿见面，并把女儿幽禁在一间房子里。后来徐复祚的爷爷、奶奶相继去世，徐复祚的父亲就将妹妹嘱托给安宜人看管幽禁，也不再与妹妹见面。后来安宜人也去世了，徐家姑姑就被交托给嫂嫂王宜人看管。王宜人看到姑姑私藏了许多钱财，有意结交讨好姑姑，于是将姑姑安排住在自己附近的房间里，并专门找了一个浮浪子弟，打算为姑姑相亲。在嫂嫂王宜人的巧妙安排之下，姑姑看上了这个浮浪子弟，同意了和他私奔的计划。嫂嫂王宜人伙同哥哥徐昌祚一起欺骗姑姑，说是要为私奔事宜做准备，骗得姑姑将私藏的钱财全部拿了出来。到了约定的私奔日期，姑姑跟着徐家的两个奴仆到了河边，两个奴仆竟然将手伸到姑姑的衣袖中掏摸银子。姑姑呵斥他们，两个奴仆就说："这里就是你的死地了，你还呵斥我们做什么呢。如果你能将身上带的银子全部交出给我们，说不定还有回旋的余地。"姑姑这时才知道，这一切都是阴谋欺骗，大声地呼喊说："天呐，昌祚夫妇要杀我啊！"两个奴仆连忙捂住姑姑的口，将她身上的金珠宝贝全部搜刮走，最后将姑姑挤到了河水里，淹死了姑姑。后来幼弟徐鼎祚与哥哥徐昌祚有嫌隙，于是将王宜人杀害姑姑的事情揭发到府衙那里，当时受理案件的官员与哥哥徐昌祚也有仇怨。案件查办后，徐昌祚夫妇锒铛入狱。[1] 徐复祚不顾世俗"亲亲互隐"的传统勇于揭露家族恶行的行为令人敬佩，以其兄嫂的无德之行及惨烈后果警示后人积德行善，具有教化作用。[2]

❶ 楼含松主编：《中国历代家训集成（第五册）》，浙江古籍出版社 2017 年版，第 2836-2838 页。

❷ 封建时代，男尊女卑，男权社会对妇女的压迫比较严重，尤其注重女子的贞节问题。因此徐家姑姑在被诬陷与别人有染后，她的父亲和兄弟都不再与她见面，将她幽禁在房间里，才使得歹人有可乘之机。徐家姑姑的悲剧只是当时社会许多女子命运的一个缩影。

第八章

清代家训

清代家训资料丰富，蔚为大观。当时人有意识地创作大量的家训专著，用以垂训后人。家书、家信的写作也极为普遍，其中蕴含着丰厚的家训材料。由家规、家约构成的家训也不少。从形式上看，散文占据主体，诗歌、韵语等形式也夹杂其中。从内容上看，清代家训在为人处世、修养德行、读书治学、养生保健、治家教子等方面，给后人提供了相比前代更为细致多样的指导。由于篇幅所限，我们无法一一叙述，仅截取其中具有代表性的家训内容加以介绍。

第一节 帝王家训

清代帝王家训中，康熙训子的资料汇编《庭训格言》最具价值。其中内容涉及治政、用人、用兵、治学、养生等诸多方面，全方位地展现了一代明君的才华与智慧。清朝后任帝王虽也有家训传世，但光芒未能超越康熙。

康熙皇帝（1654—1722，1661—1722 年在位），名爱新觉罗·玄烨，年号“康熙”，庙号“清圣祖”，

在位61年，是中国历史上在位时间最长的皇帝。雍正皇帝（1678—1735，1722—1735年在位），名爱新觉罗·胤禛，年号“雍正”，庙号“清世宗”。雍正八年（1730），雍正编集康熙生前对诸位儿子的教训之言，成《庭训格言》一书。据雍正所作之序，康熙生前经常在用膳问安等日常生活场景中，对儿子们耳提面命，加以教诫。康熙对诸位儿子事无巨细皆加以悉心教导，经常随时示训、遇事立言。大的方面，教导儿子们对上天先祖的精诚，侍养两宫的纯孝，主敬存诚的奥义，任人布政的智慧，谨慎刑罚、重视农耕的仁爱，行军布阵、治理河患的谋略，图书经史、礼乐文章的渊博，天象地舆、历律步算的精深等；小的方面，教导儿子们治心治身，养性修身，射猎御车，方药、诸子百氏的论说等。雍正与诚亲王允祉共同加以整理记录，将康熙平日的训言荟萃成编。可惜的是时间久远，大概只能记录平日训言的千百分之一。雍正认为，虽然不能将圣祖康熙的所有训言一一记录，但这本《庭训格言》文辞精要，意旨深长，假如后人能够举一反三，引申扩充，那么对于格致诚正、修齐治平的道理，一定能够有所领会。雍正希望后世子孙能够恪守康熙的祖训，永久敬承。[1]

康熙对子孙的训言，按内容分，大致可分为修身处事、读书学问、驾驭下人、行营用兵等几个方面。

第一，修身处事方面，康熙尤其重视诚、敬、勤、俭、仁等德行。

诚，在于“凡事惟当以诚，而无务虚名”[2]。具体表现在：祭祀、礼神佛之时，需存心诚敬；处理事

[1] [清]玄烨著；李孝国，董立平译注：《庭训格言》，安徽师范大学出版社2015年版，第152-154页。

[2] [清]玄烨著；李孝国，董立平译注：《庭训格言》，安徽师范大学出版社2015年版，第159页。

务、对待诸位大臣时，要实心相待，不务虚名。

敬，是慎重的意思。当平安无事之时，则以敬自持；当事情到来之时，则以敬应事。事情无论大小，都需要谨慎小心，审慎思虑，以防微杜渐。要始终保持警惕之心，防患于未然。敬是君子修养德行最紧要的功夫。在内保持敬，则邪僻的心思就不会生出；在外保持敬，则懒惰傲慢之气就不会产生。

勤，指勤劳。世人大多好逸恶劳，康熙认为，人要经历劳苦才能知道真正的安逸是什么滋味。如果一直处于安逸的状态，不仅不能体会什么是真正的安逸，而且一旦遇到劳苦，反而不能忍受了。康熙对于各个部院的奏章必定要一一全部披阅，遇到有错字或不当的地方，必定以朱笔改正，然后发回各部院。外面的大臣以为康熙未必会亲自批阅所有的奏折，因此多有疏忽。但康熙说，当日用兵之时，事务繁多，一日的奏章多达三四百本，我都必定会亲自阅览，没有遗漏，现在只是一日四五十本而已，又怎么会不亲自批阅呢。

俭，是节俭。康熙提倡节俭，以宫闱用度为例，明代宫闱中每膳进献的食物浩繁，掖庭宫人达数千之多，稍有营建宫室，就花费巨万之资。而康熙朝各宫的妃嫔加起来，还不如明朝一宫的妃嫔多；宫闱中服饰用度一年的花费还不如明朝一个月花费得多；而康熙自己的膳食也很简省，除了赏赐宴会的需要，平日所食几乎没有兼味（两种以上的菜肴）。

仁是指恻隐之心。仁者应当以万物为一体，对世人万物都保持恻隐之心。自己安逸而常常想到别人的劳苦，自己安乐而常常体察别人的痛苦。凡是有利于

人的就去做，凡是不利于人的就去除。事情不论大小，只是尽自己的心力去做。康熙结合历史和现实的经验，认为战场上杀人过多的将军，往往不得善终，或者子孙后代无福，这就是杀孽太重的缘故。康熙观察到从战场下来的人往往对人命不是很重视，康熙曾经亲赴战场，他时常提醒自己不可以有这样的毛病。康熙对于秋季复审死刑的案件，尤其尽心竭力地仔细审查，以免造成冤案，枉害人命。

第二，读书学问方面，康熙告诫儿子们平日诵读和教授子弟，要以经、史为主。因为经是古圣先贤所道之言，史是古圣先贤所行之事，开卷必定能有益于身心。至于吟诗作赋，在熟读经、史之后，自然而然就会了。教授童蒙时，千万不可以让他们读小说。因为小说是编造拼凑而成，其中事迹多不合事理，世间愚人看了小说之后，信以为真，反而做出许多糊涂违礼的事情。康熙的教诫有一定的道理，经书是圣贤的教训，史书是较为真实的事件记录，阅读经史的确能让我们有很大的进益。但对于小说，我们不可以全然加以否定，应该提高鉴赏能力：对于其中不合逻辑的部分，我们要舍弃；对于其中有益于身心的部分，我们也可以学习。

读书要勤。康熙讲述自己读书的经历，以激励子孙勤学。康熙说，自己自从八岁登基后，就知道用功于学问。到了十七八岁，更是笃志于学，每天在未处理政事之前，五更（凌晨3—5点）即起床诵读，到了日暮处理完政事之后，稍微有余暇就讲论琢磨书中的道理，以至于曾经过度疲劳，痰中带血，但康熙并没有因此而停止勤学。我们认为，读书的确应当勤奋刻苦，但也不必至于呕血的地步，俗话说：“贵有恒，何必三更眠五更起；最无益，只怕一日曝十日寒。”只要每日坚持读完该读的书，做好该做的事，哪怕每天只是进步一点点，久而久之，日积月累，也一定能够产生相应的效果。没必要三更眠、五更起，损伤自己的身体。

读书学问要虚心。世人大多勉强以不知道为知道，往往不懂装懂，这样就不会进步。康熙说自己见到年高有德的人，必定要问他所经历的事情，然后切记于心，绝对不会自以为什么都知道、什么都会，而不去请教别人。即使是极为粗鄙的人，也有他自己才知道的事情，绝不能遗弃而不问，弃人之善。

康熙认为读古人之书要“审其大义之所在”[1]。以大义、大道将书中的道理一以贯之。至于个别字句之间，古人的记载也互有异同，没有必要指摘辩驳不休，来申明自己的一偏之见。读书要以明理为要道，在读完书之后，要能够以其中的道理指导现实事务，而不是读而不通，只会空谈字句典故。

康熙教训子孙：“凡看书，不为书所愚始善。”[2]意思是看书时要结合实际，辩证思考，不要被书本文字愚弄了。康熙举了一个例子说明这个道理：董仲舒的书上说“风不鸣条，雨不破块，谓之升平世界”，康熙认为，假如真的使“风不鸣条”，那么万物如何能鼓动发生？假若真的使“雨不破块”，田地里又如何能够耕作播种呢？所以说，古人书本上的许多文辞只是粉饰空文罢了，不可以信以为真。康熙特别注重

❶［清］玄烨著；李孝国，董立平译注：《庭训格言》，安徽师范大学出版社 2015 年版，第 176 页。

❷［清］玄烨著；李孝国，董立平译注：《庭训格言》，安徽师范大学出版社 2015 年版，第 162 页。

读书学问要结合实际，深切体察。比如，康熙看到大臣中有很多人写文章作诗时常以“埙篪”[1]二字比喻兄弟，但“埙”与“篪”究竟是何模样、有何特性，却极少有人见过，只是人云亦云罢了。于是康熙特地命乐工将“埙”“篪”展示给大臣观看，各位大臣自此才了解“埙”“篪”究竟为何物。

[1] 埙为古代土制吹奏乐器，篪（chí）为古代竹制吹奏乐器。因二者声音互相应和，故常用来比喻兄弟和谐。也借以比喻友情深厚。

第三，驾驭下人方面，康熙认为要宽严有度。在上者对待下人，固然不可以过于严厉，但也不可以过于宽纵。如果下人犯的是小的过错，可以宽宥的，也就宽宥了；至于不可以宽恕的大罪，康熙认为，也应该在当时就惩罚责备或者教导他们，不可以当时不责罚而留到后来记恨、记仇。如果当下不予责罚，而在日后时不时地慢慢折磨凌辱下人，只会使下人们恐惧害怕罢了，对于事情没有什么益处。康熙叮嘱儿子们：这是使唤下人的要道，一定要留心记住。

康熙反对儿子们像无赖小人或太监那样说脏话骂人。康熙认为，身为在上者，如果下人们犯了什么过错，轻的就责备他们一番，重的就责打他们，但不可以用污言秽语去辱骂他们，这有损在上者的体面。

康熙认为，用人方面虽然应当给予信任，但也不可草率轻信。因为在下者常常窥视在上者的意向喜好，而巧妙地投其所好，曲意逢迎。在上者一旦有所偏好，就容易使在下者有机可乘，投其所好以引诱主上。因此康熙说自己虽然对于诸项技艺无所不能，但从不曾对哪一项特别偏好，就是避免臣下以此来引诱。

康熙教诫儿子们平日里要多多管教下人，断然不可让下人干预外面的事务。康熙自己就从不曾让太监

参与政事，平日里只是命太监负责洒扫等杂事，从不让他们出外行走；日常闲谈时，也只是和太监们谈些家常琐事，从不曾谈及国家政事。康熙认为，下人的话不可以轻易听信，因为下人们经常是遇到可以贪便宜的地方，就只顾自己的利益，根本不顾及道义和主人家的名声。

第四，行营用兵方面，康熙曾告诫儿子们出外行走驻扎营地的诀窍。夏季、秋季的雨水容易造成隐患，驻营必须选择高地。凡是接近河湾和低洼的地方都绝对不可以居住。冬季、春季需谨慎提防火灾，驻营需要寻找草木稀疏、背风的地方，如果迫不得已必须住在草木多的地方，也必须将营帐外围的草木刈除，然后才可以住下。行营在外，先前有人住过的地方不可以再住，或者自己去时住过的地方，回来时不可以再住。康熙说这是清朝所遵循的旧例，都是行营的大忌，绝对不可违犯。

走远路时，行走数十里，马出汗后绝对不可以立即让它喝水。秋季还好一些，春季时，即使马还未出汗，也不可以让它喝水。否则，马一定会残疾。

康熙认为，为将之道，应当身先士卒。康熙谈及自己当年亲征噶尔丹时，统帅六师，从中路进兵。远路行军，担忧粮草不足，传令诸营将士每日只吃一顿饭，而康熙自己也跟着每日只进膳一次。每行至一处驻营之地，必定先命人探查水草的情况。缺水时，命人凿井开泉，蓄积水源，澄清污浊的水，务必保证人马的粮草和水源充足。正因为出师有名，治军得当，才能大败噶尔丹，平定叛乱。

第二节 名臣家训

清代的名臣家训中，张英的《聪训斋语》语言平易朴实，道理简洁易懂，富有哲理和智慧；纪昀对儿子的训诫，将伪君子的各种形态揭露得淋漓尽致，某些训诫也体现了纪昀的鬼神信仰，与《阅微草堂笔记》的主旨一脉相承；林则徐对儿子们的教导，表现出对儿子因材施教的豁达，不要求儿子一定要走上仕宦之路；曾国藩家书举世闻名，其中蕴含着诸多方面的道理；左宗棠对儿子们的教导也面面俱到，涉及治学、修身处世、治家理家等诸多方面；褚维垕教导儿子读书要寻找乐趣，富有借鉴意义；郭昆焘的做官法则内容新颖，展示了当时官场的一些情态；郑观应的七言训子诗，说理生动；张之洞对留学儿子的劝诫，披露了富贵人家的真实心理。

张英（1638—1708），字敦复，又字梦敦，号学圃，又号圃翁，安徽桐城人。他是康熙年间的大臣，是清朝有名的文人，也是清朝首席军机大臣张廷玉的父亲。他的《聪训斋语》是系统化的家训著述，包含着众多为人处世的道理。

在养心方面，张英倡导读书乃养心的第一妙物。他指出："人心"贪欲无穷，难制约，易放纵；"道心"幽微难明，易丧失，难把握。保持本心的不过劳、不过逸，关键在于读书以养心。不读书、不识事物的人，总是凄凄惶惶，心无所依，处于顺境也不快乐，处于逆境也不快乐，容易生起贪嗔痴恨等情绪。这是因为，他们只局限于自己生活的小世界，只认为上天对自己不公，让自己多受苦楚，而不知道无数先贤哲人早已经历过类似的、或者甚于自己百倍千倍的苦难。而这些见识需要读书才能获得。庸人总是多欲而贪求，当所求、所欲得不到满足时，就感到痛苦。行为不按照事物的规律，因此处处荆棘，寸步难行。无论富贵贫贱，贵在知足才能使内心安宁自足。

在读书方面，张英认为，首先，读书要分阶段性。人在二十岁之前和二十岁之后的学力迥然不同，因此这两个阶段所读之书也应当各异。在二十岁之前，人的精力旺盛，童蒙未开，用心单纯坚固，记忆力超强，所读之书经久不忘，因此，应该在这一阶段多读经典的、有价值的书，如六经、秦汉古文等，时文则须择取典雅醇正、有较高价值的、经得住时间考验的文章来读，不能把时间浪费在意义不大的书上。大约二十岁之后，才可根据需要，读时文，学习写作八股文，应付科举等。其次，读书要讲究方法。古人的书汗牛充栋，不可尽读尽观。因此应该追求看一本是一本，看一篇是一篇，不贪多，不求名，努力追求能够背诵并准确理解自己已经读过的文章，最好是能够掌握之后加以发挥利用。对于已经学过的知识，务必经常温习，牢固掌握。如果曾经读过某书，却全然不能说出里面说了些什么，这就叫作“画饼充饥”[1]，读了也等于没读。如果能够说出书里讲了什么，但自己不会灵活加以运用到实际生活中，这就叫作“食物不化”[2]，也没有达到应有的学习效果。

在交友方面，张英说张家家训素来有“保家莫如择友”[3]的话。首先，张英指出朋友对于自己的影响

❶［清］张英，张廷玉著；江小角，陈玉莲点注：《聪训斋语　澄怀园语——父子宰相家训》，安徽大学出版社2013年版，第51页。

❷［清］张英，张廷玉著；江小角，陈玉莲点注：《聪训斋语　澄怀园语——父子宰相家训》，安徽大学出版社2013年版，第51页。

❸［清］张英，张廷玉著；江小角，陈玉莲点注：《聪训斋语　澄怀园语——父子宰相家训》，安徽大学出版社2013年版，第44页。

的重要性。人在长大成家之后，渐渐对父母师保的依赖减少，转而结交好友。更有甚者，人们对于父母、兄弟、妻子的话听不进去，但却能听进好友的劝告。因此所交朋友的好坏尤其重要。若交友不慎，误交小人，就容易入其圈套，听其邪言，而陷于乖张罪戾。张英教训子弟，交友不在多，而在于选择德性谨慎淳厚、喜好读书学习的，交两三个人就足够了。除了担心子弟误交非人之外，张英还提出了两个比较现实的理由。第一是交友过多，容易滋生酒食玩乐的费用和应酬的烦扰，不仅浪费金钱，而且浪费时间和精力。第二是朋友众多，则婚丧嫁娶的事多，容易发生需要借贷、资助的情况；朋友遇到争讼、欺侮，需要求助于自己的事件也会增多。到时如果不给予帮助，就会落人口实，被指责为无情无义；但如果一一帮助，又会消耗自家的资财和精力。

在为人处世方面，张英结合自身的实际，提出众多需要注意的事项。如“忍”与“让”，张英指出，忍让须从小事做起，他结合自己在刑部办事的经验，指出天下间的大狱讼，大多起源于极小的事件。自己之所以处世五十多年，没有多受小人的侮辱，就在于善于从小处早“转弯”。在小事上，不争强好胜，不执着，不贪小便宜。这样才能避免很多的纷争。

张英的儿子张廷玉也有家训著作传世，叫作《澄怀园语》。《澄怀园语》是张廷玉的侄子根据张廷玉平日的言论纂辑而成，可以说是《聪训斋语》的续编。但整体来说，《澄怀园语》的价值不如《聪训斋语》。

纪昀（1724—1805），字晓岚，号石云，道号

观弈道人、孤石老人，直隶河间府献县（今河北沧州）人，乾隆年间重臣，官至礼部尚书、太子少保，是《四库全书》❶的总纂修官。他曾著有《阅微草堂笔记》❷。纪昀的训子书，思想独特，文风犀利峭刻。

❶《四库全书》全称《钦定四库全书》，耗时13年完成，分为经、史、子、集四部。由乾隆主持编订，纪昀等360多位高官、学者编撰，3800多人抄写。

❷《阅微草堂笔记》是清代短篇志怪小说集，属于笔记小说，主要搜集当时流传的乡野怪事和作者听闻的奇情逸事。

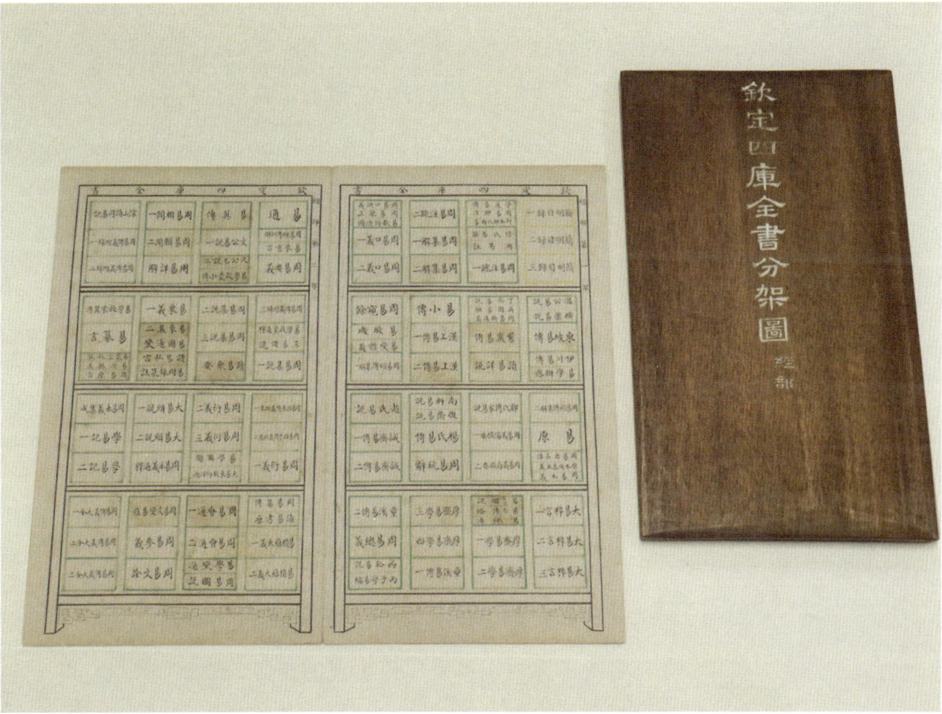

●此图画的是编写完成后的《四库全书》经部在书架上的原始位置

比如，他的《训大儿》一文，提醒儿子初入社会应谨慎交友，秉持“友直，友谅，友多闻”的原则，切莫结交非人。他在文中将真小人与伪君子对举，指出真小人可轻易辨别，使人生出警惕心理，为害尚浅。而伪君子则道貌岸然，以金玉之姿为修饰，使人不辨其奸，不防其害，尤其容易陷入他的陷阱中。纪昀痛切批判伪君子们千变万化的心术和手段：“盖伪君子之心，百无一同，有拗捩者，有偏倚者，有黑如漆者，有曲如钩者，有如荆棘者，有如刀剑者，有如蜂虿者，有如狼虎者，有现冠盖形者，有现金银气者。”[1] 伪君子们的心性千变万化、各个不同：有的违拗乖戾，表面仁善，实则全然违背仁义道德；有的偏执狭隘，自以为是，心胸狭窄，将他人的小小过失，记以为仇，伺机报复。以颜色或形态来比喻，有的心黑如漆，有的心曲如钩，令人难以看清，难以捉摸。以物件或动物来比喻，有的好似荆棘刺人伤人，有的好似刀剑砍人杀人，有的似蜜蜂毒虫蜇人毒人，有的似虎狼咬人吃人。以外形来看，有的展现出做官者的姿态，有的展现出富人的形态。纪昀连用数个比喻，将伪善者的黑暗内心和危害性揭示得淋漓尽致，笔锋犀利，充满讽刺意味，训子的同时讥刺了丑恶的社会现象。

《训次儿》一文，意在嘉赏二儿子的不畏鬼，并告诉儿子心定则鬼却的道理。纪昀的二儿子，不畏惧守门者关于北村别墅有狐鬼出现的传言，毅然住在北村别墅两个月之久。纪昀叹赏二儿子的勇气，并通过讲述某曹姓客人不畏鬼，使得鬼技穷而倏灭的故事，道出自己认为的真理：“夫世人被鬼祟者，大抵是畏

[1] 陈明编：《家训》，新星出版社 2016 年版，第 198 页。

鬼之人。畏则心乱，心乱则神涣，神涣则鬼得乘之。不畏则心定，心定则神全，神全则沴戾之气不能干，鬼必退之。”[1]纪昀认为，不畏鬼神才能内心宁定，精神保全，这样即使是鬼的暴戾之气也不能侵犯。纪昀曾撰有《阅微草堂笔记》一书，书中专门谈狐说鬼，多为鬼神显灵的事迹，表明纪昀相信鬼神的存在。但他又认为人之心定自能胜鬼，并以此教导儿子。

《训三儿》一文，纪昀通过讲述陕西试用知县申铁蟾因入山射猎，遭遇鬼怪报复而最终殒命的故事，警戒自己的三儿子不可以贪爱射猎，残杀生命，否则必遭偿命的报复。这体现了纪昀的鬼神信仰和因果报应思想。[2]

《训诸子》告诫儿子们应当谨慎勤俭持家的道理。纪昀先讲述了自己崇尚节俭的事例，说自己官居礼部尚书的高位，害怕纪氏的福禄尽于此，因此平日居处时，兢兢业业，恪守节俭，不是宴客的时候就不食用海味，不是祭祀的时候就不随意杀生，以此为子孙积攒福禄。然后纪昀列举了几个高位世禄之家，因子孙不修持德行，而最终沦为乞丐的真实事例，警示儿子们恭敬谨慎，不尚奢华，节俭度日，并应当亲尝农事，以图后计。[3]

林则徐（1785—1850），字元抚，又字少穆、石麟，晚号俟村老人、俟村退叟等，福建侯官县人，中国清代后期政治家、文学家、思想家。道光十九年（1839），以钦差大臣的身份赴广东禁烟，是虎门销烟的领导者。林则徐对西方的科技文化持开放学习的态度，曾主持编译《四洲志》[4]。

[1] 陈明编：《家训》，新星出版社2016年版，第200页。

[2] 陈明编：《家训》，新星出版社2016年版，第201页。

[3] 陈明编：《家训》，新星出版社2016年版，第202页。

[4]《四洲志》是林则徐在广东禁鸦片烟时派人翻译英国《世界地理大全》整理而成的。林则徐负责审阅和润色。书中介绍了四大洲30多个国家，且不仅记载其地理位置，而且还简要叙及其历史情况，在近代史上具有开风气之先的地位。

林则徐的《复长儿汝舟》主要以数件事叮嘱大儿子林汝舟。第一件是命令大儿子读书明理，尤其要多读圣贤之书，积累才学。第二件是希望大儿子对关系疏远的亲戚朋友，也要勤加问候。第三是即使对贫穷的族党亲戚，也不可缺少礼节。第四是兄弟夫妇之间，也要尽到应尽的礼节。[1]

他的《训次儿聪彝》说自己远戍塞外，而大儿子在京城供职，家里能承担起照顾母亲及弟妹责任的，就只剩下二儿子林聪彝了。因此他叮嘱二儿子一定要谨慎遵守五种德行：第一是勤学读书、尊敬老师；第二是孝顺母亲；第三是友爱弟妹；第四是和睦亲戚；第五要爱惜光阴。林则徐为二儿子作出了职业规划。林则徐自己在二十岁时已经考中举人，大儿子也是二十二岁就考中了举人，而二儿子已经十九岁了，仍只是一个秀才。因此，林则徐认为二儿子是三个儿子中资质最愚钝的一个，不指望二儿子能够考取功名，只希望他能够成为一个敦厚笃实的子弟罢了。林则徐指出，二儿子林聪彝如果能够放弃文学而学习耕稼，则是自己所高兴看到的。林则徐认为农民为“世间第一等最高贵之人”[2]，因此早在江苏时，就买了粮田四十亩，雇佣农工耕作，就是预备给二儿子和小儿子学习耕稼的场所。林则徐希望二儿子林聪彝能够抛撇诗文，居住于乡间的别墅，跟随农工学习耕作，黎明即早起劳作，勤劳于农事。信中，林则徐提及三儿子林拱枢，指出林拱枢寄来的文章文理尚通，但文笔枯涩，这是由于欠缺读书功夫。命令二儿子督促三儿子珍惜光阴，除日常的诵读诗文、写作文章外，空余时间应当阅览历史典籍。林则徐指出读书的方法在于：

[1] [清]林则徐著：《林则徐家书》，中国长安出版社2014年版，第44页。

[2] [清]林则徐著：《林则徐家书》，中国长安出版社2014年版，第186页。

首先，每看一种书，需要从头至尾仔细地看过，然后再换另一本，因为读书最忌讳东拉西扯，每一样都浅尝辄止，看过即忘，这样则无补于实用。其次，要预备看书的日记册，遇到有心得体会之处，随手摘录在日记册上。最后，遇有疑惑费解之处，应当摘录出，请教名师讲解。

林则徐的《训三儿拱枢》承接《训次儿聪彝》中评价三儿子林拱枢的话，进一步指出林拱枢文笔稚嫩，并认为三儿子在文章一途难有成就。林则徐认为这是他不专心刻苦攻读的缘故。林则徐得知三儿子林拱枢喜爱画画，于是就在画画一事上对他进行勉励。林则徐言，画画是众多技艺中的一种，古往今来以画闻名者，也算是不可胜数了，但只有名士高人或者达官显贵的画者才能得到别人的敬仰和羡慕。如果胸中茅塞未开，愚笨无知，则所画的画必然俗气，只能充当一名普通的画匠罢了。因此，若想成为高水平的画师，必须多读诗书，使自己学问充实，兼擅作诗作词，培养自己的艺术修养和高尚情操，久而久之，画笔自然能够超脱，不被人轻视。[1]

曾国藩（1811—1872），初名子城，字伯涵，号涤生，湖南长沙府湘乡（今湖南娄底）人。晚清时期政治家、军事家、理学家，清末汉族武装军队湘军的首领，官至两江总督、钦差大臣、直隶总督。在洋务运动中，设立安庆内军械所，制造新式枪炮。曾国藩一生共有三个儿子，五个女儿，最早的一个儿子曾纪第早年夭折，长大成人的只有两个儿子，分别为曾纪泽和曾纪鸿，因此曾纪泽[2]被视为长子，曾纪鸿[3]被视为次子。

[1]［清］林则徐著：《林则徐家书》，中国长安出版社2014年版，第91页。

[2] 曾纪泽（1839—1890），字劼刚，号梦瞻，晚清著名外交家，中国近代史上第二位驻外公使，与郭嵩焘并称“郭曾”。

[3] 曾纪鸿（1848—1881），字栗諴，热衷数学、天文、地理等学问，33岁英年早逝。

曾国藩像

曾国藩曾以“八本”“三致祥”概括自己教育子弟的内容。所谓“八本”就是：“读古书以训诂为本，作诗文以声调为本，养亲以得欢心为本，养生以少恼怒为本，立身以不妄语为本，治家以不晏起为本，居官以不要钱为本，行军以不扰民为本。”[1]所谓“三致祥”就是：“孝致祥，勤致祥，恕致祥。”[2]“八本”“三致祥”较为简要明晰地概括出曾国藩家训中教育子弟的内容。

曾国藩家训的内容丰富，内涵深厚，均包含在写给儿子曾纪泽和曾纪鸿的家书中，按照内容来分，主要可分为几类：第一是为人处世方面的教导，第二是读书做学问方面的教导，第三是治家方面的教导，第四是养生方面的教导。

第一，在为人处世方面，曾国藩主要教给儿子要

[1] 曾国藩：《咸丰十一年三月十三日》，檀作文译注：《曾国藩家训》，中华书局 2020 年版，第 162 页。

[2] 曾国藩：《咸丰十一年三月十三日》，檀作文译注：《曾国藩家训》，中华书局 2020 年版，第 163 页。

勤、俭、敬、恕、有恒、“重”等道理。

一、勤与俭。咸丰六年（1856）九月二十九日夜晚，曾国藩写给儿子曾纪鸿的信中说，世俗凡人大都希望子孙做大官，我却不希望你做大官，只希望你能成为读书明理的君子。平日里以勤劳和节俭自持，习惯勤劳、习惯清苦，既可以处于安乐的环境中，也可以在穷困的环境中生存，这才是君子。我居官二十年，不敢沾染官场的风气，平日里饮食起居，坚守着寒素的家风，极为俭朴也可，略微丰盈也可，但过于丰赡则是我所不敢的。这是因为仕宦之家，都是由俭入奢易，由奢入俭难。你年龄尚幼，万万不可贪恋荣华富贵，不可以习惯于懒惰。无论大家还是小家，无论士农工商，只要肯勤苦俭约的，没有不兴盛的；而骄奢怠惰的，没有不败坏的。[1]

二、敬与恕。咸丰八年（1858）七月二十一日，曾国藩在给儿子曾纪泽的信中谈及“作人之道”[2]。曾国藩认为，关于做人之道，圣贤曾经讲过千言万语，但大致归纳的话，不外乎“敬”和“恕”两个字。《论语·颜渊》篇仲弓问孔子“仁是什么”，孔子答曰：“出门如见大宾，使民如承大祭。己所不欲，勿施于人。在邦无怨，在家无怨。”[3]孔子的回答是解释“敬”“恕”两个字最为亲近确切的。此外还有《论语·卫灵公》篇子张问“如何行乎天下”，孔子回答：“言忠信，行笃敬，虽蛮貊之邦，行矣。言不忠信，行不笃敬，虽州里，行乎哉？立则见其参于前也，在舆则见其倚于衡也，夫然后行。”[4]《论语·尧曰》篇孔子言：“君子无众寡，无小大，无敢慢，斯不亦泰而不骄乎？君子正其衣冠，尊其瞻

[1] 曾国藩：《咸丰六年丙辰九月念九夜谕纪鸿儿》，檀作文译注：《曾国藩家训》，中华书局2020年版，第10-11页。

[2] 曾国藩：《咸丰八年七月二十一日》，檀作文译注：《曾国藩家训》，中华书局2020年版，第18页。

[3] 杨伯峻译注：《论语译注》，中华书局2015年版，第142页。

[4] 杨伯峻译注：《论语译注》，中华书局2015年版，第187页。

视，俨然人望而畏之，斯不亦威而不猛乎？”[1]这些都是圣人谈论“敬”最容易理解并践行的话语。至于孔子说“己欲立而立人，己欲达而达人”[2]，孟子言“爱人不亲，反其仁；治人不治，反其智；礼人不答，反其敬——行有不得者皆反求诸己”[3]，“君子所以异于人者，以其存心也。君子以仁存心，以礼存心。仁者爱人，有礼者敬人。爱人者，人恒爱之；敬人者，人恒敬之”[4]，“君子有终身之忧，无一朝之患也”[5]，这些都是圣人谈论“恕”最容易理解并践行的话语。你思想通达，心境明白，在“恕”之一字上容易取得成功，在“敬”字上却需要下大功夫。“敬”与“恕”是树立德行的基础，不可不谨慎。曾国藩认为，凡功名富贵的事情都是命定的，一半由于人力，一半由于天事，只有学习做圣贤这件事，全凭自己作主，与天命完全无关。曾国藩对儿子说，我有志向学习做圣贤，但因小时候欠缺了一些居处敬肃的功夫，到现在不免偶尔有戏言戏动。但你应当举止端庄，不轻易发言，这就是进入修德的基础功夫了。[6]

三、有恒。咸丰八年（1858）八月二十日信中，曾国藩说他生平有三件最感觉耻辱的事情，其中第二件就是：每做一件事、干一项事业，总是有始无终。[7]因此曾国藩极力叮嘱曾纪泽，凡做一件事，无论是大事、小事、易事或难事，都应当有始有终。咸丰九年（1859）十月十四日信中，曾国藩再次对曾纪泽强调，自己平生就是因为没有恒心的弊病，导致万事无成，德行无成，事业无成，这是深为耻辱的事情。曾国藩对曾纪泽说，你如果想要有所成就，需要从“有恒”二字上

❶ 杨伯峻译注：《论语译注》，中华书局 2015 年版，第 241 页。

❷ 杨伯峻译注：《论语译注》，中华书局 2015 年版，第 75 页。

❸ 杨伯峻译注：《孟子》，中华书局 2008 年版，第 125 页。

❹ 杨伯峻译注：《孟子》，中华书局 2008 年版，第 152 页。

❺ 杨伯峻译注：《孟子》，中华书局 2008 年版，第 152 页。

❻ 曾国藩：《咸丰六年丙辰九月念九夜谕纪鸿儿》，檀作文译注：《曾国藩家训》，中华书局 2020 年版，第 11-12 页。

❼ 曾国藩：《咸丰八年八月二十日》，檀作文译注：《曾国藩家训》，中华书局 2020 年版，第 35 页。

下手。[1]

四、“重”。咸丰九年（1859）十月十四日的信中，曾国藩叮嘱曾纪泽要注重一个“重”字。曾国藩言，祖父曾玉屏仪表堂堂，超绝他人，全在一个“重”字。而自己走路的姿态、容貌举止也非常稳重深厚，就是取法于祖父曾玉屏。但儿子曾纪泽的容貌举止却很轻浮，曾国藩认为这是曾纪泽的一大弊病，以后必须时刻留心，改掉这个毛病。无论行走、端坐，都应当重厚。[2]咸丰十年（1860）四月初四日的信中，曾国藩再次强调自己对曾纪泽最不放心的两件事中，第一件就是曾纪泽举止不重厚，他希望曾纪泽以后言行举止一定要留心一个“重”字。[3]咸丰十年（1860）十月十六日信中，曾国藩再次提及曾纪泽说话太轻易随便，举止太过轻浮。虽然在祁门待了一段时间，曾国藩有意纠正他的缺点，但时日过短，未能将曾纪泽“轻”的毛病尽皆摒除，曾国藩要求曾纪泽以后说话、走路都要时刻留心。[4]

第二，在读书治学方面，曾国藩系统论述了读书的方法，包括如何阅读“四书”、经书和《文选》[5]等，系统教授了如何写作诗、赋、文的方法。

❶ 曾国藩：《咸丰九年十月十四日》，檀作文译注：《曾国藩家训》，中华书局 2020 年版，第 116 页。

❷ 曾国藩：《咸丰九年十月十四日》，檀作文译注：《曾国藩家训》，中华书局 2020 年版，第 116 页。

❸ 曾国藩：《咸丰十年四月初四日》，檀作文译注：《曾国藩家训》，中华书局 2020 年版，第 126 页。

❹ 曾国藩：《咸丰十年十月十六日》，檀作文译注：《曾国藩家训》，中华书局 2020 年版，第 136 页。

❺《文选》，编选者萧统（501—531）是南朝梁武帝萧衍的长子，字德施。萧统死后谥昭明，所以后来又称《文选》为《昭明文选》。《文选》是中国古代第一部文学作品选集，选编了先秦至梁以前的各种文体代表作品。

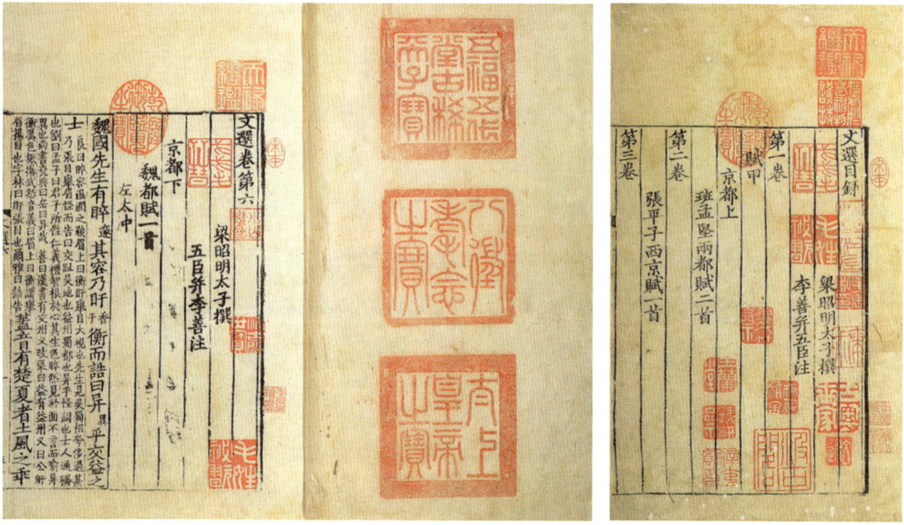

《文选》内页

一、看、读、写、作。咸丰八年（1858）七月二十一日，曾国藩在给儿子曾纪泽的信中谈及读书治学的方法。曾国藩言，读书的方法在于，每日看、读、写、作，四者缺一不可。

所谓“看”，就像去年看《史记》《汉书》、韩愈文章、《近思录》，今年看《周易折中》之类的书籍文章。

所谓“读”，指“四书”（《大学》《中庸》《论语》《孟子》），《诗经》《尚书》《易经》《左传》等经书，《昭明文选》，李白、杜甫、韩愈、苏轼的诗歌，韩愈、欧阳修、曾巩、王安石的文章，这些诗文经典，若非高声朗诵，则不能真正领会其中的雄伟气概，若非细密恬适地吟咏，则不能探究其中深远的意蕴。

如果以积累财富使家庭富裕来比喻的话，看书就相当于在外贸易，通过买进卖出货物，获利三倍；读书则相当于在家谨慎守财，不轻易花费。如果以兵甲战争的事来比喻的话，看书就相当于攻城略地，开疆拓土；而读书相当于高垒深堑，得到土地之后能够坚守。看书与子夏所说的每日知道新的知识以补充自身不足相接近，读书则与不忘记已经学到的知识相接近。看书与读书，二者不可偏废。

所谓“写”，指的是写字。曾国藩说，楷书、行书、篆书、隶书，这些你都很喜好，要每日写字，不可有一日间断，既要追求写得好，也要追求写得快。我生平因为写字迟钝，吃了不少亏。你必须着力追求敏捷，每日能够写楷书一万字，就差不多了。

至于“作”，指的是写作文章。应当在二三十岁的时候确立自己的规模，超过三十岁后，想要有所长进就极为困难了。作八股文，作试帖诗，作律赋，作古体诗、近体诗，作古文，作骈体文，这诸多的文体，应当每一种都讲求，每一种都尝试去作。少年人不要怕出丑，应当有“狂者进取”的意趣。在少年时都不肯尝试去做，超过这个时间段就更加不愿意了。[1]

曾国藩评价曾纪泽，说他看书的天分很高，写字的天分也很高，但作诗文的天分略低。如果能够在十五六岁的时候教导有方，成就当不止于现在这样。但现在他已经二十三岁了，只能全靠自己挣扎发愤努力，父兄师长已经是无能为力了。作诗文是自己的短处，就应当在这方面痛下功夫。看书写字是自己的长处，就应当拓展而扩充之。[2]

二、读书的数目。咸丰九年（1859）四月二十一日，曾国藩给曾纪泽的信中，谈及读书的数目问题。曾纪

[1] 曾国藩：《咸丰八年七月二十一日》，檀作文译注：《曾国藩家训》，中华书局2020年版，第13-14页。

[2] 曾国藩：《咸丰十一年正月十四日》，檀作文译注：《曾国藩家训》，中华书局2020年版，第147页。

泽曾给曾国藩写信，问及各书帖的数目。曾国藩针对此问题作出了回答：乡间确实是苦于无书，但你所生的这个年代，我们家的藏书已经比道光年间的时候多了百倍了。买书不可以不多，但看书却不能不知道有所选择。韩愈为千古大儒，但他自述平生所服膺的书籍也只有数种而已：《易经》《尚书》《诗经》《春秋左氏传》《庄子》《离骚》《史记》，司马相如、扬雄的著作文章。柳宗元自述读书所得，正经者有《易经》《尚书》“三礼”《春秋》；旁逸者有《穀梁传》《孟子》《荀子》《庄子》《老子》《国语》《离骚》《史记》。这两位大儒所读之书，都不甚多。[1] 本朝最善于读古书的，我最佩服高邮王氏父子，这是我曾多次对你提过的。观察王念孙先生所撰的《读书杂志》中所考订的书目，有《逸周书》《战国策》《史记》《汉书》《管子》《晏子》《墨子》《荀子》《淮南子》《后汉书》《庄子》（包含《老子》）《吕氏春秋》《韩非子》《扬子》《楚辞》《文选》，总共十六种。他又有别著《广雅疏证》一种。王引之先生的《经义述闻》中所考订之书，有《易经》《尚书》《诗经》《周官》《仪礼》《大戴礼记》《礼记》《左传》《国语》《公羊传》《穀梁传》《尔雅》，总共十二种。王氏父子的博学，是古今所罕见的，但总共也不超过三十种书。[2] 我自己除了“四书”“五经”之外，最喜好《史记》《汉书》《庄子》、韩愈文章四种，喜欢了有十多年了，可惜不能将它们熟读和精细考究；又喜欢《资治通鉴》《文选》、姚鼐所选的《古文辞类纂》以及我自己所选的《十八家诗钞》四种，总共也只有十几种。早年时，

[1] 曾国藩：《咸丰九年四月二十一日》，檀作文译注：《曾国藩家训》，中华书局 2020 年版，第 83-84 页。

[2] 曾国藩：《咸丰九年四月二十一日》，檀作文译注：《曾国藩家训》，中华书局 2020 年版，第 86-87 页。

我曾笃志向学，想着将这十几种书贯串精通，我曾仿照顾炎武、王念孙读书的方法，在读书时作札记。但现在年龄日益衰老，时事日益艰难，我的愿望终于不能达成，每每半夜想起来，都深感愧疚悔恨。如果你能够继承我的意志，将“四书五经”以及其他我所喜好的八种书，一一地熟读而深思，在读的过程中作好札记，记录心得和存有疑问的地方，那么我就会很欣慰了。[1]王氏父子所考订的二十八种书，家里若没有的，你开一个书单，我买到之后寄回家去。[2]学问的路径，从汉代到唐代，风气接近；从宋代到明代，风气略同；我朝又自成一种风气。其中尤其著名的，不过是顾炎武、阎若璩、戴震、江永、钱大昕、秦蕙田、段玉裁、王念孙数人，风云际会，他们都集中到了一起。你若有志于读书，不需要别立汉学的名号，但不可不了解这数位君子的门径。凡有所见所闻，随时禀告我知道，我将随时为你解答。[3]

三、读“四书”之法。咸丰八年（1858）八月初三日，曾国藩写给曾纪泽的信中说，你读“四书”（《大学》《中庸》《论语》《孟子》）没有太多的心得体会，这是由于你不能够“虚心涵泳、切己体察”。朱熹曾教给人读书的方法，这两句话最为精妙恰当。你现在读《孟子·离娄》，《孟子·离娄上》首章有“上无道揆，下无法守”[4]的说法，我往年读到这两句话，也没有特别注意；近几年在外面办事，才知道在上位的人必须以“道”作为自己行为的规范，在下位的人必须以“法”约束自身。如果每个人都以依“道”行事自我期许，听从本心而不听从法令，那么就会发

① 曾国藩：《咸丰九年四月二十一日》，檀作文译注：《曾国藩家训》，中华书局 2020 年版，第 90 页。

② 曾国藩：《咸丰九年四月二十一日》，檀作文译注：《曾国藩家训》，中华书局 2020 年版，第 92 页。

③ 曾国藩：《咸丰九年四月二十一日》，檀作文译注：《曾国藩家训》，中华书局 2020 年版，第 92 页。

④ 杨伯峻译注：《孟子译注》，中华书局 2008 年版，第 121 页。

生在下位者忤逆欺凌在上位者的事情。《孟子·离娄上》又有“爱人不亲，反其仁；治人不治，反其智；礼人不答，反其敬——行有不得者皆反求诸己”[1]的说法，我前些年读到这里，感觉不是特别亲切；近些年随着阅历的增多，才知道“治人不治”者，确实是因为自己的智慧不足。这就是切己体察的方法。至于“涵泳”这两个字，最不容易理解。我曾经以自己的意思揣度，认为：“涵”字，应如同春雨之滋润花朵，又如同清渠灌溉水稻。春雨滋润花朵，雨量过小则难以滋润透彻，雨量过大则花朵易被摧残，只有适中，才能涵养花朵使之勃兴。“泳”字，如同鱼游于水，又如同人之濯足。程子曾经说过“鱼跃于渊，活泼泼地”；庄子在濠梁之上观鱼，曾言：“子非我，安知我不知鱼之乐”，这些都是谈鱼游于水的快乐。左思有“濯足万里流”的诗句，苏轼有“夜卧濯足”之诗，有“浴罢”诗，都在谈人性喜爱水的乐趣。善于读书的人，应当将书视作水，将自己的心视作花、稻、鱼、足，那么“涵泳”这两个字的言外之意就应当可以体会到了。你读书的时候解说文本之义很容易，但却不能很深入，可以用朱熹所讲的“涵泳”“体察”两种方法悉心求之。曾国藩所言的“切己体察”，指读书时不仅是阅读记诵文句而已，更要根据自己日常生活中的经历来理解体察书中文句的真正涵义，进而灵活结合书中的道理处理现实生活中的事件。至于“虚心涵泳”，应当指能够以愉悦舒适的心情阅读书本文章，以书本滋养自己，如同花朵接受春雨的滋润，如同水稻接受灌溉，如同鱼游于水，如同用温水濯足一般，

[1] 杨伯峻译注：《孟子译注》，中华书局 2008 年版，第 125 页。

以读书为乐。每次阅读的量，应当以自己能够接受的程度为节制，不过度或不足，这样才能虚心体会书本文句的含义。不是以囫囵吞枣、涂鸦填充的方式读书，更不是死记硬背文本。

四、读经书之法。曾国藩曾叮嘱儿子不要因科举的结果而放松学业。曾国藩对曾纪泽说，今年是你第一次参加进士考试，无论考中还是考不中，都没有什么关系。放榜之后，就应当看《诗经》注疏，在这之后，读经和读史，应当更相推进。我朝的大儒，如顾炎武、阎若璩、江永、戴震、段玉裁、王念孙、王引之等人的书籍，不可不加以熟练阅读而深入思考。应当珍惜光阴，一刻值千金。[1]

曾国藩指导儿子读经书时记笔记的方法。他指示儿子，研治经书之时，无论看汉唐人的注疏，还是看宋人的传，都应当虚心探求其意。看到书中的说法与自己本意相合的，就用红颜色的笔标记出来；看到有所怀疑的地方，则准备另外的册子制作一个小条子，或者写下较长的辩论的话，或者仅仅记录几个字，将来对于这个疑问之处有了新的见解，就再记录于这条之下，久而久之就成了卷帙了，学问也因而日益进步。高邮王念孙、王引之父子[2]，经学之所以能够成为本朝之冠，都是由这种记札记的方法而来。我虽然不如王念孙，但还是希望你能赶得上王引之啊。[3]

咸丰八年（1858）十二月三十日的信中，曾国藩再次强调要向王念孙、王引之父子学习。他说，我对于本朝大儒，除顾炎武之外，最喜好的就是高邮王氏的学问。王安国以榜眼的成绩官至尚书，谥号为“文

❶ 曾国藩：《咸丰八年八月二十日》，檀作文译注：《曾国藩家训》，中华书局 2020 年版，第 38 页。

❷ 王念孙（1744—1832），字怀祖，扬州高邮人，乾隆四十年进士，累官至永定河道。王引之（1766—1863），字伯申，嘉庆四年进士，官至工部尚书，为王念孙之子。他们父子是清代扬州学派的泰斗，在文字、音韵、训诂方面有重要贡献。著名作品为《广雅疏证》《读书杂志》。

❸ 曾国藩：《咸丰八年十月二十五日》，檀作文译注：《曾国藩家训》，中华书局 2020 年版，第 43 页。

肃”，在朝为官时作风正派；他的儿子王念孙经学方面的学问堪称精通卓绝；王念孙的儿子王引之，又以探花的成绩官至尚书，谥号为“文简”。王氏一门三代都好学深思，有汉代韦贤、韦玄成韦氏家族，和唐代颜杲卿、颜真卿颜氏家族的遗风。我遗憾于自己的学问没有什么成就，比起王安国先生来甚为惭愧，但我希望你能成为王念孙、王引之，即使是梦寐之中，也丝毫不曾忘记。[1]王念孙所著的《广雅疏证》《读书杂志》，我们家没有收藏。但王引之所著的《经义述闻》《经传释词》，《皇清经解》都收录了，你可以取出阅读，有不明白的地方，可以来信咨询。本朝穷究经学的人，都精通小学，大约都不出段玉裁、王氏父子的范围。[2]

咸丰九年（1859）八月十二日，曾国藩回复曾纪泽关于看注疏的方法。曾国藩认为曾纪泽对《尚书》“《书经》文义奥衍，注疏勉强牵合”的评价十分有见解。曾国藩言，《左传》注疏浅近，也有《尚书》注疏的毛病。我朝的王鸣盛、孙星衍、江声都曾注解《尚书》，顾炎武、惠栋、王引之都曾注解《左传》，都收录在《皇清经解》中。《尚书》的注解，孙星衍的较为优胜，王鸣盛、江声的注解不是特别值得选取。《左传》的注疏则顾炎武、惠栋、王引之三家皆精妙。王引之也著有《书经述闻》，你曾经看过一次。大约《十三经注疏》中，以《周礼》《仪礼》《礼记》的注疏为最完善，《诗经》注疏次之。除此之外，都有相对醇厚和相对驳杂的地方。你既然已经开始阅读数部经书，就需要立志全部看过，做事应当有恒心，不

[1] 曾国藩：《咸丰八年十二月三十日》，檀作文译注：《曾国藩家训》，中华书局2020年版，第64-65页。

[2] 曾国藩：《咸丰八年十二月三十日》，檀作文译注：《曾国藩家训》，中华书局2020年版，第66页。

可半途而废。[1]

曾纪泽曾请教曾国藩《左传》中解释《诗经》《尚书》《周易》与现今流传的注解不一致的问题，曾国藩回答说，古人解经，有内传，有外传。所谓内传，就是解释经的本义；外传就是旁推曲衍，以穷尽经文的余义。孔子为《易经》作系辞，“小象”本义居多，“大象”则余义居多。孟子说《诗经》，仿照子贡和子夏理解《诗经》的思路，也是解证余义处居多。《韩诗外传》就全都是余义了。《左传》中谈论经书，也是以余义立言的居多。[2]

五、读《诗经》注疏之法。曾国藩在咸丰八年（1858）十月二十五日写给曾纪泽的信中，详细言明读《诗经》注疏的方法。信中说，曾纪泽阅读《诗经》注疏的方法已经比前段时间有所进步，进而向曾纪泽解说读《诗经》之法。汉代人的传、注，唐代人的疏，缺点就在于固守古训，失于融会贯通，但优点也在于固守古训，不掺杂个人私自的意见。汉人、唐人的注疏中，释“谓”为“勤”，尚且不多见，但释“言”为“我”，则处处都是这样，这大概是古人口耳相传的训诂，后人遵守也就顾不上文气的不驯顺了。例如《诗经·小雅·伐木》篇的题旨，汉、唐人注疏认为是周文王与友人入山伐木之诗，《诗经·小雅·鸳鸯》篇的题旨，汉、唐人注疏认为是古代圣明君王交接万物有道。这两篇的解释与你所怀疑的《诗经·周南·螽斯》篇题旨的解释同样都属于穿凿附会。朱熹的《诗集传》，一扫汉唐注疏的障碍，专注于涵泳诗歌本身的神情意味，但虚与委蛇，不将诗歌题旨坐实到某一

[1] 曾国藩：《咸丰九年八月十二日》，檀作文译注：《曾国藩家训》，中华书局 2020 年版，第 109 页。

[2] 曾国藩：《咸丰十一年正月二十四日》，檀作文译注：《曾国藩家训》，中华书局 2020 年版，第 152 页。

件事上。曾国藩认为，汉唐注疏解释《郑风》诸篇什的题旨为讽刺郑国公子忽，固然是不对的，但朱熹认为全都是淫奔之诗，也未必全对。[1]

六、读“三礼”注疏之法。咸丰八年（1858）十二月十三日的信中，曾国藩知道儿子曾纪泽已经读完了《左传》注疏，叮嘱曾纪泽说，阅读“三礼”注疏的话，如果不将江永所作的《礼书纲目》大部分看完，则“三礼”注疏是很难读懂的，你可以暂缓阅读“三礼”注疏，即便是《公羊传》《穀梁传》的注疏也可以暂缓。[2]

七、读《书经》注疏之法。咸丰九年（1859）六月十四日，曾国藩给曾纪泽的信中谈到读《书经》注疏时的注意事项。信中用简短扼要的话语总结出《尚书》的今古文真伪历史。《书经》注疏非常平庸简陋，不如《诗经》广博。清朝的儒者，如阎若璩、姚鼐等人已经辨别出古文《尚书》是伪作。孔安国的传也是伪作。[3]秦始皇焚书之后，汉代伏生所传授，欧阳生及大、小夏侯所学习的，都只有二十八篇，就是所谓的今文《尚书》。之后，孔安国家里有古文《尚书》，比今文《尚书》多出了十几篇，遭遇汉武帝时期的巫蛊之祸，古文《尚书》没有被立于学官，不被流传于后世。汉成帝时，张霸自称有《尚书百两篇》，也没有流传于后世。东汉时期贾逵、马融、郑玄作古文《尚书》注解，也未流传于世。直到东晋，梅赜才献上古文《尚书》和孔安国传，自六朝、唐、宋一直流传，就是现在通行的本子。从北宋吴棫、南宋朱熹、明代梅鼎祚、明代归有光以来，大家都怀疑古文《尚书》

[1] 曾国藩：《咸丰八年十月二十五日》，檀作文译注：《曾国藩家训》，中华书局 2020 年版，第 40 页。

[2] 曾国藩：《咸丰八年十二月十三日》，檀作文译注：《曾国藩家训》，中华书局 2020 年版，第 59 页。

[3] 曾国藩：《咸丰九年六月十四日》，檀作文译注：《曾国藩家训》，中华书局 2020 年版，第 98 页。

之伪。直到阎若璩专门写了一部著作来考辨《尚书》之伪，名为《尚书古文疏证》。从这以后，考辨《尚书》者有数十家，人人都认为古文《尚书》是伪作，《尚书》孔安国传也是伪作。顾炎武《日知录》中简略论述《尚书》真伪之争的原委。王鸣盛、孙星衍、江艮庭三家都详细言之。古文《尚书》的真伪是“六经”中的一个重要问题，在读《尚书》的时候不可不先了解。[1]曾国藩说儿子曾纪泽的记性属于平常，但这也不值得忧虑。所应忧虑者，第一是怕没有恒心，第二是怕随意看过一遍，并没有真正看明白。这是读书的大病。若真正看明白的话，久而久之必然能够得到一些滋味，内心若有怡悦的境界，则自然记得书中的内容了。因此读书时先不必追求一定要记得，要先追求看得明白。[2]

八、读《文选》之法。咸丰十年（1860）闰三月初四日的信中，曾国藩向曾纪泽言明阅读《文选》的方法。曾国藩认为，汉魏文人有两方面最为后人所不可追及：一个是训诂精确，一个是声调铿锵。《说文解字》之类的训诂之学，自从中唐以后，人们就大多不再讲究了。宋代及以后说经，尤其不明了对古文字的训解。直到清朝的巨儒，才开始通晓小学（文字、训诂学）。段玉裁、王念孙两家，精心研究古人文字声音的根本，才发现《文选》所录古代赋作的用字无不典雅精当。若能熟读段玉裁、王念孙两家的著作，就会知道平常所见的常用的字，凡是唐宋文人误用的，只有“六经”中没有误用，《文选》中的汉赋也没有误用。以左思《三都赋》举例来说，赋中有“蔚若相如，

[1] 曾国藩：《咸丰九年六月十四日》，檀作文译注：《曾国藩家训》，中华书局 2020 年版，第 99-100 页。

[2] 曾国藩：《咸丰九年六月十四日》，檀作文译注：《曾国藩家训》，中华书局 2020 年版，第 105 页。

皭若君平”的说法，以一个“蔚”字概括司马相如的文章，以一个“皭”字概括严君平的操行品德，这虽与训诂无关，但也足以见得当时人用字的精审。[1]至于声调的铿锵，如“开高轩以临山，列绮窗而瞰江”，“碧出苌弘之血，鸟生杜宇之魄”，“洗兵海岛，刷马江洲”，“数军实乎桂林之苑，飨戎旅乎落星之楼”等句子，音响节奏，铿锵错落，都是后世文章所赶不上的。看《文选》的时候，能够从这两方面加以用心，就会渐渐有所得。[2]咸丰十年（1860）四月初四日信中，曾国藩再次强调训诂的重要性。曾国藩说自己对于训诂和词章这两件事情，曾经下过苦功。看书若能精通训诂，则对于古人所用古文字的大义及其引申、假借义能渐渐明白，而后人承接古人用字所造成的讹误也能一一纠正。若能通晓词章，则对于古人文章的格局、气韵，文章的开合转折能渐渐开悟，对于后人生硬或油滑的腔调也能加以改正。[3]

九、作诗之法。咸丰八年（1858）八月二十日，曾国藩在写给儿子曾纪泽的信中指导其作诗之法。[4]曾国藩认为，作诗最应当讲究声调。曾国藩言，我所钞选的五古九家[5]，七古六家[6]，声调都是极为铿锵，极为耐读，令人百读不厌。其余我没有钞选的，如左思、江淹、陈子昂、柳宗元的五言古诗，鲍照、高适、王维、陆游的七言古诗，声调也极为清越。你如果想要作五古、七古诗，必须熟读五古、七古诗各数十篇，先是高声朗诵来昌明诗歌的气概，然后细密恬适地吟咏，以玩诗句之味，二者结合，使古人诗歌的声调与自己的喉舌相适应。这样在下笔作诗之时，自然会有

❶ 曾国藩：《咸丰十年闰三月初四日》，檀作文译注：《曾国藩家训》，中华书局 2020 年版，第 120 页。

❷ 曾国藩：《咸丰十年闰三月初四日》，檀作文译注：《曾国藩家训》，中华书局 2020 年版，第 121 页。

❸ 曾国藩：《咸丰十年四月初四日》，檀作文译注：《曾国藩家训》，中华书局 2020 年版，第 125 页。

❹ 曾国藩：《咸丰八年八月二十日》，檀作文译注：《曾国藩家训》，中华书局 2020 年版，第 30 页。

❺ 五古九家指曹植、阮籍、陶渊明、谢灵运、鲍照、谢朓、李白、杜甫、韩愈等人的五言古诗。

❻ 七古六家指李白、杜甫、韩愈、白居易、苏轼、黄庭坚等人的七言古诗。

声调凑集到自己手下，诗作成之后试读之，自然觉得朗朗上口，读之有兴会。杜甫言“新诗改罢自长吟”[1]，陆游言“煅诗未就且长吟”[2]，古人在辛苦地作诗之时，也是专意在声调上下功夫。有字句的诗是人籁，无字句的诗是天籁。理解了这一点，能够使天籁和人籁配合而成，对于作诗之道的把握已经超过一半了。[3]

十、作赋之法。曾国藩曾指导儿子学习作赋。曾纪泽询问曾国藩，作八股文的功夫是否可以暂时搁置，想要转而学习写作其他门类的文章。曾国藩向儿子曾纪泽推荐作赋，因为他认为文章之中既能够继承古人精神、又能适应今日之用的，莫如赋。他说，汉魏六朝之赋，名篇巨制都收录于《文选》了，我曾经以《西征赋》《芜城赋》《恨赋》《别赋》等赋作展示给你；小品赋则有《古赋识小录》；律赋则有本朝吴榖人、顾耕石、陈秋舫诸家。这些赋家赋作都是可以学习的对象。你如果学习作赋，可以每逢三、八日作一篇，大赋的话写上数千字，小赋的话仅写数十字，写得对仗工整或者不工整，都没有什么不可以的。作赋这件事比作八股文有意趣，就是不知道你的性子与作赋是否相适合。[4] 咸丰十一年（1861）正月初四日信中，曾国藩评价曾纪泽所作的《雪赋》，词意古雅，但气势不畅，对仗不工整。两汉时期的赋作不讲究对仗，潘岳、陆机则讲究对仗，江淹、鲍照、庾信、徐陵则对仗极为工整了。曾纪泽今后作赋应当从对仗上下功夫。[5]

十一、作八股文（时艺）之法。咸丰九年（1859）

[1] 出自杜甫《解闷十二首·其七》：“陶冶性灵在底物，新诗改罢自长吟。孰知二谢将能事，颇学阴何苦用心。”

[2] 出自陆游《昼卧初起书事》：“岁华病思两侵寻，静看槐楸转午阴。待睡不来聊小憩，煅诗未就且长吟。还山久洗天涯恨，谢事新谐物外心。忽有故人分禄米，呼儿先议赎雷琴。”

[3] 曾国藩：《咸丰八年八月二十日》，檀作文译注：《曾国藩家训》，中华书局2020年版，第30页。

[4] 曾国藩：《咸丰八年十月二十五日》，檀作文译注：《曾国藩家训》，中华书局2020年版，第44页。

[5] 曾国藩：《咸丰十一年正月初四日》，檀作文译注：《曾国藩家训》，中华书局2020年版，第145页。

五月初四日，曾国藩在给曾纪泽的信中指导他作时艺的方法。曾国藩说，你作时文，应当先讲究词藻。想要词藻富丽，不可不分类收集抄写“体面话头”，即精彩的语句、名言警句。清代的文人，如袁枚、赵翼、吴锡麒，都有手抄富丽词藻的小本子，这是众人都知道的。阮元在担任提督学政时，每次搜检出童生随身夹带的字条，必定仔细阅读。如果是童生自己亲手抄录，略微有条理的，就给予进学；如果是请别人代为抄写，一概抄录现成的文章的，严格按照法例加以罪责。阮元作为一代鸿儒，自然知道文人不可以没有手抄夹带的小本子。韩愈的记事提要、纂言钩玄，也是分类而作的手抄小册子。你去年参加乡试所写的文章，太过于缺乏词藻，几乎不能敷衍成完整的篇章。从这时开始下功夫，第一件事就是分类手抄词藻。[1]作手抄时，要分大纲和子目。举例来说，如果伦纪类是大纲，那么君臣、父子、兄弟就是子目；如果王道类是大纲，那么井田、学校就是子目。此外的大纲子目，可以以此类推。你所看的《说文解字》《经义述闻》中可供抄写的条目甚多，除此之外，如《类腋》《子史精华》《渊鉴类函》等，其中可抄写的也甚多，你要尝试去做。这是取得科举功名的要道，也是学问的捷径。[2]

十二、作文之法。咸丰九年（1859）三月初三日的信中，曾国藩以作文之法指导儿子。曾国藩说，不仅是写字时应当摹仿古人的架构，作文时也应当摹仿古人的架构。《诗经》的造句之法，没有一句是无来由的。《左传》的文章，也多是学习现成的句调。

❶ 曾国藩：《咸丰九年五月初四日》，檀作文译注：《曾国藩家训》，中华书局 2020 年版，第 94 页。

❷ 曾国藩：《咸丰九年五月初四日》，檀作文译注：《曾国藩家训》，中华书局 2020 年版，第 96 页。

扬雄是汉代文章的宗师，但他的《太玄》是摹仿《周易》[1]写成，《法言》是摹仿《论语》写成，《方言》是摹仿《尔雅》写成，《十二州箴》是摹仿《虞箴》写成，《长杨赋》是摹仿司马相如《难蜀父老》写成，《解嘲》是摹仿东方朔《答客难》写成，《甘泉赋》是摹仿司马相如《大人赋》写成，《剧秦美新》是摹仿司马相如《封禅文》写成，《谏不许单于朝书》是摹仿《战国策》“信陵君谏伐韩”写成，几乎没有哪一篇不是摹仿而成。即使是韩愈、欧阳修、曾巩、苏轼等文坛巨公的文章，也都是有所摹拟，才形成自己的文章结构。你今后作文或者作诗作赋，都应当用心摹仿，然后才能确立自己的架构，这种方法收效较快，路径也较方便。[2]

咸丰十年（1860）四月初四日信中，曾国藩要求曾纪泽每个月写三篇文章，分别是一篇赋、一篇古文、一篇时文，作成之后交给长夫带到军营中，由曾国藩亲自批改。曾国藩进一步指导儿子作文之法，即讲究一个“圆”字。他认为，曾纪泽的文章不甚圆适，以后行文应当留心一个“圆”字。[3]咸丰十年（1860）四月二十四日信中，曾国藩详细解释了行文之“圆”的意义。无论古今何种水平的文人，其下笔造句写文，总要以“珠圆玉润”四个字为主。[4]世人评价文学家用语圆润而词藻富丽，没有比得上徐陵、庾信的，而不知江淹、鲍照的用语更圆。进一步讲，沈约、任昉的用语亦圆润，进而潘岳、陆机用语也很圆润，又进而追溯到东汉的班固、张衡、崔骃、蔡邕，用语亦属圆润，又进而追溯至西汉的贾谊、晁错、匡衡、刘向，

[1]《周易》简称《易》，包括《易经》与《易传》两部分，相传是周文王所作。“周”字的含义有普遍、朝代、卜筮、周而复始等含义。“易”有天体、阴阳、推易、变化等含义。

[2] 曾国藩：《咸丰九年三月初三日》，檀作文译注：《曾国藩家训》，中华书局 2020 年版，第 70 页。

[3] 曾国藩：《咸丰十年四月初四日》，檀作文译注：《曾国藩家训》，中华书局 2020 年版，第 126 页。

[4] 曾国藩：《咸丰十年四月二十四日》，檀作文译注：《曾国藩家训》，中华书局 2020 年版，第 127 页。

他们的文章用语也很圆润。至于司马迁、司马相如、扬雄三人的文章，可以称得上是力求奇险奥妙、不追求圆适了，但仔细读之，他们的文章也未尝不圆适。至于韩愈，他志在超越司马迁、司马相如、扬雄三人，用语讲究险奥独造，尽力避免圆熟，但读得久了就会发现，他的文章实在是没有一字不圆，没有一句不圆。[1] 曾国藩叮嘱曾纪泽，对于古人的文章，如果能够从江淹、鲍照、徐陵、庾信四人的圆，一步步上溯，直至窥见司马迁、司马相如、扬雄、韩愈四人的圆，那么就没有不可读的古文，没有不可通的经文史书了。[2]

咸丰十一年（1861）正月初四日，曾国藩在信中回答了曾纪泽关于文章雄奇之道的疑问。若要文章雄奇，当以行气为上，造句次之，选字又次之。然而选字、造句又能影响到文章的“气”。未有用字不古雅而句子能古雅，句子不古雅而文章之气能古雅的情况。也没有用字不雄奇而句子能雄奇，句子不雄奇而文章之气能够雄奇的。文章的雄奇，精妙处就在于行气，粗劣处全在于选字造句。曾国藩最喜好的古人雄奇之文，以韩愈为第一，扬雄为第二。这二人的行气，本属于天赋异禀，但其中也有人事的作用。以人事的作用而论，韩愈造句的功夫居多，扬雄则是选字的功夫居多。[3] 曾纪泽说叙事、为人物作志传碑铭之类的文章难以行气，曾国藩认为不是这样的。韩愈的《曹成王碑》《司徒兼侍中中书令赠太尉许国公神道碑》，固然是千奇万变，难以具体表述；即使是韩愈为其岳母所作的《河南府法曹参军卢府君夫人苗氏墓志铭》，

[1] 曾国藩：《咸丰十年四月二十四日》，檀作文译注：《曾国藩家训》，中华书局 2020 年版，第 128 页。

[2] 曾国藩：《咸丰十年四月二十四日》，檀作文译注：《曾国藩家训》，中华书局 2020 年版，第 132 页。

[3] 曾国藩：《咸丰十一年正月初四日》，檀作文译注：《曾国藩家训》，中华书局 2020 年版，第 143 页。

为其女韩挐所作的《女挐圹铭》，寥寥数语的短篇，也是雄奇倔强。将这四篇熟读细看，就会知道这两篇长文、两篇短文，各有各的妙处。[1]

第三，在治家方面，曾国藩论述了治家应早起、打扫洁净、善待亲族邻里等原则。

一、治家“八事”。咸丰十年（1860）闰三月初四日曾国藩给曾纪泽的信中，系统谈及治家之法。曾国藩回忆祖父曾玉屏的治家之法，主要有四件事：第一是起早，第二是打扫洁净，第三是诚修祭祀，第四是善待亲族邻里。[2]所谓善待亲族邻里，具体而言就是，凡是亲族邻里来家里做客，都要恭敬地款待他们；亲族邻里有什么急难的事情，要想办法周济他们；有什么争讼的事情，要想办法排解；有喜事必然要庆贺，有疾病的必然要慰问，有丧事的必然要吊唁。除了这四件事之外，对于读书、种菜等事情也须时时留心。曾国藩说自己最近在家信中常常提及书、蔬菜、鱼、猪四件事情，就是因为这是祖父相传的家法。[3]曾国藩叮嘱曾纪泽，即使你现在因为读书而没有余暇，这八件事无法一一亲自料理，但也不能不明白这其中的意义。要请管家朱运四先生细心经营，这八件事缺一不可。至于诚修祭祀这一件事，则不能只委托管家治理，必须由你母亲随时留心。家里的器皿凡是第一等好的，都留下来作为祭祀器具；饮食第一等好的，就留下来作为祭祀之用。一个家庭不讲究祭祀，纵然能够兴旺，也不会长久。这是最为重要的事情。[4]曾国藩说祖父曾玉屏（星冈公）教人主要有“八字”和“三不信”。“八字”是：考、宝、早、扫、书、

[1] 曾国藩：《咸丰十一年正月初四日》，檀作文译注：《曾国藩家训》，中华书局2020年版，第144页。

[2] 曾国藩：《咸丰十年闰三月初四日》，檀作文译注：《曾国藩家训》，中华书局2020年版，第118页。

[3] 曾国藩：《咸丰十年闰三月初四日》，檀作文译注：《曾国藩家训》，中华书局2020年版，第118-119页。

[4] 曾国藩：《咸丰十年闰三月初四日》，檀作文译注：《曾国藩家训》，中华书局2020年版，第119页。

蔬、鱼、猪[1]。“三不信”是：不信僧巫，不信地仙，不信医药。[2]这“八事”或者说“八字”是治家应当遵守的要道。

二、早起。咸丰九年（1859）十月十四日信中，曾国藩谈及曾家“早起”的家训。曾国藩言，清朝历代帝王相承继的传统是寅正（凌晨四点）即起床，到现在两百年不改。而曾国藩家也是高祖、曾祖、祖父和父亲代代相传早起的习惯。曾国藩亲见曾祖父曾衍胜（竟希公）、祖父曾玉屏（星冈公）都是天未明就起床，寒冬时起床约坐一个时辰，才看见天亮。曾国藩的父亲曾麟书也是刚刚黎明就起床，若家里有事的话，不等黎明就起床了，每夜必定要起来看视一两次不等。而曾国藩自己也是黎明即起，以继承先人的家风。曾国藩嘱咐曾纪泽，你既然已经成年并娶妻，应当以早起为每日的第一要务，自己首先要努力行之，然后也要率领新妇一起这样做。[3]曾纪泽于咸丰九年（1859）九月举办婚礼，娶妻成家，所以曾国藩在信中以早起的事叮嘱他。咸丰十年（1860）十一月初四日的信中，曾国藩再次强调家中无论大小，都要以早起为每日的第一要事。[4]

三、善待亲族邻里。曾国藩认为儿子曾纪泽是晚辈中年纪最长的，因此应当心中常存乐于教育诸弟的念头。他说君子之道，没有比与他人共同做好事更大的了，况且是自家兄弟呢。王临三[5]、王昆八[6]，是你的表兄弟，你应当和他们互相劝勉。你所知道的，也应当经常和他们谈论，那么彼此就会共同进步了。[7]咸丰八年（1858）十二月三十日的信中，曾国藩说，

❶“考”指祭祀祖宗，“宝”指和睦亲族邻里，“早”是起早，“扫”是打扫洁净，“书”是读书，“蔬”是种植蔬菜，“鱼”是鱼肉，“猪”是猪肉。

❷曾国藩：《咸丰十一年三月十三日》，檀作文译注：《曾国藩家训》，中华书局2020年版，第163页。

❸曾国藩：《咸丰九年十月十四日》，檀作文译注：《曾国藩家训》，中华书局2020年版，第115页。

❹曾国藩：《咸丰十年十一月初四日》，檀作文译注：《曾国藩家训》，中华书局2020年版，第140页。

❺王临三：曾国藩姐姐曾国兰之子。

❻王昆八：曾国藩妹妹曾国蕙之子。

❼曾国藩：《咸丰八年十月二十五日》，檀作文译注：《曾国藩家训》，中华书局2020年版，第48页。

自己去年在家的时候和别人争辩一些小事，与乡里鄙人没有什么区别，因此直到今日还悔恨非常。曾国藩叮嘱曾纪泽应当体谅自己的意思，平日在叔祖、各位叔父、叔母面前应当多尽些爱敬之心，常存和他们休戚一体的念头，不要怀有彼此歧视的偏见。做到这样，那么家族中的内外长辈就会器重你，后辈兄弟姊妹也会以你为榜样。如果你能够与亲族们相处得日益亲近、日益受人敬重，令宗族乡党都称赞你的度量胜过我，那么我也就欣然安慰了。[1]

四、不积银钱、田产。咸丰十年（1860）十月十六日信中，曾国藩告诫两个儿子，家中断不可积攒银钱，断不可买田产。因为银钱、田产最容易滋长人的骄傲之气和安逸之气。曾国藩认为两个儿子只要努力读书，“决不怕没饭吃”。[2]

五、职业规划。曾国藩鉴于自己的亲身经历，为儿子作出了职业规划，教导儿子不可从军，也不必做官。曾国藩对儿子说，你们长大之后，千万不可牵涉到军队兵事中。这项事业难以见到功勋，反而容易造成冤孽，尤其容易贻人口实、遗臭万年。我长久处在军队行伍之中，每日都如坐针毡。但我未尝有一刻忘记爱民的意念，这是不辜负我的初心、我所学道理的、勉强令我欣慰的事情。近些日子以来，随着阅历的增多，越发深深体会到监督军队的苦楚。你们只要一心一意地读书，绝对不可从军，也不必要做官。[3]

左宗棠（1812—1885），字季高，一字朴存，号湘上农人。湖南湘阴人。晚清四大名臣之一，洋务运动代表人物之一。曾任闽浙总督、陕甘总督、两江

[1] 曾国藩：《咸丰八年十二月三十日》，檀作文译注：《曾国藩家训》，中华书局2020年版，第63页。

[2] 曾国藩：《咸丰十年十月十六日》，檀作文译注：《曾国藩家训》，中华书局2020年版，第137页。

[3] 曾国藩：《咸丰十一年三月十三日》，檀作文译注：《曾国藩家训》，中华书局2020年版，第161页。

总督，官至东阁大学士、军机大臣，被封为二等恪靖侯。死后谥号为“文襄”，人称“左文襄公”。左宗棠的原配夫人为周诒端，左宗棠多有写予周夫人的信。左宗棠共有四个儿子，大儿子为左孝威，二儿子为左孝宽，三子为左孝勋，四子为左孝同。[1]

左宗棠对家人的家训大都保留在家书中，内容主要集中在读书、修身、治家等方面。

一、读书治学。左宗棠为子侄们设定的读书目标是“学作好人”。左宗棠多次对子侄们说，只要他们读书做个好人即可，不要求他们一定在科举功名上取得成就。读书最宝贵的在于能明白事理，“学作圣贤，不在科名一路”[2]。只要能做一个品端学优的君子，即使没有得到科第，也自然尊贵。话说回来，读书虽然不是专为了科举功名，但没有科举功名就不能养活自己，因此为了科举功名而读书，也是人之常情。简而言之，左宗棠要求子侄们将“学作好人”作为首要的读书目标，考取功名只是附带目标，也可以追求，但绝不强求。

左宗棠主张务实学，敦实行。读圣贤书，首先要能“识字”。这里的识字不只是文字训诂之学，而是认识一个字，就能实行一个字。如果终日读书做学问，但实际行事时反而不如一个村野农夫，则只是一个能说会道的鹦鹉罢了；纵然能够取得科举功名，也对世事没有什么益处，不仅无益恐怕还有害。左宗棠曾令左孝威读《小学》，认为里面的内容是圣贤教人做人的。应当每读一句，就认真理解这一句的意思，理解了意思就要想着照样去做。左宗棠认为读书作儒生，

❶ 左孝威（1846—1873），小名霖生，左宗棠对他最为关注，亲自将他带到军营中加以教导磨炼，可惜左孝威在跟随父亲进军新疆时，不幸感染风寒逝世，年仅 27 岁。左孝宽（1847—？），因父荫被任命为郎中（正五品）。

左孝勋（1853—？），曾任兵部主事（正六品）。左孝同（1857—1924），官至河南布政使（从二品）。

❷ 左宗棠：《与孝威》，咸丰十一年正月二日，见楼含松主编：《中国历代家训集成（第十二册）》，浙江古籍出版社 2017 年版，第 6786 页。

与百工技艺之人尚有不同。百工技艺、医学、农学等事，是一件明确的事情，道理容易通晓；但儒者读书则要求广博精深，将天地民物都作为自己的责任，要求对宇宙古今的道理，都能够融会贯通，心中明澈，做事时才能有根据。

读书之所以能令人心旷神怡，聪明强固，就在于书中义理具有愉悦身心的效果。如果徒然诵读书中内容但心里却没有任何的感想体会，就如同和尚念经一样，不但没有丝毫意趣，而且久坐久读还会伤害身心气血。徒然揣摩时下流行的腔调，而不求真实的义理，就如同戏子演戏一般，上台时是忠臣孝子，下台时仍是一个贱汉。况且，描摹刻画腔调，学人勾心斗角，徒然损耗心神，尤其对自己的身体有损害。左宗棠认为，当时社会之所以时事日益败坏，就是由于人才不佳。而人才稀少，又是由于专心作科举时文者多，留心事物本原的学者少。人的精力是有限度的，将精力都花费在科举功名上，一旦真有大事当前，需要处理，就很容易心神耗尽，胆气薄弱，反而不如乡里粗劣之才的人能够承担事务，他们尚且还有担当。左宗棠见到当时的现实是八股文做得越入格的人，反而才能品行越见庸俗低下。因此，左宗棠认为读书要讲究循序渐进，熟读深思，务必要从容涵泳以博取其中义理的趣味，不能只做苟且草率的功夫，只图快速而潦草完事。

左宗棠虽主张实学，但对于八股不完全持反对态度。他认为八股、试帖、小楷是初学者的必经之路，家里子弟也应当将这些事做好，如果连八股、试帖、小楷都不如别人，又怎么称得上是佳子弟呢。

左宗棠认为读书要极为勤苦，必须珍惜时光，不可悠忽度日，不可使自己读了数年书，依然是不读书的模样，只是冒充读书人的名声而已。左宗棠认为读书的最佳年龄是十六岁到二十五岁，十六岁之前知识未开，二十五岁之后杂事繁多。读书应当专一坚持，不可间断。左宗棠要求自己的儿子将每日所作功课写在小本子上，每月寄给自己查阅。

读书的方法是眼到、口到、心到。

所谓眼到，就是一笔一画都认真看过，不至看错。读书时不看清楚字的笔画偏旁，不辨明每一段话的句读，不记清楚首尾，是目不到。

所谓口到，就是对于每个字的读法都不含糊。喉咙、舌头、嘴唇、牙齿发出的五音不清晰，朦胧含糊，使人听不明白，或者多几个字、少几个字，只图混过去就好，这是口不到。

所谓心到，就是对于每个字的意思都不放过。经书传疏的精微奥妙的意旨，初次学习固然不能够完全精通，但大略粗疏的理解，还是可以做到的。只要自己能够用心加以体会，看一个字就要追求一个字到底是什么意思，看一句话就要了解这句话到底说了什么道理，读一件事就要搞清楚这件事情的来龙去脉、事件原委，读到虚字时就着重体会其神态语气，读到实字时就用心体会其义理，久而久之，自然会有所领悟。遇到自己思索不出答案的问题，就请先生解说。对于书中的知识尚未融会贯通，就将上下文和别的章节与此相关相近的内容反复推究，务求将知识和道理了然于心、了然于口。解读新的书籍时要细心听老师讲解。

温习已经学过的书籍时要多看几遍、多思考。将心思运用到所读书本的字里行间，时时思考揣摩其中的涵义，这是心到。

左宗棠批评儿子们读书总是混日子，虽然身体在桌案旁边，但耳目不知用在了何处，心里则胡思乱想，全然没有将心思用在读书上。悠悠忽忽、浑浑噩噩地日复一日，好像读书只是用来回应别人要求的功夫，将读书当作欺哄他人、掩人耳目的勾当。昨日不知不能的事情，到了今日仍是不知不能；去年不知不能的事情，到了今年仍是不知不能。

左宗棠教育儿子不可眼高手低、妄自尊大，要虚心学习别人的长处。左孝威在寄给左宗棠的信中谈及自己的论点，认为经济世务重于写文章。左宗棠认为，这种观点虽然有一定的见解，但作文章又谈何容易呢。且不论更早时期的文章是什么样子，即使是韩愈、柳宗元、欧阳修、苏轼的古文，李白、杜甫的诗歌，都是竭尽一生的聪明学问才能留名后世，古往今来能够比得上他们的又有几人呢。不用论这种水平的文章，即使是八股文、排律诗，如果要作得妥当，每一句话都是发自内心，一代人中又能有几个呢，一个人一生中又能有几篇呢。现代的人谈论起来都说今人比不上古人是因为八股文的耽误，大家都以“八股人才”诟病他人。但左宗棠即使想要找几个真正的八股人才，和他讨论军政事务，学习吏治之事，也找不到。也有几个由八股得到科名的人，他们的心思相比其他人来说，也算是更容易通晓道理的了。左宗棠认为真正懂得作八股文的人，也能体会书中的道理，记得一些圣

贤话语，比不读书的人还是强多了。

左宗棠告诫儿子，小时候要求志趣远大，即使高谈阔论也没有什么不可以的。但需要时时地反躬自问：反思自己曾经说过某句话，胸中是否真的存有这番道理；时常批评别人做得不对，那么自己做事又是如何。看到别人的好文章时，应当仔细地寻找他的思路，摹仿他的笔路，仿照他的腔调。看别人的文章时，就要思考如果是自己作这篇文章的话，会如何下笔行文，然后再看别人是如何作的，别人能想到自己想不到的，就是别人比自己强了。看他人的文章时，可以先通看全篇，然后分节，一节节地看下去，每一字每一句都要细心加以体会，这样才能了解到别人文章的好处，才能学习他的长处。这种仔细的心思用惯之后，无论遇到其他大小事情，都不至于粗浮苟且。左宗棠说自己小时候和儿子一样都有喜爱读书却不仔细、不够用心的毛病，应当加以戒除。[1]

二、修身处世。左宗棠认为做人首先要立志。立志之时，要回想古往今来的圣贤豪杰在自己这么大年纪的时候是何种气象，有何种学问，具备何种才干，而自己有哪一件事情可以比得过他们。要想父母送自己读书、请老师教课是为了什么，有什么志向，要思考自己哪一件事情对得起父母的期盼。再看当时的同辈人中，父母常常背后夸赞的人是什么样子，背后批评的是什么样子，对于好的榜样一定要学习，对于坏的一定要杜绝。对于这些事情，自己心里要想个清楚明白，打定主意，做个好人，每一念想、每一件事，都要追求学好。知道自己的缺点和不足，一定要猛然

[1] 左宗棠：《与孝威》，同治二年正月六日，见楼含松主编：《中国历代家训集成（第十二册）》，浙江古籍出版社 2017 年版，第 6815-6816 页。

反省和悔改，不允许对自己有丝毫回护放过，千万不可因循苟且、得过且过，力求与古时候的圣贤豪杰一样建立志向，安慰父母的心，免于被他人耻笑。志向不仅要确立，更要坚定不移。普通人每每听到一段好话，听到一件好事，就起了羡慕之心，想着自己也要做到。但过不了几日几时，就把以前确立的念头忘得一干二净，将以前树立的志向抛诸脑后，这就是立志不坚定的缘故。确立志向，并能坚定不移地以大毅力推行，才能成就事业。左宗棠认为日常的走路、吃饭、穿衣、说话均要学习好的榜样，养成良好的行为习惯。

关于如何处理“俭”与“厚”之间的关系，左宗棠认为：“自奉宁过于俭，待人宁过于厚。”[1]自我供养享受之时，宁可过于节俭，不可过于奢侈；对待他人时，宁可过于优厚，不可过于吝啬。平常与他人的应酬，应当斟酌施恩与回报的限度，以礼尚往来的原则行事。接济他人时，应当先给亲近之人，后给疏远之人；先给急迫危难之人，后给可以暂时宽缓之人。对待为自己出力干活的人，应当从优从厚地偿还他们的劳动，怜悯他们的微贱辛劳。如此对待他人，是广施恩惠之道，也是远离怨恨之法。

左宗棠在写给侄子左癸叟的信中，认为侄子性情气质温和良善，是其可爱之处，但教导侄子应当济之以“刚”。因为“刚”是大丈夫成就事业必不可少的品质。左宗棠所言的“刚”，并不是骄矜之气或者严厉之色，而是指能够承担别人所不能承担的事情，做到别人所不能做到的事情，忍受别人所不能忍受的事情。志向一旦确定，就全力以赴，不再夹杂任何杂念，

[1] 左宗棠：《与癸叟侄》，咸丰六年正月二十七日，见楼含松主编：《中国历代家训集成（第十二册）》，浙江古籍出版社 2017 年版，第 6778 页。

不会因任何困难而改变自己的志向，这样做事一定会有所成就。左宗棠说，以柔德成功的人，他见到的极少。

左宗棠因家里先前寒素、现今富贵，对子弟染上贵游习气表示担忧。家世向来寒素，科举考中者不过举人，田产不超过一顷，子弟们素来多朴素笨拙的风气，没有华靡佻达的习惯，这是左家世代福泽绵延的根本。但因左宗棠身居高位，近来子侄们也多和官宦贵族联姻，所交往的人大多是贵游子弟，左宗棠担心子侄们心性操守不定，容易被外界诱惑所俘获。他告诫子侄们要"真读书"，以读书明理来使自己趋向正确，见识广博，明辨是非，从而意志坚定。

左宗棠还告诫儿子们不可效仿某一种"聪明子弟"的"名士"习气。近来有一些聪明子弟，文艺只是粗有可观，便自高自大，凌忽他人，不但对于同辈没有诚心推许的人，而且对于已经成名成家的前辈，也是外表恭敬而心中鄙薄。这些子弟举止轻薄，粗疏狂放，沾沾自喜，经历的事情很少，却喜欢纵言旷论；自己的德行不加以精进，却喜欢听闻他人的过失。日常喜好以言语轻侮他人，以文字讥嘲他人，与同样的轻薄之徒相互标榜，自命为"名士"，这就是近来流行的所谓"名士气"。左宗棠说自己年轻时也犯过这种错误，中年读书增多，又加上老师朋友的共同规诫，才慢慢抑制摒弃了从前的习气。现在每次想起自己以前倨傲的姿态和狂妄的言论，都觉得羞惭不已。前人有云："子弟不可令看《世说新语》[1]，未得其隽永，先习其简傲。"[2] 少年子弟对于所学的内容理解不深刻，往往没有选择鉴别的能力，容易听信摹仿书中所

[1]《世说新语》，南朝宋临川王刘义庆撰，梁刘孝标注。该书记述后汉至东晋间遗闻轶事和名士言行，语言朴素自然、简约隽永，反映出一个时代的思想和风貌，是后世小品文的典范。

[2] 左宗棠：《与孝威》，同治元年十月二十三日，见楼含松主编：《中国历代家训集成（第十二册）》，浙江古籍出版社2017年版，第6814页。

言，《世说新语》中记载了很多魏晋名士简傲不羁的事迹，少年子弟看了，容易学习其中的简傲之气，反而忽略了其中的隽永功夫。左宗棠认为这句话非常值得借鉴，少年子弟确实应当警惕所谓的“名士”习气。有些子弟喜好结交淫朋逸友，今日去戏场，明日去酒馆，甚至嫖娼赌博、吸食鸦片等，无事不做，这就成为下流种子了。或者有些子弟喜欢看小说传奇，例如《会真记》《红楼梦》等渲染男女情爱以及教淫诲盗、长养怠惰风气的作品，这就使人损失德行、不知廉耻了。左宗棠告诫儿子千万不可学习这些纨绔子弟的习气。

对于儿子的交友，左宗棠认为如果是诚实守信、发愤用功、不妄言妄动的子弟，固然应当引为同类。如果不是，就要与他保持距离，不可亲昵接触。

对于儿子的外出游玩，左宗棠有着严格的规定，他要求儿子不准擅自出外行走，即使是屋前街道、屋后菜园也不可。如果奉母亲的命令外出办事，也必须速出速归。外出时要向母亲报告，返回时要面见母亲使母亲知晓，不可任意地进出往来。

三、治家。左宗棠认为：“家庭之间，以和顺为贵。”[1]家庭气氛、家庭内部成员之间的关系，以和顺为宝贵。具体来说，就是不可过于严苛繁琐。因为，严急烦细地对待别人，是肃杀之气，不是长养人的方法。治家要和气而有节制，柔顺而不失原则。

左宗棠告诫大儿子左孝威，对待兄弟总体来说要尽亲爱之意，要使劝勉的意味多过训诫，使得兄弟之间和乐怡怡。[2]

左宗棠曾教导新婚的侄子如何处理与新妇的关

❶ 左宗棠：《与癸叟侄》，咸丰六年正月二十七日，见楼含松主编：《中国历代家训集成（第十二册）》，浙江古籍出版社2017年版，第6778页。

❷ 左宗棠：《与孝威》，同治三年六月初十日，见楼含松主编：《中国历代家训集成（第十二册）》，浙江古籍出版社2017年版，第6826页。

系，认为应当把握爱与敬、情与礼、义与顺、肃与雍之间的关系。夫妻相处，应爱之如兄弟，又敬之如贵宾；以情联结两个人，但又要以礼对待；坚持正义与柔顺兼顾，使得家庭氛围肃静与雍和皆有。如果一开始过于亲昵狎慢，而没有尊重，最终必然会分开；如果始终以傲慢对待，交情也不会稳固。亲近爱护与尊敬礼义兼有，才是保持夫妻长久和谐的要道。左宗棠认为，丈夫应当对妻子的品行产生正确的引导作用，方法就在于丈夫自身品行要端正，然后才能教导妻子以正道。夫妻之间相处，应当时常反思自己的言行得失，不可一味地责备对方。左宗棠曾给嫡妻周夫人写信，命她趁着大儿子的新妇初来之际，教她多识道理，可令家里诸位姊妹勤为新妇讲解《小学》《女诫》的内容。

左宗棠告诫儿子左孝威对待乡里长老子弟要极尽恭敬礼貌。长辈若称呼自己为少爷，应当敛容退避，表示自己不敢当。平辈称呼自己少爷，也要表示谦让。在祠堂居住时，要自带盘缠，不要随意赴人酒席。祠堂中给自己的奖赏之钱最好不要领取，即使非取不可，也要再将钱捐献给祠堂，用作祭祀扫除的费用。

褚维垕（1822—1890），字子方，号讱斋，余杭（今浙江杭州）人。曾在李鸿章手下参佐军务。曾任浙江黄岩教谕、河北邢台知县等职。有《讱庵遗稿》存世。褚维垕《讱庵遗稿》附录中列有十二条家约用以指示家人，主要涉及祭祀祖先、节日、侍奉父母、称呼兄弟、教育子弟、管教奴婢等。

值得一提的是，祭祀祖先一节中，褚维垕指出祭祀主要在于诚敬的原则，他认为祭祀祖先的诚敬，不仅仅依靠祭品的丰盛多样来表现，更重要的是祭品的洁净与祭祀时的仪节。对于寒门人家来说，不必要求祭品丰盛奢华，只要能够做到虔诚与洁净，即使是萍藻等青菜和粟米等粗粮也可以。有的人家一味追求祭品的丰盛多样，竟然有掺入残羹冷炙以修饰外观的，殊不知这才是对祖先神灵的大不敬。诚敬的第二个重要的表现就是祭祀时的仪节。褚维垕有感于世俗人家祭祀时，家中子弟或者嬉笑言语，或者歪腿站立，或者高坐一旁，做出种种不敬祖先的仪节姿态，于是提出以后家中祭祀时，承担祭祀的子孙一律按照长幼顺序垂手站立在角落里，不许嬉戏谈笑，不许任意行走歇坐，不许任意离开，由家中主祭者予以监督。褚维垕指出不但要对父祖辈的祖先虔诚祭祀，还要对曾祖、高祖等年代较远的祖先表示诚敬，要派专人记录他们的忌辰，在先期一日通知家里各人为他们准备祭祀事宜。

在教育子弟一节中，褚维垕指出当时的小学不教孩童各种进退应对的礼仪，这导致孩童对此一无所知。因此，他倡导对家里的子弟从六岁开始，除了日常的功课之外，应当教他们以包括洒扫进退、待人接物等在内的一切仪节。从十岁开始，就带着他们赶赴别家举行的庆吊宴会，令他们耳濡目染，熟悉礼仪。家中的宾客往来，也令他们负责一些接待工作。从小对孩童进行礼仪教育，才能使他们熟悉待人接物的礼仪，消除顽梗之心，将来长大之后，入世应酬，才不至于被人耻笑鄙野而不懂礼仪。

此外，还要从小教导孩童节俭朴素。当时的士大

夫之家，小孩子在几岁的时候就金玉满身，锦绣蔽体。褚维垕认为这样做不仅消耗长者的钱财，而且某种程度上也容易折煞孩童的福气。对自家小孩子，只要令他布衣遮体就足够了，孩童的容貌举止有度，精神焕发，活泼可爱才是最重要的，何必虚耗钱财用来装饰他的外观呢。到了十六岁以后，需要外出应酬的年纪，再为他置办一套稍微正式的绵绸袍褂也就可以了。

褚维垕认为教育子弟要能严厉而不至于苛虐。严厉才能使子弟生起敬畏之心，使他们不敢为非作歹，但又不能达到苛刻虐待的程度。宽严适度，才能使子弟生起羞耻之心，诱导其向善。市井之父母对待自己的孩子常常是非打即骂，要么就是各种詈骂诅咒的言语，要么就是各种鞭扑体罚，结果不但没有收到教育的效果，不肖之子反而层出不穷。这是由于父母太过严苛而没有以善心感化，对孩子打骂侮辱太过而使他们失去了廉耻之心。褚维垕认为教育子弟要不轻易与他嬉笑，不轻易展示喜爱的颜色，使子弟见到自己有一种敬畏之心。对于子弟的可以教导的地方，要反复加以启发诱导，奖励其行善；对待不可教育之处，则施加体罚，但体罚的频率不可过高，一年一次就足够了，使自己的威严不轻易泄露。

褚维垕认为买置奴婢是一种虐政。但当时乡里买卖奴婢的风气尤其盛行。有钱人家都贪图奴婢价钱便宜，并且可以随意地加以驱使，于是纷纷买置奴婢。等到了奴婢应该出嫁的年纪，又索要高额的礼金，若男家所给礼金不能满足主人家的要求，就放任奴婢年岁老去而不能出嫁，这实在是一种虐政啊。褚维垕告诫子孙，首先是不要买置奴婢，这才是长久的好事。假如不能办到，就要与奴婢约定，承担她们的衣食，宽缓她们的劳役，约定出嫁的年纪不超过二十岁。褚维垕认为人的贤与不肖是一定的。贤能的人，对他假以颜色，他就会更加勤奋；不肖的人即使施加捶楚，他也会越来越没有廉耻之心。因此，对待奴婢不可刻薄苛责太甚，否则会造成祸端的萌芽。

褚维垕在家书中以读书之法指示儿子。褚维垕的读书之法不同于他人之处就在于，他不主张一味地苦读，而主张“读书宜寻乐趣”。褚维垕告诉儿子，在读书余暇，应当每十日登山游览一次，或者去别人家游历拜访一次，以此认识豪杰俊士，扩充自己的胸襟。不可效仿乡村学究据守书案的苦楚之状。读书需要静心，需要养身。真正会读书的人，都很少生病，这是他们心宽体胖的缘故。读书用功最忌讳郁闷，必须要心灵活泼，才能有所进益。

另外，读书时应当设身处地，体会书中的意思，并身体力行其中的道理。不可以“书是书，我是我”，像小孩子读书一样信口滑过，读过之后全然无益于身心。这是读书人的大病，应当戒除之。褚维垕对于《左传》尤其推崇，认为读《左传》时不可以略过任何一句，务必全部阅读。《左传》笔法极好，极为累赘、繁琐、鄙亵的事情，都能叙述得简净明白、有条不紊。能读懂《左传》，就能从政，能治理兵事，能妥善言语，能书写奏稿。近代的人善于写作奏书的，大多源出于《左传》。读《左传》之时，应当每日分配一些内容，务必要打起精神，拿定主意，将之从头到尾读

过，不可有头无尾，半途而废。

褚维垕还指示儿子以作文之法。褚维垕命儿子每日记下一件事情，用来锻炼和增长自己的笔力。无兴会之时，就老实地记下自己所经历的事情；有兴会之时，就任笔所至，抒发自己的情感。每日或者作一篇论文议论某事，或者作一篇记叙文记录某次交游，或者作一篇与他人辩论的文章，或者写一封给他人的书信，放笔写去，记载在日记中，以防遗忘。有写得满意的文章，就可以摘录出来，编辑成自己的书稿加以出版。

褚维垕认为儿子作文的短处在于太过重滞，在科举考场上吃亏就吃在这上面。作文之时应当意到笔随，摆宕跳脱，文章从头至尾一气呵成，有了上句便有下句，切忌枝枝节节地拼凑而成，前后行文必须灵气贯通往来，首尾关节处都要呼吸相通。文章的字句应当简洁峭拔，切忌拖沓笨重。在审题时，应当抓住题目的关键肯綮所在，认定立足点，然后分清楚何者是前路的铺垫，哪些是文章正面的描述发挥，安排和布置停当之后，就可以一笔写就了。褚维垕认为只要熟悉轻清流利的文章，科举的学问就尽在其中了。流动中要有几句凝练之语，精炼警醒，夺人眼目，就可以取得科场胜利了，不必将它看得太难。

褚维垕认为读书作文必须胸中有活泼气、潇洒气、喜悦气，这样笔下才能有春夏季节的气息，有生动飞舞的气息。如果读书作文之时，满腹忧愁郁结之气、抑郁闭塞之气，那么下笔就会磕磕绊绊、枝枝节节，用来应试也会不利了。功名心过于重的人，大多有这种毛病，这导致他们终身也得不到一第。穷乡秀才容易满身土俗之气、沉闷之气，导致穷年矻矻，一世也不得超脱。

况且，为了自己的身体着想，也要忌讳烦闷，要妥善保养自己的心灵，使自己天真纯粹，光明磊落，置小得小失于度外。不可以一得意就趾高气扬，一失意就垂头丧气，不成材料！为人要阅历广阔，做出一些事业。拂逆己意的事情有成千上万，如果遇到一点小小的不得意事就郁郁不已，又如何成就事业呢。褚维垕认为，做人要能够忍受苦难，“大凡‘苦’之一字最益人”。“二十四史”中做出一番事业成就的人，大多从艰难困苦中走来。希图侥幸的小丈夫，不仅一事无成，而且自己也会受苦无穷。因此，做人要心中、口中都冲和，不可多发牢骚。[1]

郭昆焘（1823—1882），字仲毅，又字意城，号樗叟，湖南湘阴人。郭嵩焘[2]的弟弟。曾考中举人，在张亮基等人的幕府任职。郭昆焘的儿子为郭庆藩。郭庆藩将郭昆焘平日教子的言论整理成《云卧山庄家训》两卷。其中包括论读书五则、论诗七则、论居官十五则等内容。

“论读书五则”主要教导儿子五条读书的方法和注意事项。

第一是读书应沉潜涵泳其中滋味，探索书中义理。读书之时，应当口、眼、心都在书本上。

第二是读书应当从头至尾，按照顺序读下去，一定要贯彻始终，使全书的次第内容都了然于心，才能有益于己。如果在一部书中随意抽取一本，一本书中

[1] 楼含松主编：《中国历代家训集成（第十二册）》，浙江古籍出版社 2017 年版，第 6926-6942 页。

[2] 郭嵩焘（1818—1891），字筠仙，晚号玉池老人，湖南湘阴人。早年与曾国藩同学于岳麓书院，后与曾国藩在湖南兴办团练，与太平军作战。

又随意翻开阅读几页，那么只能记住一两个典故，对于作者的精神脉络茫然全无了解。这样做，即使终日读书也与没有读书没什么两样。

第三是读书忌讳卤莽急躁，随意开始一部新书又随意丢弃。面对古今汗牛充栋的书籍，不可一味追求速度和全部读完。只要挑选自己所应当阅读的书籍，循序渐进，一点一点地积累，能够将所学知识融会贯通，就已经可以终身受用不尽了。如果这本书刚读了一点，忽然又想要读那本书，这一卷刚开了个头，又突然想读那一卷，急躁苟且，只追求迅速读完，仓促间又办不到，就会生起烦扰。烦扰得久了，就会生成疲倦。这样导致没有读的书还是来不及读，已经读过的一点又忘得一干二净。

第四是读书要从容优游。这本书尚未熟悉，就读第二遍，读第三遍，直至熟悉。这里的意思有不明白的，就再思考一下，又思考一遍，直至明白。读书时要使内心从容暇豫，精力充沛而有余裕，不可急躁冒进。以行路来比喻，有的人的力量足以日行百里，有的人的力量只能日行数十里，每个人的力量是不可勉强的。如果以仅能行数十里的力量而强行行走百里，必定会汗流浃背，气喘吁吁，僵卧在道路旁边。即使勉强达到了百里，可是到了第二日想要行走数十里也办不到了。因此，倒不如量力而行，每日在自己的能力范围内行走，日日坚持走下去，终会有到达目的地的一天。先辈有俗语说："苟有恒，何必三更眠五更起；最无益，莫过一日曝十日寒。"就是这个道理。

第五是明确读书目的。读书不只是为了工词章、取科第，最重要的是为了穷理尽性，立志于圣贤之道，使自己免于流俗。儒者读书的第一层功夫就是要变化自己的气质。时时留心注意，常常省察自己，有善思善行就努力扩充之，有过思过行就努力杜绝之。孔子称赞颜回好学，主要是因为他的“不迁怒、不贰过”。学者的行为气质有所改善，就是真正的好学。如果知道自己今日有做错的事情，有所悔悟，但到了第二天，依然故我，依然犯同样的错误，那就不是真正的读书好学之士。

“论诗七则”指示儿子作诗和鉴赏诗的七条法则。

第一，诗是用来展示性情的，以自然为可贵，但诗的自然必须从钻研磨炼中来。从研磨雕琢归于自然，才能没有浅率的毛病。一般人论诗都崇尚清新自然，反对刻意雕琢，但郭昆焘能够认识到雕琢与自然的辩证关系，认识到雕琢对于自然的作用，实属难能可贵。

第二，堆砌典故是诗家的忌讳，但郭昆焘认为诗中全然不用典故的话，也容易沦为空洞的论调。他认识到了典故对于诗歌内涵的作用，有一定的借鉴意义。

第三，诗贵在言之有物。流连风光景物的诗，诗家并不反对为之，只是需要其中有所寄托，或者只是偶一为之就够了。郭昆焘认为，古今名家的诗集中，只有陆游的写景之作较多，陆游写景诗的好处在于能将物情描写得曲折详尽，但陆游并不专以写景诗见长。如果一个人的诗集中从开头到卷末，无不是些山水、风月、花鸟、树石等景物，前后雷同重复，一点寄托和意象也没有，那么他表面上是雅人，实际上只是一

个俗士罢了。

第四，诗歌以意思、意境为主，文笔次之，词藻又在其次。

第五，学习古人作诗，应当学习意境、气象和格律，不可以只留心声调。一味地摹仿描摹古人的诗已经属于下品，剿袭更是无品的行为。所谓“随人作计终后人，自成一家始逼真”。

第六，作诗不能只沉溺于诗歌本身，必须有得之于诗歌之外的东西，才能更好地自得于诗中。一个人的学识性情，才是诗歌的根干，广博的知识、闳丽的词藻只是诗歌的枝叶。根干枝叶兼有，落笔自然能淳厚工雅。

第七，作诗应追求自道心中所欲言，而不是为了向世人炫耀。如果作诗不是为了自得于己，抒发心中所思所感，只是为了向旁人夸耀，就无法取得很高的成就。

“论居官十五则”是郭庆藩将要赴浙江做官时，郭昆焘将自己在官场的阅历书写成十五条法则，用以警戒儿子。

第一是要恪守自古相传的官箴：清、慎、勤，还必须以“明”（智慧明达）主导之。若没有“明”作为主导，那么只能保证自己清廉，而无法察觉别人的贪饕，或者过于清廉而流为刻薄；因过分谨慎而犹疑不定，使事情积压不决，流为畏缩怕事；单纯勤于办事，而不能解决繁难的事情，不能妥善安排事情的次第，导致纰缪多多。因此，必须以“明”来主导清、慎、勤。郭昆焘认为，“诚”能够生“明”，“明”

能够广才。一个人拥有诚心，才能对事情有真实的看法、真实的见解，才能拥有真正的力量。有了力量，见识自然而然也就扩充通达了。见识通达，自然就会拥有处事的才能。

第二是妥善处理任事与退让的关系。如果人人都以退让为贤能，朝廷设官分职是为了什么呢？担当事务本来就是当官者的责任，是世人所仰赖的。但反过来说，过于包揽任事，又容易招致同僚的妒忌。因此，应当以“道”来判断该任事还是该退让。君子任事是为了履行道义，不能因为困难就退缩，也不能以自己能够办成难事而骄傲矜夸；君子退让也是顺义而为，并不是为了一味地隐藏自己的才能。任事与退让，应当做到既不苟且地逃避患难，又不招致别人的嫉妒怨恨。

第三是秉持公心的同时又能顾及自身。居官不能自私自利，一有自私自利之心，就容易愧负国计民生。但又不能完全不顾及自身，否则何以长久地为国家、为人民办事？不可自肥、自满，自肥自满者足以自污自损。循吏不为自己身家谋划，其身家自然长久安泰；墨吏专门为身家的肥厚计谋，反而常常招致倾覆。

第四是警惕官场的“三反”现象：有益于公共的事情，为了规避处分，瞻前顾后而不敢作为，为自己谋取利益的时候，反而敢于违犯法典，冒着巨大的风险，毅然为之而不畏惧；对于手下的杂役书吏言听计从，却对友朋绅士之言充耳不闻，将其视为仇敌；惩处匪徒蠹虫的时候，往往假借好生之德的说法为其开脱，对于良民中受到株连拖累的，却漠然不关己，不

能稍动怜悯之心。

第五是主敬行恕，以敬畏宽恕之心待人处事。

第六是克勤克俭。郭昆焘认为勤与俭是相济相成的关系。勤劳于自己所应做之事，就会全神贯注于此，则世俗的其他纷纷扰扰就不能诱惑自己，有助于培养俭。以俭来约束自身，就会内心淡定，自然就不会耽溺于奢侈暇逸的事情，有助于劝励勤。

第七是对于便佞机巧之徒，如果无法完全断绝的话，只可使他为己所用，不可以使自己被他牵着鼻子走。

第八是郭昆焘认为知府的职责主要在于劝勉州县官员，带领他们宣布德化，教养士民，对于州县居民控诉到府里的事要谨慎处理。

第九是对于衙门里的陈规陋俗不要轻易去改革变化，应当权衡利弊决定取舍。不要突然求取裁革陋规的名声，而惹得他人嫉妒。

第十是治理的顺序。首先治理自己的身心，然后才能治理好近身仆从，然后才能治理好书吏，最后才能治理好百姓。

第十一是不要轻易对身边的书吏、仆从展现自己的喜怒，防止他们根据自己的喜怒而伪装邀宠。

第十二是对于自己的属吏，固然应当明察他们的奸伪，但也应当体恤他们的疾苦，才能既全公道国法又存人情。

第十三是乐于闻己过。居官之人，身边的属吏仆从大部分都因为各种原因不敢对自己直言进谏，久而久之就听不到自己的过错了，因此不可在听闻己过时，面露不快之色，要勇于听闻己过。

第十四是不可恃才傲物，轻视他人。要思量尺有所短寸有所长、三人行必有我师的道理。

第十五是言忠信，行笃敬。对待上下官吏、亲戚朋友不能欺饰绐骗、敷衍含糊。[1]

郑观应（1842—1921），本名官应，字正翔，号陶斋，别号杞忧生。广东省广州府香山县（今广东中山）人。中国近代启蒙思想家、实业家、教育家等。著有《盛世危言》[2]。郑观应写有《训子》诗，以诗歌的形式简明扼要地阐释为人处世的道理。其诗如下：

古今因果已三编，勿与人争宿债钱。
天理流行人欲净，真吾常在可延年。
立志须求一等人，专崇道德莫忧贫。
英雄出处多贫困，功业由来俭与勤。
得便宜是失便宜，多少阴谋尔未知。
守正不阿存善念，自然福禄获天施。
马援训子宜谨饬，究竟奢华不久长。
素位而行量出入，先机预蓄隔年粮。
养生古法功无间，觉岸同登理莫忘。
须有精神求福泽，事凡过度必身伤。
欲无后累须为善，各有前因莫羡人。
烦恼皆由多妄想，不能容忍不安贫。
大富由天枉力争，能精一艺可谋生。
切毋行险图徼幸，熟读经书理自明。
人生富贵似烟云，道德能留亿万年。

[1] 楼含松主编：《中国历代家训集成（第十二册）》，浙江古籍出版社 2017 年版，第 6943-6950 页。

[2]《盛世危言》是郑观应写于 1892 年的论文集（共五卷），1894 年出版。书中以“富强救国”为主题，从政治、经济、军事、外交、文化等方面提出改革方案，阐述如何从传统社会向现代社会转变，逻辑严密，切实可行，是中国思想界的一部力作。

休自殉名兼殉货，存心养性学先贤。[1]

[1] 陈明编：《家训》，新星出版社 2016 年版，第 243 页。

这首诗主要讲述人生的道德与贫富等问题。首先秉承先儒“存天理灭人欲”的教诲，命儿子使天理流行而人欲干净，这样才能保持真我，有延年益寿的养生功效。在自身处境的贫富方面，郑观应认为君子应当“忧道不忧贫”，建立高远的志向，砥砺德行而不忧虑自己的贫困处境；因为古往今来英雄豪杰的出身大都贫困，功业的建立大多来源于俭约与勤劳。郑观应认为人不可贪图小便宜而丧失原则，因为这小便宜背后常常存着许多自己所难知晓的阴谋；坚守正义的原则而刚正不阿，始终保存善念，那么自然会获得天降的福禄。身处富贵奢华，不可期其久长，唯一能做的就是谨慎修饬自身。在消费和享乐方面要衡量自己的收入，量入为出，要预先准备下第二年需要的钱粮，这样才能遇事不慌张。凡事不可过度，要保养自己的身体和精神。想要无后患，必须与人为善。郑观应认为大的富贵皆是由于天命，一己之力的挣扎与追求多半为徒劳，不能安于自身的贫贱，产生诸多的烦恼，皆是由于妄想太多。作为普通人，只要能掌握一门技艺也足以供其谋生了。修持道德学问，将经书熟读，道理自然会明朗。高尚的道德修养，才能恒久传世，荣华富贵皆是过眼云烟，因此不要为了外界的名声和财货而牺牲自己，存心养性才是应当做的事情。

张之洞（1837—1909），字孝达，号香涛。晚清名臣、洋务运动代表人物。张之洞在《致儿子书》中以殷殷之笔写出了对儿子的深切期盼。张之洞嘱咐儿子的主要有两件事。第一是命其进修学业，第二是命其谦恭务德。

进修学业方面，张之洞说他的儿子自幼便喜好跳掷游戏，不喜欢读书，张之洞认为幸亏科举已废，不然以儿子的资质绝不能考中举人、进士成就科举功名，只能以一介秀才的身份终老。张之洞顺应儿子的天性，将他送进新式学校学习，儿子果然除了体操外，无一擅长。国家正处内忧外患的多事之秋，强军练兵为治国安邦的首要，因此张之洞将儿子送往日本士官学校，令他学习军事。以期回国后，有张之洞为之作庇佑，可以谋得一官半职，为国家效力。张之洞劝诫儿子在国外一定要用心学业，不可心有旁骛，不可畏惮劳苦，这样才能掌握真正的本领，具备一名军人的资格。

谦恭务德方面，张之洞是清朝重臣，官居一品，权势显赫，名满天下，儿子自然属于贵介子弟，在国内时仰仗父威，无人敢不对他恭敬奉承。但张之洞警戒儿子，在国外仰仗父威的情况将不复存在，因此一定要将自己视作贫民、视作低贱的卒吏，谦卑谨慎，苦身尽力，不仅使学业进步，更是以此磨炼身心。张之洞告诫儿子，不可再有赌博狭邪等耗费精神、荒废学业的行为，否则万一被人发觉，或者被日本官吏逮捕，则我的面目无存。[1]

张之洞的儿子在日本留学不足四个月的时间，就花光了刚去日本时所携带的千金钱，使得张之洞不得不又汇给他五百日元。张之洞在《复儿子书》中针对此事，教诫儿子要节俭和吃苦。

张之洞对儿子的高消费表示了深切质疑：此次

[1] 陈明编：《家训》，新星出版社 2016 年版，第 245-247 页。

出国是为了求学，求学就要刻苦，不必讲究交友和应酬。即使日常花费稍微阔绰点，不必要非得和寒酸子弟保持同等消费水平，但多达千金的零花钱也应足以维持一年多的时间，为什么你却四个月不到，就已经全部花完了呢。张之洞说，我虽然没有去过日本，但也听说了其他留学日本学生的消费水平，他们每个月花三十金就足以维持日常生活了，即使饮食起居追求更舒适些的，一个月五十金也足够了。假如钱被用在了按照道理来说应当花费的地方上，那么即使是每日百金，我们家也供应得起；如果仅仅是为了饮食、起居的豪阔，每月花费五十金的两倍也是可以的。但你却在不到四个月的时间内花费完了千金，平均下来，每个月有二百五十金，是他人每月五十金的五倍。你必定不只是用在饮食、起居等方面的日常享受，而是将钱财用在了某些不可告人的用途上！求学时应当吃苦耐劳，懂得稼穑的艰难，日后学成归国，才能知晓民情和世事，不至于一事无成。况且你所学的专业是军事，从身份上来看是军人，军人尤其应当吃苦，日后才能报效朝廷和国家。但你日常花费如此奢靡，一定是用在了其他用途上，既消耗钱财，又浪费光阴，损耗自己的精力，使自己连学业都荒废了。成事不说，来者可追，对已经发生的事情穷极追究没有意义，我对你之前的行为就不再深究了，只是希望你从今往后，收起自己的邪心，努力于学业。不在星期天的时候，就不出校门，即使星期天出校，也绝不可在校外留宿。这样既能节省开支，使“不必节俭而自节俭”，又能使学业不至荒废，使“不欲努力而自努力”。

第三节 文士家训

文人家训中，王夫之的传家十四戒，内容琐细，对家人行为进行了规约；郑燮的家书内容丰富，富含为人处世、读书治学的道理；彭端淑的训子侄文，讲述了难易、智愚的辩证法；张寿荣的五言长诗，系统梳理了经书的源流和学习的门径，展示了其深厚的学问功底。严复对儿子的指示，展现了当时出现的新思想、新学问。

王夫之（1619—1692），字而农，号姜斋，世称“船山先生”，湖广衡阳县（今湖南衡阳）人。他是明末清初三大思想家之一。他曾作“传家十四戒”，告诫子孙十四件不可做的事情或职业。

第一是不可做入赘的女婿。

第二是不可让子女出外继承异姓的姓氏或者使子女做僧人道士。

第三不可在嫁女儿时收取别人的钱财，尤其在出嫁守寡的儿媳妇时，更不可收取别家一丝财物。

第四不可听从方术之士的话将先人改葬。

第五不可做地方官府的小吏，也不可与小吏之家通婚。

第六不可为打官司的人做证人。

第七不可替人打官司或者做中间人为人担保。

第八不可做地方上负责为官府追征赋税劳役的歇保。

第九不可做乡团的首领。

第十不可做屠夫、厨师和卖酒食。

第十一不可携带枪和弓箭去猎杀禽兽。

第十二不可学习拳脚功夫好勇斗狠或者诅咒人的法术。

第十三不可做巫师或者敲鼓吹奏的人。

第十四不可建立坛场祭祀山鬼或跳大神。

除这十四戒之外，王夫之对子孙们的职业规划是，能做士（当官）的就做士，其次是做医生，其次是做农夫，其次是工人，其次是商贾。[1]

王夫之的传家十四戒，相较其他家训有所不同，不是长篇大论的道德说教，而是告诫子孙们不可做的事情或职业。而且他也没有解释为何不允许子孙这样做。不过，从十四戒的内容来看，有的是为了保护子孙，如，不允许子孙沾惹官司，不允许子孙学习拳脚功夫等；有的是出于对某些职业和事件的鄙视，如，不允许子孙做巫师、跳大神，或者听从术士的话迁葬先人等。总之，王夫之对子孙的期望并不甚高，只是希望他们能够安分守己，有能力者可以做官，谋取功名，不能者，农、工、商皆可从事，只要能保全自身，养家糊口，继承家业，就是幸事。

郑燮（1693—1766），字克柔，号理庵，又号板桥，江苏兴化人。清代著名书画家，是“扬州八怪”[2]的代表人物。他的画风清峻瘦劲，气骨凛然。郑板桥曾写给弟弟两封家书，其中包含着对弟弟的训诫。

他的《潍县署中寄舍弟墨第二书》，告诫弟弟如何教育孩子。信中说，教子的第一要务是使孩子做个好人。务必使孩子养成忠厚仁善的性格，驱逐他们刻暴急躁乃至残忍的本性。郑板桥从极小处入手，告诫

[1] 陈明编：《家训》，新星出版社 2016 年版，第 166 页。

[2] 扬州八怪，是清康熙中期至乾隆末年活跃于扬州地区的具有独特风格的书画家总称，较为公认的书画家为：金农、郑燮、黄慎、李鳝、李方膺、汪士慎、罗聘、高翔。他们的书画标新立异，反传统，倡个性，反映了当时扬州地区艺术的繁荣。

弟弟不要让孩子们将头发系蜻蜓、用线系螃蟹等来玩耍。因为孩子们多半不大一会儿就会将这些小动物们折拉致死，这样不仅容易养成孩子的残忍性格，而且有伤生害命之嫌。郑板桥认为，天生万物，各有其道理，即使是蛇虫蜈蚣、豺狼虎豹等可能会伤害人的动物，也不应该残忍地杀害它们，而应该将它们远远驱逐，使它们不能为害，或者自己远远避开这些动物，使它们不能害己。对于这些可能危害人类的动物尚且不应尽杀，更不用说蜻蜓、蟾蜍之类的小动物了。郑板桥认为，不仅不应杀害动物，而且不应害其本性。郑板桥反对笼中养鸟，认为这限制了鸟类喜爱飞翔和自由的本性。如果要养鸟，应该在房子周围多栽种树木，这样鸟儿自然会来。他还让弟弟教导孩子善待下人的孩子，学会与他们分享食物，不应一人全部独占。[1]

他的《潍县署中与舍弟墨第五书》与弟弟谈了自己对诗文的看法。他认为不应盲目鄙薄当时的文章，而应该客观地发现其可贵之处。为诗作文不能一味追求“言外有言、味外取味”[2]，而应该视文体和文章内容表达的需要，该详尽时详尽，该简洁时简洁。郑板桥晚年虽然以作字画为生，但他认为大丈夫应该建功立业，为百姓谋福祉，而不是以区区笔墨娱乐人心。只会写诗作画以娱心悦目的文人，比起富有政绩的国家重臣，实在不值一提。而自己以写字作画谋生糊口，就更可羞可贱了。因此，他告诫弟弟一定不能重蹈其覆辙，而应发愤自强，做实际的事业。[3]

彭端淑（约 1699—约 1779），字乐斋，号仪一，眉州丹棱（今四川丹棱）人。曾在雍正、乾隆朝任职。

[1] 吴泽顺编注：《郑板桥集》，岳麓书社 2002 年版，第 187 页。

[2] 吴泽顺编注：《郑板桥集》，岳麓书社 2002 年版，第 192 页。

[3] 吴泽顺编注：《郑板桥集》，岳麓书社 2002 年版，第 192-193 页。

他写有一篇《为学一首示子侄》的文章。这篇训子侄文，揭示了做事、为学的“难易”和“昏庸聪敏”的辩证法。[1]他指出，天下间的事业和学问，用心去做，则难者也会变成易者；放弃不做，易者也会变成难者。难与易，没有一成不变的规定，而是可以互相转化。资质才能的昏庸与聪敏也是如此。资质平庸的人，夙兴夜寐，坚持不懈地做事，获得成功的那一日，则无复昏与庸。资质聪敏的人，自恃聪敏而不加努力，则其失败时也不复见其聪与敏。彭端淑在文中讲述了一个小故事以说明这个道理：蜀地有一贫一富两个僧人，两人都想到南海游历。贫僧持一瓶一钵，不畏困难而往；富僧数年买舟准备，而逡巡不敢去。到了第二年，贫僧已然从南海归来，告诉富僧。富僧惭愧不已。这个故事说明，富有和聪敏，不足以成为成功的依仗，贫困与昏庸，也不足以成为事业的限制，主要在于自身的立志与实践。

张寿荣（1827—1883？），字鞠龄，号舫庐、书隐老人，浙江镇海人，曾考中举人，任教谕之职。著有《舫庐文存》《古音审定录》等，校勘编辑有《花雨楼丛书》《八史经籍志》等。张寿荣在五十一岁时，担忧年少的儿子嬉戏废学或读书不得门径，为他作诗梳理十三经的源流和学习的次序门径。其诗名为《人日示尧儿得二百四韵》，因结尾有“成人”二字，故又名《成人篇》。

诗首言，儿子已经十四岁了，古代贤人中有许多都是年纪很小就很有出息了。比如，北宋名臣晏殊

[1] 陈明编：《家训》，新星出版社2016年版，第196页。

十四岁时，就以神童的身份参加童科考试步入仕途；魏晋时期的赵至十四岁时，离开家乡到京都洛阳求学，在太学中遇到嵇康，立志拜其为师；东汉任末十四岁时到处游学，曾在小树林里搭建茅草屋刻苦学习；十六国时期汉赵皇帝刘聪，年少时即通晓经史百家之书。这些豪杰都是在与儿子同样的年纪，就已经表现出不凡的才学器量。因此张寿荣鼓励儿子要向古人学习，珍惜年少的时光，刻苦读书，并悉心为儿子指导读书治学的路径。

张寿荣认为读书首先要识字，识字则要借助许慎的《说文解字》。为此，他系统梳理了《说文解字》的源流。周代保氏教国子“六书”，许慎作《说文解字》继承并阐明“六书”的方法。日月之类的字，象征自然界事物的形象，属于象形；上下之类的字，看到字就会明白它的意思，属于指事；江河之类的字，一半是字音一半是字意，属于形声；武信之类的字，各部分的意义相组合形成字意，属于会意；考老之类的字，部首相同而其他部分变化，形成意义相通的字，属于转注；令长之类，本来没有这个字，借其他字来代替，属于假借。许慎的《说文解字》前后曾有五代到北宋徐铉、南唐徐锴为之作注，到了清朝的段玉裁为之作注，使得人们又重新重视起《说文解字》之学。

张寿荣认为，学习作诗如果以李白、杜甫为目标，就像攀登泰山一样艰难。如果取法于玉溪生李商隐，才能逐渐达到上等造诣。王维和孟浩然的诗，要时时能够心中领会。白居易、袁枚的诗作，细小之处已经

等同于曹、郐二国微不足道的下乘之作。他们的古风诗作大多清新遒劲，近体诗却多有痿痹柔靡的毛病。后人仿效白居易、袁枚等人，就好像听闻别人说梦话一样。只有摒弃不正确的路径，才可谈说诗界。[1]

张寿荣还以诗歌的形式系统梳理了十三经和文章、诗赋的源流，言简意赅，线索清晰，对于有志于研究十三经和想要写诗、作文的人来说，大有裨益。

张寿荣对于古今学问的认识鞭辟入里，为子孙读书治学指明了方向，具有积极的教导意义。

严复（1854—1921），原名宗光，字又陵，后改名复，字几道，福建侯官县人，近代资产阶级启蒙思想家，著名的翻译家。他曾翻译英国生物学家赫胥黎的《天演论》，以书中“物竞天择、适者生存”的理论作为变法自强的依据。他还提出“信、达、雅”的翻译标准。

严复的《与长子严璩书》写于 1894 中日甲午战争之际。其时清朝在与日本的战争中节节败退，光绪皇帝避难至陕西，求和则日本不肯，要战则臣下无能。信中，严复反思战争失败的原因，认为正在于平日所学学问的不切实用和士大夫心术的败坏。因此严复潜心研读西方的书籍，认为西方人的学问才是真正的学问，天地万物的生成化育、治国理民之道，必须从这里学习。但西方人崇尚笃实，不好夸大张扬，中国人如果不是精通西方文字的，根本不知道这些学问的存在，更别提崇尚了。而且西方的学问敦厚笃实，不是靠顿悟就能够理解掌握的，必须逐步地积累，打下扎实的基础，才能通晓其中的奥妙。等到真正通晓，就

❶ 楼含松主编：《中国历代家训集成（第十二册）》，浙江古籍出版社 2017 年版，第 6975-6980 页。

可以广泛应用，无施不可了。

严复在《与三子严琥书》中谈及读书的最佳年龄，认为读书学习最好在三十岁以前，四十岁之后虽读书学习也记不住多少了。因为四十岁之后事务繁杂，人的记忆力也下降。严复说自己五十岁之后看的书也不算少，但脑海里却没有记忆多少东西，印象最深刻者还是少壮时所读的书。严复以读史书之法指导儿子，认为读史书应当从前四史读起，但阅读的顺序不可像大多数人所认为的那样按照时间顺序从《史记》读至《三国志》，相反，应当先读《三国志》，然后是《后汉书》，然后是《汉书》，最后才是《史记》。[1]

严复于 1921 年 1 月 14 日写给四子严璿的信中以游览之法指导儿子。针对儿子严璿打算在暑假时游览杭州西湖的计划，严复认为虽然稍费钱财，却大有裨益，因此极力支持。严复认为，对于少年人来说旅行游览山水名胜，一则可以怡神悦目，是一大乐事；二则可以增进阅历和学问；三则可以激发自身志气；四则可以像司马迁那样，文章得江山之助。严复认为若要增加游玩的乐趣，需要预先储备多种知识。一是历史知识，了解此地古人的生长经过，用兵的形势得失，以及土地物产、人情风俗等。如此，才能在游览此地时，有慨叹凭吊的感伤和思想，有济世经邦的意念，这才是游览的益处所在。二是地理知识，了解当地一山一水一石一木的形成构造，以及地下的矿藏，才能更好地体会此地的特色精髓。三是摄影记载，若能将旅行途中有意义的事物摄影记载下来，那么旅行就成为一项事业，可以多有发明创造。[2]

[1] 陈明编：《家训》，新星出版社 2016 年版，第 251 页。

[2] 陈明编：《家训》，新星出版社 2016 年版，第 253-254 页。

第九章

家训的精神内核与文化传承

中国古代家训历经数千年传承至今，形成了一座内涵丰厚的文化宝库。由于家训是家人之间规劝、训诫之言，其口吻有着其他训言所没有的亲切性，从诸多家训中，我们可以看到家长对家中子弟的谆谆教导，他们语重心长、不厌其烦、一遍又一遍地对子弟加以叮咛嘱咐，使人深切感受到家中长辈对后辈们的拳拳关切和担忧之情。家训中的内容有时也有着其他类型训言所没有的私密性，其中会涉及家务私密之事，披露古人在外人面前不会流露的情感和性格。通过家训，我们可以从另一角度观察古人的人生经历和真实心态。除去稍显私密性的内容，家训中最多的还是常规性的内容，但即使是常规性的内容，也能给我们提供诸多可资借鉴的文化资源。从古人家训中，我们可以学习他们为人处世的智慧，读书治学的方法，养生保健的心得，乃至他们治家教子的经验。这些蕴含于家训中的智慧和经验正是中国古代家训的精神形象与文化传承意义之所在，值得我们深入挖掘、研究和学习。由于时代的局限，古人的某些思想已显得封建落后与过时，我们现代人能做的，就是摒弃其中不合时

宜的部分，将古人家训中的精华取而用之，为现今延展在脚下的生活提供一些指导。

第一节 为人处世的智慧

中国古代家训中涉及最多的内容就是为人处世方面的训导了。古代家长在子孙后代成长的过程中，叮嘱最多的就是如何去为人处世，包括如何涵养自身品德、如何与他人相处、如何选择将来的职业等。

人生在世，必须有自身坚守的原则，所谓原则就是一个人在漫长的生活中形成的心性品德，是一个人应对这个世界的立足点和武器，也是一个人成就他自身的基点。这些品质构成了某人不同于其他人的独特个性，是为个人发展铺路的基石，是谋求福报的根基所在。若没有某些值得一以贯之的原则和底线，那么人航行于或纷纭复杂、或繁华热闹、或沉寂苦闷、或惊涛骇浪的路途上，很容易迷失方向、无所适从，走入歧途乃至绝路。

回顾总结古往今来的家训内容，我们发现，被诸多帝王将相、名士文人所共同强调的几点做人原则分别是仁、俭、慎和勤。

一是仁。仁包括仁者爱人和恻隐之心。仁者爱人是己欲立而立人，己欲达而达人，推己及人，对他人施以爱护和援手，是对人的爱心的积极的要求，希望人能够主动去援助他人。恻隐之心是能够体察他人的痛苦和悲哀，感同身受，己所不欲勿施于人，以宽容慈和之心对待他人，是对人的爱心的消极的、最低层面的规定，要求人不去做伤害别人的事情。古人在教育子孙时，之所以特别强调仁，是因为他们相信“善有善报，恶有恶报”，这不是单纯的因果报应迷信之见，而是古人依据历史和现实的经验得出的结论：仁爱之人往往能得到他人的拥护、信赖、喜爱和帮助，因此自然而然会得到福报；反之，恶行背德之人则容易招致他人的怨恨、仇视乃至报复，因而会得到恶报。刘备教子“勿以恶小而为之，勿以善小而不为”[1]。颜延之在《庭诰》中指出身为富人要体会穷人衣食不足的痛苦。颜之推在家训中告诫家人要本着仁恕之心做事。唐太宗在《帝范》中要求子孙以仁爱施于民众。康熙也教导儿子们对世人和世间万物保持恻隐之心。从古人家训中，我们了解到，身为帝王需以仁心关爱万民，身为富贵之人需以恻隐之心体察贫苦人的痛苦，而身为普通人也需要保持最基本的底线，不去故意伤害别人。

二是俭。俭是寡欲，是自觉节制自身的各种欲望，既表现为生活中衣食住行等方面的节俭有度，也表现为娱乐游戏、饮酒等方面的节制，还涉及对自身言行的控制，不说过分的话，不做过分的事。古人在家训中多番强调俭德的重要性，要求家人恪守节俭的原则生活和行事。刘义隆劝诫弟弟刘义恭戒除奢侈的生活习惯，要节欲俭省。诸葛亮以“静以修身，俭以养德”[2]训子。颜之推辨别奢俭的限度，指出应当“施而不奢，俭而不吝”[3]，施舍有困难的人而不显得奢侈，节俭度日又不过分悭吝。司马光写给儿子的家书，专门谈论俭德的重要性，并以已故父亲和自身秉持节俭的做

❶［晋］陈寿撰；［南朝宋］裴松之注：《三国志》，中华书局1971年版，第891页。

❷袁钟仁导读：《诸葛亮集》，凤凰出版社2020年版，第135页。

❸［北齐］颜之推著；庄辉明，章义和译注：《颜氏家训译注》，上海古籍出版社2016年版，第33页。

法教导儿子，以宋朝数位宰相崇尚节俭的例子启示儿子。曾国藩告诫儿子由俭入奢易，由奢入俭难，一定要秉持节俭寒素的作风。

三是慎。慎不仅包括谨慎，还包括恭敬。无论对人还是对事都需要秉持恭敬、谨慎的态度，平日里谨言慎行，否则容易做错事情，招惹祸端。古人家训中对慎德也尤其强调，认为恭敬、谨慎是免除祸患的基本。东汉马援训诫侄子们要谨言慎行，不要轻易议论他人的是非，要学习别人敦厚笃实的作风，而不要学习游侠儿仗气任侠的作风，他的“刻鹄不成尚类鹜，画虎不成反类狗”成为流传甚广的名言，后世的人在教导子孙时经常加以引用。西晋羊祜认为“恭为德首，慎为行基”[1]，教导儿子恭敬谨慎，不妄言，不妄动。嵇康告诫家人不可以过分亲近长官，不可以在长官家留宿，以免长官问及他人是非时，自己不好回答；要立身清远，不可以随意接受他人的请托，以免招惹是非；要谨慎言语，不可以对某人某事妄自评论，不和他人争论是非对错；要谨慎交友，交情一般的人要少与他聚会玩乐，更不要打听他人的隐私。徐世勣、姚崇等人的家训则表达了身居高位者更加需要戒慎警惕的道理。杨士奇叮嘱侄子在行船途中要注意的二十二件事，体现出杨士奇对谨慎的极为重视。康熙也曾教导儿子们要谨慎处理事务，慎始慎终。

四是勤。勤是勤劳、勤快，不懒惰，不拖沓，要及时、到位地做好自己该做的事情。上至帝王将相，下至平民百姓，都需要以勤劳作为维持自身生存的根基。作为皇帝，应当勤于政事，无怠无荒；作为官员，

[1] 陈明编：《家训》，新星出版社 2016 年版，第 15 页。

应当尽职尽责，不可推诿拖沓；作为百工艺人，应当勤修技艺，精益求精；作为农人，应当勤于农桑，不可错过农时，更不可使田地荒芜。方孝孺认为应当“戒惰”，圣贤犹且勤勉不息，作为普通人更应当珍惜时光，做自己该做的事，不应荒废光阴。康熙强调勤劳的重要性，不仅自身处理政务夙兴夜寐、亲力亲为，还强调练兵时应秉持“勤”的原则，使士兵们习惯劳苦，这样才能临危不惧。曾国藩勉励儿子一定要习惯勤劳，只有勤苦才能使家业兴旺。

在与人交往方面，古人在家训中多次强调要谨慎择友，其原因就在于“近朱者赤、近墨者黑”。人们尤其是青少年，很容易受到所交朋友的影响，在日常生活中，不自觉地摹仿朋友的思维习惯和行为模式。如果所交朋友是好学笃行的君子，那么自己也会跟着进步；如果朋友是轻浮浪荡、无德无行的小人，那么自己也会受到影响而退步。因此，古人强调择友要择贤，无友不如己者。颜之推在家训中提出要亲近、敬慕贤德的君子，不要和品德不如自己的人交朋友，但他也反对好高骛远、贵古贱今，只知倾慕远方徒有名声的人而不知重视和珍惜身边的贤德的朋友。柳玭所述柳氏家训中也以结交众多朋友为末流的事情，反对讲究江湖义气、为非作歹，认为保持关系的简洁、尊敬他人是与人交往的要道。元稹告诫侄子们不要到喧嚣的地方玩乐从而认识一些倡优之门的人。范质认为与人交往应秉持君子之交淡如水的原则。张英曾具体陈述所交非人和交友过多的弊端，指出只要结交两三个谨慎淳厚、读书好学的朋友就足够了。纪昀也曾提

醒儿子进入社会要谨慎交友，要警惕各类真小人和伪君子们的危害。

在职业选择方面，作为家长，普遍希望子孙都能够掌握适应社会的、将来永不会过时的一技之长，读书科举之路在古代社会被视为至高无上的“正途”，而务农、经商等其他选择则不被提倡。但有些开明的古人并不强迫子孙必须选择科举做官这一充满荣耀的“正途”。与鞭策子孙追求富贵相比，古人更加务实地希望子孙能清白做人、做一个好人即可。古人也会根据子孙的不同性格、能力、喜好，调整他们赖以谋生的事业。宋代王旦不要求子孙一定飞黄腾达，认为只要是士农工商这四种正经、正当的行业皆可从事，他对子孙仅有的要求就在于禁止他们从事僧、道行业，或者自甘下贱做人奴隶，更严禁子孙作奸犯科、违法乱纪。林则徐根据二儿子林聪彝的资质，认为他不适宜于走科举功名的道路，反而希望他能放弃文学而选择耕稼务农之路。曾国藩为儿子们作职业规划时，命儿子们不必做官。王夫之教导子孙们根据自己的能力，能做官的就做官，不能者也可以从事医生、农夫、工人、商贾等职业。陈献章指出不是只有犯了极大的罪恶才会导致家庭破败，子孙缺少才能、无所事事也会导致家庭破败，因此他要求子孙至少要掌握一门足以谋生的技艺。

第二节 读书治学的方法

中国古代家训中，古人在指导子孙读书治学时，提出了诸多富有价值的建议，对于我们现代人如何读书治学也能提供可资借鉴的指导。如果要对这些建议加以区分的话，大致可以分为两方面的内容：一是指导读书的方法，二是指导作文（包括诗赋）的要领。

一、读书之法

读书是所有学子都会做的事，但并非所有人都了解应当怎样去读书才能将书本知识更好地掌握和加以利用。古人注重子孙的读书治学事业，也经常在家训中指导子孙以读书的方法。

（一）读书要分清先后、主次

读书治学，不能一上来就拿着某一本书胡乱啃读，应当首先了解所要学习的内容的源流历史，才能知道自己所学习的东西、所阅读的书籍在历史上的地位如何、具有哪些价值。古人指导子孙读书之法时，也会首先梳理学术的源流，帮助子孙了解读书治学应遵从的路径。张寿荣的戒子诗就是梳理学术源流的代表作。古人推荐子孙所读的书目，往往有先后、主次、轻重之分。他们对不同类型的书籍持不同的态度，往往是先经史、后诗赋，而鄙视小说。唐代李恕在《戒子拾遗》中鼓励家人多买经史典籍，但反对子孙阅读阴阳卜筮之类的书籍。康熙教导儿子们读书要首先精研经史，认为经史读通之后诗赋自然也就会了。至于虚构编造的小说之类的书籍，他认为应当摒弃不读，因为虚假拼凑、不合现实逻辑的小说容易使人做出愚蠢的事情。郑板桥也对小说传奇等通俗读物持轻视态

度，认为如果有人致力于记诵“小说家言，各种传奇恶曲，及打油诗词”[1]，就如同一个破烂橱柜一样，将臭油坏酱贮存其中，龌龊而不可耐。古人囿于时代观念，往往对小说等通俗读物持轻视态度，事实上小说也能够发挥寓教于乐、扬善抑恶的重要作用。身为现代人的我们当然应对小说持客观辩证的态度，某些具有思想价值的小说值得我们学习，而陈陈相因、思想内涵轻浮薄弱的小说则不值得浪费时间。

（二）读书要深究精通

古人治学讲究扎实，读一本书就牢固掌握一本书，最忌讳贪多求快、浮光掠影式的读书模式。以追求博学为目的的囫囵吞枣，只会导致食古不化，脑子里装了一堆只鳞片爪的历史典故，却无法真正把握其中精神，难以将所读书籍、所学内容加以灵活发挥利用。王僧虔曾教诫其子读书求学应深究精通，不可三心二意、浅尝辄止。他认为，有的人专读一部书，并将与这部书相关的数十家注解都拿来通读，尚且不敢轻易谈论此书，怎么能够才读某本书的前几章就拿出来侃侃而谈，卖弄自己的学问呢，这样只会贻笑于大方之家罢了。郑板桥指示家人读书之法时，反对以过目成诵为能事。他认为读书追求迅速、追求记忆更多的内容，只是“眼中了了，心下匆匆”[2]，眼中迅速地看过了，心中却无所吸收和领会，就像走马观花看风景一样，应接不暇地看过了，自己身上又留下些什么呢？对于重要的书籍篇章，应当反复翻阅，探究其中蕴藏的微言大义，才能越探究越觉得有味道，越研

[1] 吴泽顺编注：《郑板桥集》，岳麓书社 2002 年版，第 186 页。

[2] 吴泽顺编注：《郑板桥集》，岳麓书社 2002 年版，第 186 页。

究越觉得深入。张英指出读书不能一味追求数量，而应当看一本是一本、看一篇是一篇，务求将已经看过的书籍和文章彻底掌握，对于已经看过的书籍要经常温习，牢固掌握并能应用。林则徐也指示儿子读书要从头到尾读完，切忌东拉西扯、浅尝辄止、看过即忘。李鸿章在给弟弟的家书中谈及读经之法，认为“穷经必专一经，不可泛骛”[1]，要想彻底掌握某一经书的道理，必须要专一研究这一部经书，不可以泛泛而读、好高骛远。读经要讲究一个“耐”字诀，就是要有耐心、有耐力：这一句读不通，就不看下一句；今日读不通，明日再来读；今年不精通，明年继续读。务求要将所读的某部经书读通为止。

（三）读书要寻找乐趣

褚维垣曾在家书中以读书之法指示儿子，他的读书方法的独特之处就在于主张读书应当寻找乐趣，不应一味地苦读。褚维垣指出，在读书余暇，可以每十日登山游玩一次，或者去别人家拜访游历一次，以此认识、结交一些豪杰俊才，扩充自己的胸襟，增长自己的见识。他认为读书用功最忌讳心中郁结，要保持心灵活泼，才能有所进益。真正善于读书的人都很少生病，这是因为他们内心愉悦安宁、心宽体胖。这种主张与历史上凿壁偷光、悬梁刺股、三年不窥园的苦读方法不同。我们认为，富有极强的自控能力，能够抑制住自己日常想要玩乐的心思而选择读书的精神是可贵的、值得敬佩的，也是读书读出成果的必经之路，所谓“书山有路勤为径，学海无涯苦作舟”。但一味

[1] 成晓军主编：《宰相家训》，湖北人民出版社1994年版，第401页。

闷头苦读，死磕书本，而不知道应当劳逸结合的道理也是不可取的。适当的休息娱乐，有助于调节紧绷的神经，放松沉闷的大脑，使得自己在下次读书时拥有清醒的头脑和更高的效率。

（四）读书要结合实际

读书的最终目的是服务于现实，如果“两耳不闻窗外事，一心只读圣贤书”，很容易使自己成为只会纸上谈兵、不了解实际事务的书呆子。因此，我们应当在读书之余，关心身边的世事人情，结合实际才能更好地理解书本的含义，才能更好地将所学知识应用于现实。颜之推在家训中主张为学“必须眼学，勿信耳受”[1]，读书学问必须亲自验证真伪虚实，不能根据道听途说就胡乱加以引用。王阳明认为读书一定要求其有益于己，能够学以致用，不能单纯停留于记忆、背诵、讲论等理论层面。康熙主张读书要结合实际，辩证思考，不要被单纯的文字所愚弄。

（五）读书要把握大义

现代研究者们为了研究成果的创新，读书时需要仔细研究、考证某一字词、某一名物的实际意义，反复推究，多番比较，以得出结论。但作为不以研究为业的普通人，我们读书时就不必专门纠结于细枝末节的章句字辞，只要能够把握文章主旨精神和大义即可。这也是古人家训中经常提及的读书要义。颜之推认为读书应当“明练经文”，“博览机要”，不必“空守章句”。[2]读书治学只要能精通一部经书，将其中的

[1] [北齐]颜之推著；庄辉明，章义和译注：《颜氏家训译注》，上海古籍出版社2016年版，第143页。

[2] [北齐]颜之推著；庄辉明，章义和译注：《颜氏家训译注》，上海古籍出版社2016年版，第120页。

道理阐扬明白，能够以之应对世务即可，不必追求博览群书，博涉文史。颜之推反对当时流行的空守章句、空疏浮薄的学风，当时的谚语“博士买驴，书券三纸，未有驴字”[1]就生动地描绘出这种现象。颜之推指出，读书做学问只要通晓书中的大义，把握其中的精髓，能够使自己的言行有依据，足以立身为人即可，不必只“仲尼居”三个字就用整整两张纸的内容来注疏考证。康熙教导儿子们读书要把握大义，不必对细枝末节的字辞纠结不已。李鸿章也认为读经“以研寻义理为本，考据名物为末”[2]。我们日常生活中读书时，要以掌握主旨大义为根本，不可舍本逐末，将主要精力用于章句的雕琢堆砌和琐细名物的考证。

[1]［北齐］颜之推著；庄辉明，章义和译注：《颜氏家训译注》，上海古籍出版社 2016 年版，第 120 页。

[2] 成晓军主编·《宰相家训》，湖北人民出版社 1994 年版，第 401 页。

（六）读书要举一反三

古人教导子弟读书时要善于思考，举一反三。例如，康熙指出《尚书》虽然是言政事的书籍，但其中也包含了天道、地理、人事等多方面的道理。如《虞书》中的治历法明四时，就是天道；《禹贡》中的山川田赋，风俗物产，就是地理；各篇典谟训诰中，多处讲述有为君之道；从告诫敷陈的话语中，可以看见为臣之道；《洪范》九畴，就是理数；至于六府三事、礼乐兵农，更可以从中学习修德立功等事务。如果仅仅将《尚书》看作政事之书，而不知思考其中蕴涵的其他方面的道理，这便是不善于思考，不会举一反三。

二、作文（包括诗赋）要领

读书与作文是研治学问的一体两面，非读书不足

以广学，非作文不足以致用。读书是积累储存知识和智慧的过程，而作文则是将所学知识、所积累智慧发挥利用、出产成果的过程。某种程度上，作文比单纯的读书要求更高、难度更大，因此，古人也时常在家训中指导子孙以作文（包括诗赋）之法，我们可以从中总结出诸多可资借鉴的智慧。

（一）时时练笔

杜甫讲“读书破万卷，下笔如有神”，丰富、足够的阅读量能够为作文提供知识储备和灵感源泉。相应地，作文是一门实践操作的功夫，大量、足够的写作练习也能够为作文提供经验积累，使得自己在下笔作文时更加顺畅，更加老练。褚维垕指示儿子作文之法时，就命令儿子每日坚持记下一件事情，或者是作一篇议论文议论某事，或者作一篇记叙文记录某事，或者是写一封书信，这样天长日久地积累，自然能够逐渐磨炼自己的笔力。曾国藩曾叮嘱儿子每个月要作三篇文章，分别为一篇赋、一篇古文和一篇时文，或者在每个月逢三、八的日子作一篇赋，总之要时时练笔，养成一种持之以恒的习惯，不可以一曝十寒，或者三天打鱼、两天晒网。

（二）摹仿

好的学习从摹仿开始，好的文章有时也从摹仿开始。无论是写诗、作赋、写作古文，还是写作用于科举考试的时文，都可以从学习摹仿他人做起。前人的优秀作品为我们提供了好作品的标杆，以前人的优秀作品为标准，揣摩学习其中的表述、结构乃至精神意蕴，才能为自己写作提供指导，可以帮助自己更快更好地进入某一文体的写作领域。曾国藩就曾历数历史上著名的作家，指出他们的文章作品也大多是从摹仿学习前人而来，鼓励儿子写诗、作文、作赋要先从学习摹仿前人作品开始。张寿荣指导儿子作诗时，也给儿子指出了学习摹仿的路径，认为初学者不能一开始就以李白、杜甫为目标，这会导致自己作诗时难以下手，难以入门，反而可以以李商隐这样的诗人为效仿的对象，才能有迹可循，渐入门径。

（三）文章结构的安排

要想写好一篇文章，必然涉及写文章之前的构思，包括这篇文章的主旨立意，包括文章开头、中间、结尾内容的安排，这是写某篇文章的具体技巧所在。古人在家训中也提供了一些组织文章结构的方法。褚维垕指导儿子行文要从头至尾一气呵成，不可以有枝节拼凑的痕迹。文章字句要简洁，切忌滞重拖沓。写命题作文时，审题是关键，首先要抓住题目的立足点所在，行文时要合理安排前路铺垫、正面的描述发挥以及收尾的部分。

（四）心性修养

要想写好诗赋文章，除了时常练笔、多多揣摩摹仿古人作品、注意文章的构思安排等关于文章本身的努力之外，其实最关键也是最玄妙的一点就是“工夫在诗外”[1]。就像绘画、舞蹈、歌唱、烹饪等技艺一样，

[1] 蒋凡，白振奎编选：《陆游集》，凤凰出版社2014年版，第160页。

刻苦学习、坚持训练这项技能本身固然重要，可以使一个人由新手变成熟练的老手，甚至是精通这项技艺的高手，但真正决定一个人是否能够成为画家、舞蹈家、歌唱家、顶级大厨的，可能还不在这项技艺的熟练程度本身，而是这个人的心性修养、性格、思想、学识等技艺之外的因素。这些心性修养、性格、思想、学识等因素决定了一个人展现出的技艺的真正特色、水平乃至境界。内心坚韧而强大、有着稳定的心理认知、性格包容、思想深刻、学识深厚的人往往更能在作品中展现出更宽广的格局和更精妙的境界。写作诗赋文章也是如此，往往“工夫在诗外”，在一个人的心性修养、学识境界乃至气质内涵。褚维垕就曾教导儿子，写作文章时胸中要有活泼气、潇洒气、喜悦气，这样下笔才能有生动活泼的气息。如果满腹忧愁郁结、抑郁闭塞之气，那么下笔时也会沉重滞涩，难以出彩。胸中的情绪、志意看似与文章无关，其实无时无刻不在影响着下笔时的状态。内心活泼、头脑清醒时所作的文章往往思路清晰，语言流畅；而内心抑郁、头脑沉闷时写出的文章往往难有佳作。

第三节 养生保健的心得

中国古代家训的文化传承意义还在于其中包含着的诸多养生保健的心得体会，即使在 21 世纪的今天也仍不过时，可以帮助指导我们更好地生活和保持健康。若要将家训中养生内容加以划分的话，可以简单分为饮食之道、睡眠之道、锻炼身体和心性修养这几大类。

一、饮食之道

张英在《聪训斋语》中指出饮食时需要注意几点内容：首先是每顿餐食要忌吃得过饱，要给肠胃脏腑常留几分空间，才能使全身上下真气流通，不易生病；其次要少食烧烤、煎炸、油腻、肥甘之物，因为这类食物最易积滞于肠胃中，导致腹痛气塞；再次忌每次饮食过于多样繁杂，如果一顿饭之中，山珍海味无所不有，各种食物的属性可能会相冲相克，而且食物种类过多也容易损伤脾脏；最后，可以在饭前饮酒一二杯以开胃，饭后饮茶以清肠胃。

康熙也曾指导儿子们养生的方法，他认为“节饮食，慎起居”[1]就是养生却病的良方，关键在于平日里的谨慎注意。饮食之道可分为“饮”和“食”两个方面。“饮”方面，康熙对于所饮之水特别讲究，他曾将各地的水称量轻重，因此知道水质佳者，水的分量也重。如果所居之地得不到好水，那么就将水蒸至沸腾而取其水露，将水露用来烹茶喝。其实这就是蒸馏水，古人已经知道将水煮沸可以去除水中的杂质和有害物质。康熙反对嗜酒，认为嗜酒不仅使人心志昏乱，做出狂惑败德的事情，而且容易导致疾病，实在不是一件好事。因此康熙虽然能喝酒，却从不多饮，只是在平日饭后或年节宴会上，饮一小杯而已。康熙也谆谆教饬儿子们断然不可耽溺于酒，导致伤身乱行。“食”方面，康熙认为老年人饮食应当清淡，每餐饭中应夹杂着吃一些蔬菜，这样才能减少患病，对身体有益。农夫往往身强体壮，到了老年仍身体健康，就是因为这个。康熙认为各种水果菜蔬应当在它们正当

[1] [清] 玄烨著；李孝国，董立平译注：《庭训格言》，安徽师范大学出版社 2015 年版，第 164 页。

成熟时吃，这样才气味甘美、有益健康。大臣们进献的刚刚长成的水果蔬菜，即使是康熙从未吃过的奇珍异果，他也只是略微尝尝而已，从不多吃，因为这些刚刚长成的水果并非当季，贪食过多对身体无益。

在物质条件相对丰富的今天，带给人身体疾病的往往不是吃不饱导致的营养不足，而是吃得过多、过杂，吃不合适的食物所导致的营养过剩或相冲相克。张英是当时的高官，物质生活条件应当很丰厚。康熙是皇帝，饮食享受方面更是应有尽有。他们根据日常生活的经验得出结论：每餐饮食不要过度，应当适可而止，避免给肠胃造成过重的负担；烧烤煎炸的食物要少吃，现代研究也表明烧烤煎炸的食物食用过多的话确实会增加患癌症的概率；康熙提倡老年人应饮食清淡，每餐饮食中要吃一些蔬菜，其实不只是老年人，这对大多数人来说都适用。至于水果蔬菜要食当季盛产的，这在蔬菜大棚盛行的今天已经不大适用，但这条建议还是可以给我们一些启发，那就是饮食要注重健康、自然。

二、睡眠之道

睡眠方面，张英曾向子孙分享和推荐自己的睡眠之法。他指出，首先要早睡，冬天最好在夜间九时至十一时之间入睡，夏日最好在夜间七时至九时之间入睡。人们白日里劳作不息，夜间如果还要高歌畅饮、玩乐不休的话，有损身体；其次要早起，冬天夏天都应当在日出时起床，因为这个时候天地间空气清新，最为爽神；最后，白日漫长，可以在午后午睡片刻，养精蓄锐，以便应对下午的工作。

在白日里繁忙的工作之后，夜里还舍不得休息，还要抓紧时间娱乐玩耍一番，这在古代和现代人身上是一致的，因为人们都有娱乐的需求和欲望。适度满足是正当的，但要有所节制。即使做不到古人所提倡的七时至九时或九时至十一时之间入睡，也要尽量避免熬夜，避免过度损耗身体的精力。

三、锻炼身体

曾国藩在给儿子的家书中，要求儿子在每日饭后散步一段时间，认为这样有助于消食和身体健康。曾国藩言，每日饭后走数千步，是养生的第一秘诀。他建议儿子每餐完毕后，可以到唐家铺走一趟，或者到澄叔家走一遭，来回也就有三千多步了。这样坚持三个月，必然能够大有成效。[1] 饭后散步消食在今天已经成为生活常识，古人也早就意识到这一点，并在家训中专门提出，用以劝诫子孙。

四、心性修养

要想追求身体的健康长寿，除了日常的饮食、睡眠和锻炼外，保持良好的心性修养也至关重要。心灵与身体看似是两个不同的事物，实则息息相关、相互影响。良好的心情、心态有助于形成良好的身体状态。张英曾在家训中指出，要想追求长寿，有四点需要遵守，即“慈、俭、和、静”[2]。这四点既是心性修养，也是生活方式。良好的心态自然会促成健康的生活方式，进而有助于获得健康的身体。第一是慈，心中长

[1] 曾国藩：《咸丰十年十二月二十四日》，檀作文译注：《曾国藩家训》，中华书局 2020 年版，第 141 页。

[2] ［清］张英，张廷玉著；江小角，陈玉莲点注：《聪训斋语　澄怀园语——父子宰相家训》，安徽大学出版社 2013 年版，第 13 页。

存善念，仁民爱物，不仅是不做杀生害物的事情，而且一句恶言也不轻发。这样的话，即使不能期待善有善报，至少可以保持内心的安详宁静，邪气自然难以入侵。第二是俭，俭不仅是财物器用方面的节俭，还包含生活中一切事物的节制之义。无论何时何事，常有节制，才能留有余地。比如，饮食方面的俭，可以保养脾胃；嗜欲方面的俭，可以聚敛精神；言语方面的俭，可以保养气息、平息争讼；交游方面的俭，可以少交损友；应酬交际方面的俭，可以减少身体劳累；夜间劳作的俭，可以安神和放松身体；饮酒方面的俭，可以清心养德；思虑方面的俭，可以去除许多烦恼。世间纷纷扰扰的杂事，有许多是可以去除的。若每件事都紧抓不放，自然烦扰无穷；若能宽心放开，则省去许多烦忧。第三是和，保持心境的冲和喜乐，有助于体内五脏的和谐运行，因此说，保持愉悦快乐的心态是长寿的秘诀之一。第四是静，静有两方面的含义，一是身体不过于劳累，二是心念不轻易波动。即使外界有诸多使人劳苦、忧愁、愤怒、恐惧，乃至喜乐的事情，也要顺应自然，心不过分随之波动，才能保持内心和身体的宁静安然。反之，如果心浮气躁，动辄恐惧动怒，那么不仅使人显得轻佻浮躁，而且不利于保养身体。

除此之外，古人在家训中还提出一些保养身体的小技巧。如，康熙即使在夏天盛暑之时，也不开窗，不纳风凉。康熙说，这是因为他自幼就养成了心静自然凉的习惯。而且从养生的角度来说，夏天不贪风凉，对身体有好处。因为夏天时，人的身体内有暑热，假

若贪于风凉，反而容易将暑热关闭于身体内难以发散，当时可能没有什么感觉，过后却容易生病。有许多人到了秋天就容易肠胃不适，就是因为贪图风凉将暑热闭锁在身体内。虽然康熙在盛暑之时也不开窗通风的做法不值得我们现代人效仿，但他的养生理论是正确的，夏天盛暑之时，的确不宜过于贪图风凉，比如吹过长时间的风扇，开过长时间的空调，吃过多的冷饮冷食等，这些都不利于人体内部热气的自然发散，容易使人生病。

第四节　治家教子的经验

家训，顾名思义，就是家庭内部的训言，大多情况下是家长对后辈的训诫和教育，阅读古代的家训，我们很容易能够从中学习到古人如何治家教子的经验。有些家训内容直接谈到治家之法，有些家训涉及对家事的安排，从这些内容中，我们可以直观地看到古人治家教子的智慧。有些家训内容虽没有直接提到如何去治家教子，但从他们教导子孙的实际做法中，我们也可以得到诸多的启发。

家训中涉及治家教子的内容十分丰富庞杂，为了便于理解掌握，我们可以将其大致划分为处理与家人关系、处理家庭事务、教导子女这几个方面。

一、在处理与家人的关系方面

古人已经十分重视关系的双向互动性。颜延之在要求子女尽孝的同时，也劝诫为人父母者首先要做到慈爱；要求弟弟悌敬的同时，也要求身为哥哥的首先要做到友爱。陶渊明曾告诫五个儿子要念及“四海之内皆兄弟”的义气，异姓兄弟尚且可以患难相助，更何况是同胞亲兄弟呢，他告诫儿子们要互相照顾、互相帮助、和睦相处。颜之推也强调兄弟们相互友爱的重要性，并指出兄弟之间的爱不要在各自成婚之后被妯娌之间的嫉妒和谮毁所破坏。颜之推认为不应该使妯娌们住在一起，这样容易导致她们互相怨恨责备，而要使她们分开居住，这样才能减少是非。宋祁也叮嘱十四个异母儿子要互相友爱，他指出同胞兄弟之间相处和睦，才能得到外人的信任。黄庭坚劝诫家族成员要齐心协力、和睦相处，将家族发扬光大，要杜绝勾心斗角、自私自利、互相侵害等行为。

二、在安排家庭事务方面

关于家庭事务，古人有着诸多的洞见和智慧。如，在安排子女的婚嫁之事时，强调不要嫌贫爱富、贪荣求利。颜之推批评当时社会上嫌贫爱富、互相攀比的风气，认为这样会招致恶果。当时社会上流行的风气是：男女两家缔结婚姻时只是互相比较双方的财富地位，斤斤计较于对方所付出财物的多少，将婚姻等同于市场上的买卖，而根本不看重双方的德行人品。这种注重财富地位而轻视人品道德的择偶模式，往往导致最终找到的是品行恶劣的伴侣，造就了一对对互相嫌弃、互相怨恨的怨偶。颜之推的批评在一千多年后的今天仍然适用，过分注重对方的财富地位，选择性地忽视对方的心性人品，更漠视男女双方价值观是否匹配、情感是否契合，这样仓促缔结的婚姻很容易成为束缚双方的牢笼或者很快走向散伙的悲剧。

王旦在家训中对家族成员的行为做出了规范，明确赏罚原则，要求接济有困难的族人，形成互助机制。古人的家族观念较强，同姓的家族成员之间有很强的归属感，同族成员常常有默认的互助责任：某家举行婚丧嫁娶等事宜时，同族的人有义务来帮忙；族人中有生活特别困难的，大家理应对他加以接济。这些互助原则仍然值得今天的我们学习效仿。

三、在如何教导子女方面

围绕教导子女，古人家训中提出了诸多可供参考的建议。第一，古人家训中对于子女的教育阶段有着详细的安排。颜之推引述古代圣王的胎教之法，认为教育子女应趁早。在怀胎阶段，母亲自身所接触的事物就可能对胎儿的心性产生影响。有条件的话，母亲应当注重自己的言行和接触的事物，口不出恶言，不做违礼背德之事，不去接触肮脏邪恶的事物。在孩子长到两三岁的时候，就可以延请老师对他进行言行举止的教导。“少成若天性，习惯如自然”“教妇初来，教儿婴孩”，教导孩子应该趁着他心性未定的成长阶段，及早教导他什么事该做、什么事不该做，这样才能免去长大之后矫正责罚的功夫。李塨在《戒子拾遗》中对男孩、女孩不同成长阶段的教育内容均做了具体详细的安排，有一定的借鉴意义。第二，古人认为对待子女应当严慈相济、宽严结合。颜之推认为，只有严厉而缺少慈爱，子女就只会敬畏父母，而不愿亲近

父母，有什么心里话也不愿和父母倾诉，对父母教训的道理容易表面接受而内心反感；只有慈爱而缺少严厉，子女就会对父母的教导怠慢而不尊敬，往往为所欲为而不畏惧受到惩罚，久而久之容易养成骄逸傲慢的习惯。因此，应当严厉和慈爱并存，既严格教导，信赏必罚，使孩子形成规矩意识，不至于为所欲为、任性骄奢；又春风化雨般地关爱孩子，使孩子亲近父母，发自内心地信服父母的教导。这样才能事半功倍，收到良好的教育效果。第三，古人在家训中指出，应当为子女慎择老师，要教导孩子养成尊师重道的习惯。郑板桥给家人的书信中谈及孩子的教育问题，指出择师不可不审慎，即使不能得到海内名流，也应找“一方之秀”[1]，即某一个地方的优秀人才。择定老师后，就要尊之敬之，不能再去多方搜寻老师的短处，或者暗地里嘲笑老师的错处，或者明面上指出老师的失误等。因为如果这样做的话，老师就会每日里惶惶不安，教导子弟时必然不能尽心；而子弟也会秉持着藐视老师、忽略学问的心思，而不能尽力于学习。正确的态度应该是：以老师的长处去训诫、弥补子弟的短处。如果子弟和某位老师实在相处不来，那么就等待来年的时候，重新为他们寻找一位合适的老师；但是老师在一日，所需尽的礼节和尊敬就要在一日，不可以废弃。第四，古人认为对待每个孩子应当尽可能地公平公正。颜之推指出天下父母对于不同的孩子很难完全平等地对待，总是有所偏爱、有所冷淡。但这样容易导致嫉妒迫害等事情的发生，酿成家庭内的祸端。颜之推主张，父母对于讨人喜欢的孩子固然可以欣赏慈

[1] 吴泽顺编注：《郑板桥集》，岳麓书社 2002 年版，第 190 页。

爱，但对于愚钝顽皮的孩子，也要哀矜怜悯。尽可能公平地对待每个孩子，秉持公正的原则处理他们之间的矛盾纠纷。这些建议，放在今天也是适用的，父母常常对某个可爱的孩子投以更多的关注，而不自觉地忽略其他不起眼的孩子，或者常常以哥哥姐姐要让着弟弟妹妹为由，要求兄长、姐姐无条件地做出谦让牺牲，这些做法都不利于孩子的心理平衡和健康成长。应当尽可能地秉持公平公正的原则，所谓“不患寡而患不均，不患贫而患不安”，公平的条件下即使分给每个人的很少，大家也没有嫉妒和怨言，但多寡差距过大的话，就会招致不平和怨恨了。

中国古代家训中蕴含的文化传承价值和意义极为丰厚，几乎是说不尽道不完，这粗略分出的为人处世、读书治学、养生保健和治家教子几类内容只是家训传承价值的管窥一斑罢了。中国传统家训是中国文化中的重要一环，是构建文化自信的重要组成部分，值得我们深入挖掘探索。同时，我们也要做一个聪明的读者，对于家训中各类不同的内容要能取其精华、去其糟粕，灵活加以吸收利用。

中国家训发展轴线

中国家训

- 先秦

  - 《尚书》
  - 《左传》
  - 《论语》
  - 《仪礼》

- 汉代

  - 帝王家训
    - 汉高祖、汉文帝、汉宣帝、光武帝、汉明帝、马皇后、邓皇后母亲
  - 名臣家训
    - 陆贾、石奋、郑当时、王章妻子、马援、邓禹、梁商
  - 文士家训
    - 司马谈、杨王孙、刘向、郑玄、刘桢

三国两晋南北朝

帝王家训：刘备、刘义隆

名臣家训：诸葛亮、王祥、羊祜、颜延之、王僧虔、徐勉

文士家训：嵇康、陶渊明、颜之推

唐代

帝王家训：唐太宗

名臣家训：徐世勣、姚崇、柳玭

文士家训：韩愈、白居易、元稹、李恕、杜牧

中国家训

宋代

- 帝王家训
  - 宋太祖、宋太宗、宋仁宗
- 名臣家训
  - 范质、王旦、贾昌朝、范仲淹、宋祁、欧阳修、司马光
- 文士家训
  - 黄庭坚、陆游、邵雍

辽金元

- 帝王家训
  - 金世宗、金章宗
- 名臣家训
  - 韩玉、耶律楚材
- 文士家训
  - 虞集

明代

帝王家训

明成祖、徐皇后

名臣家训

方孝孺、杨士奇、杨继盛、张居正、高攀龙、史可法

文士家训

薛瑄、陈献章、王阳明、吕坤、陈继儒、徐复祚

清代

帝王家训

康熙

名臣家训

张英、纪昀、林则徐、曾国藩、左宗棠、褚维垕、郭昆焘、郑观应、张之洞

文士家训

王夫之、郑燮、彭端淑、张寿荣、严复

中國符號